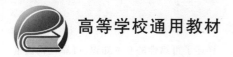

高等学校通用教材

# 系统可靠性理论

季淮君　程五一　田　骁　编著

U0245617

北京航空航天大学出版社

# 内 容 简 介

本书介绍了系统可靠性的基本理论和工程实际应用方法。全书详述了可靠性的基本知识、可靠性特征量及可靠性预计、分配、设计等相关内容；全面分析了人机系统可靠性理论和网络可靠性的基本知识；重点阐述了系统可靠性分析方法及其相关理论的应用。

该书内容系统、全面，涉及内容广泛，可以作为工科院校的安全、信息、土木、机械、勘查、电气及自动化、仪器仪表工程等专业的本科生和研究生的教材，也可作为工程设计、研究、质量管理等工程技术人员的参考用书。

**图书在版编目(CIP)数据**

系统可靠性理论 / 季淮君，程五一，田骁编著.
北京 ：北京航空航天大学出版社，2024. 10. -- ISBN
978 - 7 - 5124 - 4539 - 0

Ⅰ. N945.17

中国国家版本馆 CIP 数据核字第 2024RD9809 号

**系统可靠性理论**
季淮君　程五一　田　骁　编著
策划编辑　蔡　喆　　责任编辑　龚　雪
*
北京航空航天大学出版社出版发行

北京市海淀区学院路 37 号(邮编 100191)　http://www.buaapress.com.cn
发行部电话：(010)82317024　传真：(010)82328026
读者信箱：goodtextbook@126.com　　邮购电话：(010)82316936
大厂回族自治县彩虹印刷有限公司印装　各地书店经销
*
开本：787×1 092　1/16　印张：14　字数：358 千字
2025 年 2 月第 1 版　2025 年 2 月第 1 次印刷　印数：1 000 册
ISBN 978 - 7 - 5124 - 4539 - 0　定价：49.00 元

# 前　言

在这个科技日新月异、迅猛发展的时代,可靠性理论作为支撑各类系统与产品稳定运行的基石,显得尤为关键。该理论不仅广泛应用于工程技术领域,更渗透到我们日常生活的点滴细节以及社会发展的各个层面。因此,编写一本既系统深入又易于理解的可靠性理论教材,对于推动相关领域的进步、培育专业人才具有深远且重大的意义。

可靠性理论的重要性已被各行各业所认识,众多高校,尤其是理工科院校,已将可靠性理论课程纳入教学计划。中国地质大学(北京)自 2002 起在本科生教学中开设可靠性理论课程,本书是作者基于多年教学经验的积累,结合专业特色精心编写而成,旨在为读者构建一个全面且系统的可靠性理论学习体系。本书从可靠性理论的基本概念、原理和方法出发,逐步深入到各种复杂的可靠性分析与设计问题,通过理论与实践的紧密结合,辅以丰富的案例与实例,使读者能够更深入地理解并掌握可靠性理论的应用技巧。

在编写过程中,本书力求保持语言简洁明了、逻辑清晰严谨,使读者能够轻松上手,逐步深化理解。同时,注重与时俱进,不断吸纳最新的研究成果和技术进展,确保本书始终保持在可靠性理论领域的前沿性和实用性。

通过对本书的学习,读者不仅能够掌握可靠性理论的基本知识和技能,还能培养出独立思考、创新实践的能力,为未来的工作和研究奠定坚实的基础。

本书为中国地质大学(北京)"十四五"本科规划教材。

最后,我们要衷心感谢所有为本书编写付出辛勤努力的人员,同时也要感谢广大读者的支持与厚爱。期待本书能够为可靠性理论的发展和应用做出积极的贡献。

由于作者水平有限,书中难免存在疏忽或错误,恳请广大读者批评指正。

编　者
2024 年 10 月

# 目　录

# 第1章 绪 论

## 【本章知识框架结构图】

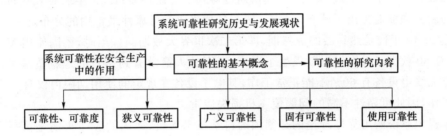

## 【知识导引】

20世纪50年代,现代工业的迅速发展,大量电子设备在军事中的应用,使得人们投入了大量人力和物力对电子设备的可靠性进行研究。随着可靠性进一步的发展,人们逐步发现在工程应用上的均匀介质理论,往往解决不了工程上由于材料变异、疲劳带来的安全性问题,于是提出材料应力—强度干涉理论。随后,可靠性研究逐步迈上了历史的舞台。我国自1964年起,在钱学森教授的大力倡导下,开始了系统可靠性工程理论研究与实践,开始可靠性工程理论主要应用于航天军事工业,随后逐步扩展到建筑、电力、通信、家电等许多民用行业,其发展十分迅速,现已发展成为一门独立成熟的学科。

## 【本章重点及难点】

本章通过对可靠性现阶段研究和可靠性概念的论述,重点阐述了可靠性的内涵和四个要素,在此基础上提出了可靠度及其相关概念。要求掌握可靠性的基本概念,熟悉狭义、广义、固有、使用和工程可靠性的含义。

## 【本章学习目标】

通过本章的学习,应达到以下目标:

◇ 了解现阶段可靠性的研究方向;

◇ 熟悉并掌握可靠性的基本概念、术语和定义;

◇ 了解工程中材料失效的原因;

◇ 了解安全工程专业学习可靠性的原因；

◇ 了解可靠性的应用。

# 1.1　系统可靠性研究历史与发展现状

系统可靠性和产品质量不可分离,系统可靠性是衡量系统性能(或产品质量)的重要指标之一。

可靠性的前身是伴随着兵器的发展而诞生和发展起来的,从公元前 26 世纪的冷兵器时期,人类已经对当时所制作的石兵器进行了简单检验。在殷商时期人们对质量和可靠性已有了简单的认知。可靠性最主要的理论基础——概率论早在 17 世纪初就逐步确立;另一主要的理论基础数理统计学在 20 世纪 30 年代初期也得到了迅速发展;1939 年瑞典人威布尔为了描述材料的疲劳强度而提出了威布尔分布,威布尔后来成为可靠性最常用的分布之一。

20 世纪 40 年代是热兵器的成熟期,即第二次世界大战期间。当时,德国使用 V-2 火箭袭击伦敦,有 80 枚火箭没有发射就发生了爆炸,还有的火箭没有到达目的地就坠落了。美国当时的航空无线电设备有 60% 不能正常工作,其电子设备在规定的使用期限内仅有 30% 的时间能有效工作,因此可靠性不高的问题使飞机损失惨重。

最早提出系统的可靠性理论的是德国的科学技术人员,德国的 V-1 火箭是第一个运用系统可靠性理论计算的飞行器。V-1 火箭研制后期,用串联系统理论,提出火箭系统的可靠度等于所有元器件、零部件可靠度乘积的结论。根据系统可靠度乘积法则,计算出该火箭系统的可靠度为 0.75。

20 世纪 50 年代初期,为了发展军事的需要,美国投入了大量的人力、物力对可靠性进行研究,先后成立了电子设备可靠性专门委员会、电子设备可靠性顾问委员会(AGREE)等研究可靠性问题的专门机构。其中,AGREE 是由美国国防部成立的一个由军方、工业领域和学术领域三方共同组成的组织。AGREE 在 1955 年开始制订和实施从设计、试验、生产到交付、储存、使用的全面可靠性计划,并在 1957 年发表了《军用电子设备可靠性》的研究报告,即著名的AGREE 报告。该报告从 9 个方面全面阐述了可靠性设计、试验、管理的程序和方法,成为可靠性发展的奠基性文件。

20 世纪 50 年代,为了保证人造地球卫星发射与飞行的可靠性,苏联开始了系统可靠性的研究工作。1961 年,苏联发射第一艘有人驾驶的宇宙飞船时,宇航局对宇宙飞船安全飞行和安全返回地面的可靠性提出了 0.999 的概率要求。可靠性研究人员把宇宙飞船系统的可靠性转化为各元器件的可靠性进行研究,取得了成功,满足了宇航局对宇宙飞船系统提出的可靠性要求。也就是在这一时期,苏联对可靠性问题展开了全面的研究。几乎在同一时期,日本企业家也认识到,要想在国际市场的竞争中取胜,必须进行可靠性的研究。1958 年,日本科学技术联盟成立了"可靠性研究委员会",专门对可靠性问题进行研究。1955 年,我国在广州建立了中国亚热带电信器材研究所(今中国电子产品可靠性与环境试验研究所/工业和信息化部电子第五研究所/中国赛宝实验室),开启了我国电子产品可靠性与环境适应性研究的先河。1961年,中国亚热带电信器材研究所在国内率先翻译了美国 AGREE 的《军用电子设备可靠性》研究报告和苏联有关无线电器材可靠性与环境适应性方面的著作,对我国可靠性工程的发展起到了积极的促进作用。1964 年,在钱学森教授的大力倡导下,我国开始了系统可靠性工程理论研究与实践。

20 世纪 60 年代是可靠性工程全面发展的阶段,可靠性研究已经从电子、航空、宇航、核能等尖端工业部门扩展到电机与电力系统、机械设备、动力、土木建筑、冶金、化工等部门。在此期间,美国航空航天事业迅速发展,美国“国家航空航天管理局”(NASA)和美国国防部接受并发展了 20 世纪 50 年代由 AGREE 发展起来的可靠性设计及试验方案,美国的战斗机、坦克、导弹、宇宙飞船等装备,都是按照 1957 年 AGREE 报告提出的可靠性设计、试验、管理等方法或程序进行设计开发的。此时,美国已经形成了针对不同产品制订的较完善的可靠性大纲,并定量规定了可靠性要求,可进行可靠性分配和预测;在理论上,有了故障模式及影响分析(FMEA)和故障树分析(FTA);在设计理念上,采用了余度设计,并进行可靠性试验、验收试验和老练试验;在管理上,已经可对产品进行可靠性评审,使装备可靠性提升明显。在此期间,其他工业发达国家,如日本、苏联等国家也相继对可靠性理论、试验和管理方法等进行了更加深入的研究;我国在雷达、通信机、电子计算机等方面也提出了可靠性问题。

20 世纪 70 年代,各种各样的电子设备或系统广泛应用于各科技领域、工业生产部门以及人们的日常生活中,电子设备的可靠性直接影响生产效率和安全,可靠性问题的研究显得日益重要,系统可靠性理论与实践的发展进入了成熟应用阶段。例如美国建立集中统一的可靠性管理机构,负责组织协调可靠性政策、标准、手册和重大研究课题,成立全国数据网,加强政府与工业部门间的技术信息交流,并制订了完善的可靠性设计、试验的方法和程序。在项目设计上,从一开始设计对象的型号论证开始,就强调可靠性设计,在设计制造过程中,通过加强对元器件的控制,强调环境应力筛选、可靠性增长试验和综合环境应力可靠性试验等来提高设计对象的可靠性。同时,人们开始了对非电子设备(如机械设备)可靠性的研究,以解决电子设备可靠性设计及试验技术在使用非电子设备时受到限制和结果不理想的问题。

20 世纪 70 年代是我国可靠性研究的重要时期,在此期间我国国家重点工程的需要(如元器件的可靠性问题)与消费者的强烈需求(如电视机的质量问题),对各行业开展可靠性的研究起到了巨大的推动作用。从 1973 年起,为了解决国家重点工程元器件的可靠性问题,国防科工委和四机部多次召开有关提高可靠性的工作会议并于 1976 年制定、发布了《可靠性名词术语》(SJ 1044—1976),这是我国第一个可靠性标准。1978 年,我国提出《电子产品可靠性“七专”质量控制与反馈科学实验》计划,并组织实施。经过 10 年努力,使军用元器件可靠性有了很大的提高,保证了运载火箭、通信卫星的连续发射成功和海底通信电缆的长期正常运行。1978 年,国家计划委员会、电子工业部与广播电视总局陆续召开了有关提高电视机质量的工作会议,对电视机等产品明确提出了可靠性、安全性的要求和可靠性指标,组织全国整机及元器件生产厂家开展了大规模的、以可靠性为重点的全面质量管理。在 5 年的时间里,使电视机平均故障间隔时间提高了一个数量级,配套元器件使用可靠性也提高了 1~2 个数量级。

20 世纪 80 年代,可靠性研究继续朝广度和深度发展,在技术上深入开展软件可靠性、机械可靠性、光电器件可靠性和微电子器件可靠性的研究,全面推广计算机辅助设计技术在可靠性领域的应用,采用模块化、综合化和超高速集成电路等可靠性高的新技术来提高设计对象的可靠性。该时期的核心内容是实现可靠性保证,1985 年,美国军方提出在 2000 年实现“可靠性加倍,维修时间减半”这一新的目标。同一时期,我国掀起了电子行业可靠性工程和管理的第一个高潮。组织编写可靠性普及教材,在原电子工业部内普遍开展可靠性教育,形成了一批可靠性研究的骨干队伍。1984年我国组建了全国统一的电子产品可靠性信息交换网,并颁布了《电子设备可靠性预计手册》(GJB 299—1987),该手册有力地推动了我国电子产品可靠性工作。同时,我国还组织制定了一系列有关可靠性的国家标准、国家军用标准和专业标准,使可靠性管理工作纳入标准化轨道。

20世纪90年代,可靠性向综合化、自动化、系统化和智能化方向发展。1991年,海湾战争的"沙漠风暴"行动和科索沃战争表明,未来的战争是高技术的较量。现代化技术装备,由于采用了大量的高技术,极大地提高了系统的复杂性,为了保证装备的完好性、任务的成功性以及减少维修人员和费用,系统可靠性工程及可靠性管理系统需要得到大力发展。20世纪90年代初,我国机械电子工业部提出了"以科技为先导,以质量为主线",沿着管起来—控制好—上水平的发展模式开展可靠性工作,兴起了我国第二次可靠性工作的高潮,取得了较大的成绩。进入20世纪90年代后,由于软件可靠性问题的重要性更加突出和软件可靠性工程实践范畴的不断拓展,软件可靠性逐渐成为软件开发者需要考虑的重要因素,软件可靠性工程在软件工程领域逐渐取得相对独立的地位,并成为一个生机勃勃的分支。

进入21世纪后,随着电子元器件、新材料、新工艺和软件技术等各项新技术在装备上的应用越来越普及,装备的可靠性技术也经历了跨越式的发展,从单一可靠性扩展到"六性"的范畴,包括可靠性、维修性、保障性、安全性、测试性和环境适应性。国外还把对产品可靠性的研究工作提高到节约资源和能源的高度来认识。这不仅是因为高可靠性产品的使用期长,而且通过可靠性设计,可以有效地利用材料,缩短加工工时,获得体积小、重量轻的产品。我国也建立了电子元器件可靠性物理及其应用技术重点实验室、可靠性与环境工程技术国防科技重点实验室等国家级实验室。建成具备大型综合环境试验能力的试验室,标志着我国可靠性科研与应用水平进入了世界先进行列。随着企业对产品质量的重视,许多工业部门将可靠性工作放在了重要的地位,军工集团也陆续成立了可靠性中心。2008年,我国在1991年建立兵器可靠性中心的基础上,建立了国防科技工业机械可靠性研究中心,使得具有完全自主知识产权的可靠性技术成果不断得到推广应用。2015年5月19日,我国正式印发《中国制造2025》,其中与可靠性有关的表述包括,"加强可靠性设计、试验、验证技术的研究和应用;推广先进的在线故障预测与诊断技术及后勤系统;国产关键产品可靠性指标达到国际先进水平。"中国制造要从大国走向强国之路,企业必须狠抓质量和可靠性。

近几年,云计算与大数据技术蓬勃发展,可靠性可以借助云计算与大数据技术这些新的工具达到一个新的高度。系统可靠性领域的可靠性评估、仿真、计算、健康检测与预管理(PHM)技术、可靠性试验,都需要大规模数据来进行支撑才能产生好的效果,以往这些数据都不全并且收集困难,而随着"互联网+"的大数据时代的来临,可靠性与质量数据的收集正迎来一个充满生机的时代。云计算与大数据必将对系统可靠性工程领域的理论、技术、方法等带来前所未有的影响,也为未来各行业的系统可靠性工程带来全面提升。

综上所述,系统可靠性工程的诞生、发展是社会的需要,与科学技术的发展,尤其与电子技术的发展是分不开的。可靠性发展正在从单一领域研究发展到多学科交叉渗透。目前,可靠性成为一门独立的学科已有数十年,并取得了很大的成就,但在现代科技飞速发展的时期,系统可靠性在理论和研究模式上还有欠缺,需要结合其他理论如模糊理论、人工智能等,使可靠性理论、试验和管理更加成熟、更加完善。

# 1.2  可靠性的基本概念

**1. 可靠性的定义**

可靠性是指产品**在规定的条件下和规定的时间内,完成规定功能的能力**。产品的可靠性与外界环境的应力状态和对产品功能的需求密切相关。理解产品的可靠性需要从两个角度出发,其一是按照产品的层次结构理解可靠性,其二是按照产品的全寿命周期理解可靠性。按照产品的层次结构理解可靠性是指需要根据产品各层次特点开展相应的可靠性工作;按照产品的全寿命周期理解可靠性是指在需求分析、总体设计、分项设计和生产、试验、使用、维修维护等过程中都需开展相应的可靠性工作。

产品的可靠性是设计出来的、生产出来的、管理出来的。可靠性工程是为了达到系统可靠性要求而进行的有关设计、管理、试验和生产一系列工作的总和,它与系统整个寿命周期内的全部可靠性活动有关。可靠性工程是产品工程化的重要组成部分,同时也是实现产品工程化的有力工具。利用可靠性的工程技术手段能够快速、准确地确定产品的薄弱环节,并给出改进措施和改进后对系统可靠性的影响。

产品在需求分析阶段、设计阶段、工程研制阶段和生产制造阶段都需要开展一定的可靠性设计分析、管理、试验工作。

产品的层次结构可分为产品的系统层次、装置层次、部件层次和零件层次,每种层次都分别有相应的可靠性工作内容,即产品不同层次的可靠性影响因素和薄弱环节各有特点,需要分别开展相应的可靠性设计、管理、试验工作项目。影响器件可靠性的主要因素包括器件的种类和数量、器件的额定工作电参数和电应力、额定工作温度和环境温度、元器件的质量等级和品质保证等级、器件的降额特性和热敏感特性、器件的储存可靠性;影响部件可靠性的主要因素包括器件本身的可靠性与器件相互影响,需要考虑的主要因素为热分析、电磁兼容、耐环境、信号完整性、潜通路和工艺工装;影响装置可靠性的主要因素包括部件之间的相互影响和结构、工艺、连接;影响系统可靠性的主要因素包括冗余设计、人机工程和系统可靠性设计。

建立可靠性工程体系,开展和实施可靠性工程是产品高可靠性的必要条件,可靠性设计分析是可靠性工程的基础,可靠性设计水平差的产品可靠性必然低;可靠性的设计需要可靠性管理,可靠性管理是开展可靠性设计的技术管理保证和组织结构保证;设计出的产品在生产阶段难免被引入"瑕疵",需要可靠性试验进行"暴露"。

可靠性定义为产品在规定的条件下和规定的时间内完成规定功能的能力,这种能力用概率表示,含有以下 5 种因素。

(1) 对象

可靠性问题的研究对象是产品,它泛指元件、组件、零件、部件、机器、设备,甚至整个系统;研究可靠性问题时首先要明确对象,不仅要确定具体的产品,而且还应明确研究对象的内容和性质。如果研究对象是一个系统,则不仅包括硬件,还应包括软件以及人的判断和操作等因素,需要以人机系统的观点去观察和分析问题。

（2）规定条件

1）环境条件，如气候环境（包括温度、湿度、气压等），生物和化学环境（包括生物作用中的物质霉菌、化学作用中的物质盐雾、臭氧和机械作用中的微粒灰尘等），机械环境（包括振动、冲击、摇摆等），电磁环境（包括电场、磁场、电磁场等）。

2）动力、负载条件（如供电电压、输出功率等）。

3）工作方式（如连续工作、间断工作等）。

4）使用和维护条件等。

"规定的条件"是产品可靠性定义中最重要而又最容易被忽视的部分。产品的可靠性受"规定的条件"所制约，不同条件下产品的可靠性可能截然不同，离开了具体条件谈论可靠性是毫无意义的。

（3）规定时间

与可靠性密切联系的是关于使用期限的规定，因为可靠性是一个有时间性的定义。对时间的要求一定要明确。时间可以是区间 $(0, t)$，也可以是区间 $(t_1, t_2)$，有时对某些产品给出相当于时间的一些其他指标可能会更明确，例如对汽车的可靠性可规定行驶里程（距离）；有些产品的可靠性则规定周期、次数等会更恰当些。

（4）规定功能

所谓完成"规定功能"是指研究对象（产品）能在规定的功能参数和使用条件下正常运行（或者说不发生故障或失效），完成所规定的正常工作。也指研究对象（产品）能在规定的功能参数下保持正常地运行。应注意"失效"不一定仅仅指产品不能工作，因为有些产品虽然还能工作，但由于其功能参数已漂移到规定界限之外，即不能按规定正常工作，也视为"失效"。

对于产品可靠性这一概念的理解，除了要弄清该产品的功能是什么，其失效或故障（丧失规定功能）是怎样定义的。还要注意产品的功能有主次之分，故障也有主次之分。有时次要的故障不影响主要功能，因而也不影响完成主要功能的可靠性。还要注意，即使同一产品，在不同条件下其功能往往是不同的。因此，生产方或质量认证方对产品性能的规定是十分严密的，通常在产品说明书上列出全部性能参数作为规定功能的度量，但使用者往往只考虑在具体使用条件下所需要的功能而忽视其认为不影响正常工作的其他功能上的失效。产品的可靠性可以针对产品完成某种功能而言，也可以针对产品的多种功能综合而言。

（5）概率

**用概率来度量产品的可靠性时就是产品的可靠度**，把可靠性的概念用具体的数学形式——概率表示，这是可靠性技术发展的出发点，也是可靠性数量化的标志。因为用概率来定义可靠度后，对元件、组件、零件、部件、机器、设备、系统等产品的可靠程度的测定、比较、评价、选择等才有了共同的基础，对产品可靠性方面的质量管理才有了保证，对系统的安全性才可以评价，才能够研究系统的风险等问题。

综上所述，讨论系统的可靠性问题时，必须明确**对象**、**使用条件**、**使用期限**、**规定的功能**等因素，可靠度是可靠性的定量表示，其特点是具有随机性。因此，概率论和数理统计理论是可靠性理论进行定量计算的数学基础。

**2. 可靠性的分类**

系统可靠性可分为以下几类。

(1) 狭义可靠性和广义可靠性

可靠性与可靠度有广义与狭义之分。

狭义可靠性：上述的可靠性常称为狭义可靠性，它仅表示产品（或者一个评价系统）在某一稳定时间内发生失效（或者故障）的难易程度。但是事实上，除了一部分元件外，大多数的设备（子系统）和系统都是可以维修的。所以要表示其完成功能的能力还必须考虑其维修性，即系统失效后能否很快地恢复其功能而继续工作。这样，从维修产品的角度出发，可靠性的含义就应该更广泛一些。

广义可靠性：指"产品在其整个寿命期限内完成规定功能的能力"。它包括狭义可靠性与维修性。由此可见，广义可靠性对于可修复的产品和不可修复的产品有不同的意义。对于可修复的产品来说，除了要考虑提高其可靠性外，还应考虑提高其维修性；而对于不可修复的产品来说，由于不存在维修的问题，只需考虑提高其可靠性即可。

与广义可靠性相对应，不发生故障的可靠度（即狭义可靠度）与排除故障（或失效）的维修度合称为广义可靠度。

在进一步研究可靠性内容前，先介绍一下可修复与不可修复的概念。

不可修复是指系统或其组成单元一旦发生失效，不再修复，系统处于报废状态。不可修复系统是技术上不能够修复，经济上不值得修复，或者一次性使用，不必要进行修复，如图 1-1(a)所示。

可修复是指系统或组成单元（或零部件）发生故障后，可以经过修理使系统恢复到正常工作状态。可修复系统发生故障后，一般要寻找故障部位，对其进行修理或更换，一直到最后验证系统确已恢复到正常工作状态，这一系列的工作就称为修复过程，如图 1-1(b)所示。

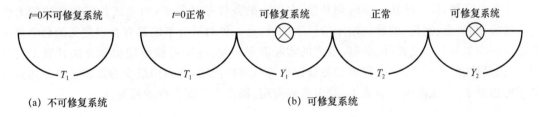

(a) 不可修复系统　　　　　　　　(b) 可修复系统

**图 1-1　不可修复系统和可修复系统**

研究可修复产品的可靠性，不仅包含系统的狭义可靠性，而且还应包括维修因素在内的广义可靠性。虽然绝大多数设备是可修复系统，但研究不可修复系统的分析方法是研究可修复系统的基础。

(2) 固有可靠性和使用可靠性

产品运行时的可靠性，称为工作可靠性（Operational Reliability），它包含了产品的制造和使用两方面因素，用"固有可靠性"和"使用可靠性"来反映。

固有可靠性（Inherent Reliability）：在生产过程中已经确定了的可靠性。固有可靠性是产品内在的可靠性，是生产厂在模拟实际工作条件的标准环境下，对产品进行检测并加以保证的可靠性，它与产品的材料、设计与制造工艺及检验精度等有关。

使用可靠性（Use Reliability）：与产品的使用条件密切相关，受使用环境、操作水平、保养与维修等因素的影响。使用者的素质对使用可靠性影响很大。因为，即便是一个可靠性很好的产品，如果由于包装、运输、安装、使用、维修等环节中受到各种不良因素的影响也会降低其可靠性。如运输过程中受到的冲击,使用中环境的变化,操作的失误,都会使产品失效或寿命下降。因此使用可靠性不仅和生产而且和产品所涉及的各个环节都有关。

表1-1列举了产品不可靠的原因及比例。

表1-1　产品不可靠的原因及比例

| 原因 | 比例 | 备注 |
|------|------|------|
| 零部件材料缺陷 | 30% | 属于固有可靠性 |
| 设计技术缺陷 | 40% | |
| 制造技术缺陷 | 10% | |
| 使用(运输、环境、操作、安装、维修、技术)不当 | 20% | 属于使用可靠性 |

（3）工程可靠性

可靠性是从工程实践中发展起来的。专家们在分析设备故障的基础上提出了可靠性理论,进而创立了可靠性学科。按照理论与工程相结合的辩证关系,要发挥可靠性理论和方法的作用,可靠性必须与工程相结合,正是由于可靠性理论与工程实际的结合才产生了可靠性技术。当然,可靠性本身又是一门独立的学科,有其自身发展的规律。

现代系统是一个复杂、综合的系统,包括硬件、软件、操作的人和所处的环境等要素。构成系统的设备越复杂,系统规模越大,系统所处的环境越多样,发生系统故障的可能性也就越大,对操作维护人员的要求也就越高,设计制造的难度自然越大,可靠性的问题必然越多,对可靠性技术的要求也就越迫切。由此可见,可靠性与系统工程的关系是相辅相成的,离开了系统工程,可靠性就没有存在的必要;离开了可靠性,就无法实现系统工程。

工程可靠性,即系统从工作时刻开始,在规定的条件和时间下,为完成预定功能的能力所进行的设计、研究、制造、试验和使用的科学方法,是一种对所有系统都有普遍意义的科学技术方法。内容包括从产品设计、研制、生产的实际需要出发,按照可靠性理论和方法开展工程管理、工程设计、阶段评审、试验鉴定和综合评价等可靠性活动,从而用最少的资源使产品达到合同指标的要求,实现降低产品成本、减少维修费用、提高产品安全性的目标。

# 1.3　系统可靠性在安全生产中的作用

对于产品来说,可靠性问题和人身安全、经济效益密切相关。如飞机某一系统或某一元器件如果发生故障,就有可能造成机毁人亡的恶性灾难。1971年,苏联三名宇航员在"礼炮"号飞船中由于两个部件失灵而丧生。由此可见,提高产品可靠性具有非常重要的意义。

提高产品的可靠性有以下几方面的作用。

1）提高产品的可靠性,可以防止故障和事故的发生,尤其是避免灾难性的事故发生,从而保证人民生命财产安全,满足现代技术和生产的需要。现代生产技术的发展特点之一是自动化水平不断提高,一条自动化生产线是由许多零部件组成,生产线上一台设备出了故障会导致整条线停产,这就要求组成生产线的产品要有高可靠性。Appolo宇宙飞船正是由于高可靠性,才一举顺利完成登月计划。现代生产技术发展的另一特点是设备结构复杂化,组成设备的零件多,其中一个零件发生故障会导致整机失效。如 1986 年美国"挑战者"号航天飞机就是因为火箭助推器内橡胶密封圈温度过低而硬化失效,导致航天飞机爆炸,7 名宇航员遇难,造成重大经济损失;1992 年,我国发射"澳星"时,由于一个小小零件的故障,"澳星"发射失败,造成了巨大的经济损失和政治影响。

2) 提高产品的可靠性,可获得较高的经济效益,使产品总的费用降低。如美国西屋公司为提高某产品的可靠性,曾做了一次全面审查,结果显示所得经济效益是为提高可靠性所花费用的 100 倍。另外,产品可靠性的提高使得维修费及停机检查损失费大幅度减少,从而使总费用降低。例如美国共和国公司在发展 F105 战斗轰炸机的过程中,花了 2 500 万美元,使该机的任务可靠度从 0.726 3 提高到 0.986,这样每年可节省维修费 5 400 万美元。图 1-2 表示了可靠性与费用的关系。

3) 提高产品的可靠性,可以减少停机时间,提高产品可用率,一台设备的效率可代替几台设备的工作效率。这样,在投资、成本相近的情况下,可以发挥几倍的效益。美国 GE 公司经过分析认为,对于电力、冶金、矿山、运输等连续作业的设备,即使可靠性提高 1%,成本提高 10% 也是合算的。

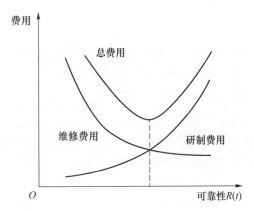

图 1-2 费用—可靠性曲线

4) 提高产品的可靠性,可以改善企业信誉,增强竞争力,扩大产品销路,提高用户满意度和口碑。可靠的产品往往能够满足用户的需求并提供一致的性能,从而提高用户满意度。满意的客户更有可能成为品牌的忠实支持者,他们分享的积极体验,不仅可以增强品牌的口碑,还有助于吸引更多潜在客户。另外提高产品的可靠性有助于延长产品的寿命。耐用的产品通常对用户更具吸引力,因为它们可以在更长的时间内提供良好的性能,而不需要频繁更换或维修。耐用的产品还可以减少用户的成本,提高产品的可持续使用价值。如日本的汽车曾一度因可靠性差,在美国被大量退货,几乎失去了美国市场。后来,日本总结经验,提高了汽车的可靠性水平,因此增强了日本汽车在世界市场上的竞争力。

5) 提高产品的可靠性,可以减少产品责任赔偿案件的发生,以及其他处理产品事故费用的支出,避免不必要的经济损失。例如汽车制造商曾面临安全气囊系统的可靠性问题,导致在事故发生时安全气囊可能未能正常展开或误展开,造成了严重的伤害或死亡。这种情况引发了产品责任赔偿案件,制造商不得不支付巨额赔偿,同时还面临了法律诉讼和负面的品牌声誉问题。为解决这一问题,汽车制造商进行了大规模的研究和开发,以提高安全气囊系统的可靠性。通过提高安全气囊系统的可靠性,制造商成功地减少了事故中的伤亡和伤害情况,从而减少了相关的产品责任赔偿案件数。此外,制造商也避免了巨额的法律费用和赔偿支出,维护了品牌声誉,吸引了更多消费者。

6) 提高产品的可靠性,可以减少资源浪费,降低环境影响。低可靠性产品通常在更短的时间内需要被报废或维修,这会导致资源的浪费,提高产品可靠性有助于减少废弃物和资源的浪费,从而减少废弃物对环境的负面影响,符合可持续发展和绿色制造的理念。

7) 提高大型复杂系统的可靠性,是企业和国家科技水平的重要标志。1969 年 7 月,美国阿波罗登月成功,美国宇航局将系统可靠性工程列为重大技术成就之一。2003 年 10 月,我国"神舟五号"载人航天飞船任务取得成功的关键是解决了系统可靠性问题,飞船系统的可靠性指标达到 0.97,而航天员安全性指标达到 0.997。

为了提高产品的系统可靠性,必须在生产的各个环节上做出努力,但最重要的是设计阶段。如果设计不合理,想通过事后的修理来达到所期望的可靠性,这几乎是不可能的。因此,从事机械研究和系统设计的科研人员,应熟悉和掌握保证系统可靠性的各种方法和手段。

# 1.4 可靠性的研究内容

可靠性是一门新兴的边缘学科,它作为一门工程类的学科,有着自己的体系、技术和方法。从学术研究上来分,它包含三个方面。

## 1. 可靠性工程

可靠性工程(Reliability Engineering)是一门涉及设计、制造、运营和维护产品、系统和设备以确保其稳定性和可靠性的工程学科,旨在降低故障率、提高性能和延长产品寿命,以满足客户的需求并降低维护和修复成本。可靠性工程是一门介于管理科学和固有技术之间的边缘学科。以下是可靠性技术在产品全寿命周期各个阶段的应用目的和任务。

1) 可靠性设计(Reliability Design):通过设计奠定产品的可靠性基础。可靠性设计是一种系统性的工程方法,旨在确保产品、系统或设备在其寿命期内能够维持高度的可靠性和稳定性,以满足用户的期望并降低维护成本。这项工作包括:建立可靠性模型,对产品进行可靠性预计和分配,进行故障或失效机理分析,在此基础上进行可靠性设计。可靠性设计是产品可靠性的保证,是一种综合性方法,通常需要跨不同领域的工程和专业知识,以确保产品的可靠性和性能达到预期水平。

2) 可靠性试验:通过试验测定和验证产品的可靠性。研究在有限的样本、时间和使用费用下,如何获得合理的评定结果,找出薄弱环节,提出改进措施,以提高产品的可靠性。不同的试验目的,有各种不同的可靠性试验方法。可靠性试验是确保产品质量和性能的重要工具,它帮助制造商和工程师发现潜在问题,改进产品设计,并向客户提供可靠的产品。这些试验通常在产品开发周期的不同阶段进行,以确保产品在市场上具有高度的可靠性。

3) 可靠性优化与寿命周期费用:通过优化使产品在规定的研制费用以及时间进度、重量体积等条件下达到最佳的可靠性。或者在满足规定的可靠性指标前提下,减少其体积重量、节省费用、缩短研制时间、减少研制成本。提高产品的可靠性是指从设计、制造等方面进行优化,因此会增加产品的设计费用、材料成本、制造成本。但是由于可靠性的增加,维修费会减少,寿命会被延长,总的经济效益将得到提高。

4) 系统可靠性:衡量系统可靠性有三个重要指标。①保险期:系统建成后能有效地完成规定任务的期限,超过这一期限系统可靠性就会逐渐降低。②有效性:系统在规定时间内能正常工作的概率。概率的大小取决于系统故障率的高低、发现故障部分的快慢和故障修复时间的长短。③狭义可靠性:由结构可靠性和性能可靠性两部分组成。结构可靠性指系统在工作时不出故障的概率,性能可靠性指系统性能满足原定要求的概率。

系统可靠性不能仅仅依靠对系统的检验和试验来获得,还必须从设计、制造和管理等方面加以保证。设计是决定系统固有可靠性的重要环节,制造部门力求使系统达到固有的可靠性,而管理则是保证系统的规划、设计、试验、制造、使用等阶段都按科学的程序和规律进行,即对整个系统研制实行严格的可靠性控制。

由许多单元及子系统组成的大系统的可靠性,有其自身的特点,最可靠的元器件不一定组成高可靠性的系统,因此系统可靠性有独自的理论、方法,近年来已形成了独立的分支。

5) 软件可靠性:软件可靠性是指在规定的条件下和规定的时间内,软件不引起系统失效的概率。软件可靠性使可靠性的内容得到了发展,由于软件的特殊性,其可靠性研究有不同的内容。

① 可靠性建模:软件可靠性建模旨在根据软件可靠性数据以统计方法给出软件可靠性的估计值和测试值,从本质上理解软件可靠性行为,这是软件可靠性工程的基础。

② 可靠性度量:研究如何度量软件系统的可靠性,包括定义可靠性指标和度量方法。

③ 软件可靠性要求的制定与分配:这是软件开发过程中非常重要的一环,它涉及到软件产品的质量和稳定性,对于保证软件产品的性能和用户体验至关重要。

④ 软件可靠性设计:在软件开发过程中,在严格遵循软件工程原理的基础上紧密结合常规软件设计,采用专门的技术和方法,采取预防措施,进行设计改进,消除隐患和薄弱环节,减少或尽可能地避免错误的发生,确保软件的可靠性。

⑤ 软件可靠性分析:实施软件可靠性分析,挖掘潜在的隐患和薄弱环节,优化过程,改进设计,排除缺陷。

⑥ 软件可靠性测试:在预期的使用环境中或仿真环境下,首先在软件的运行域上,按照用户的实际使用方式进行运行,然后使用该运行剖面驱动测试,能有效地发现实际使用过程中可能影响其可靠性的缺陷。

⑦ 软件可靠性工程管理:软件可靠性工程管理是保证软件可靠性的重要手段,在合同环境中,良好的软件可靠性工程管理是增强用户信心、获取用户信任、提高企业竞争力的重要手段。

**2. 可靠性物理**

可靠性物理(Reliability Physics)是指一种关注电子元器件和系统可靠性的领域,侧重于识别和理解物理过程、机制和环境因素如何影响电子设备的性能和可靠性。在可靠性物理方面,研究人员和工程师使用物理原理和实验数据来评估电子设备的寿命、性能和可靠性,以制定更可靠的产品设计和维护策略。

可靠性物理的核心是基于物理原理来理解元器件和系统的性能、故障机制和可靠性特性。可靠性特性包括了电子元器件的电学、热学、机械学和化学性质。可靠性物理研究通常包括实验,通过在不同环境条件下对元器件和系统进行测试,观察和测试元器件和系统的性能、寿命和可靠性。这些测试可以是加速寿命试验,模拟实际使用条件。当元器件或系统出现故障时,可靠性物理分析是一种重要的方法,用以识别故障的根本原因。可靠性物理分析可能涉及材料的老化、电气击穿、热失效或其他物理机制。通过可靠性物理分析的结果,工程师可以采取措施改进产品设计,包括使用更耐用的材料、改进散热、增强电气绝缘等。可靠性物理的应用领域包括电子、航空航天、汽车、医疗设备等,因为这些领域的产品对可靠性要求极高。通过深入了解元器件和系统的物理行为,可靠性物理有助于改进产品的设计、预测寿命、减少故障率,从而提高产品的可靠性和性能。

**3. 可靠性数学**

可靠性数学(Reliability Mathematics)是一种数学方法和工具集,用于分析和评估系统、产品或过程的可靠性。这些方法基于概率统计、数学建模和可靠性理论,用于量化和预测系统或组件的性能、寿命、故障率以及可用性等可靠性参数。可靠性数学在多个领域中应用广泛,包括工程、制造、航空航天、医疗、金融和质量管理,以确保产品和系统的可靠性、安全性和性能。

可靠性数学通常使用可靠性函数来描述系统或组件在时间上的可靠性。这些函数可以是可靠性函数、故障率函数、生存函数等,它们提供了关于系统性能的重要信息。另外可靠性数学还使用各种概率分布,如指数分布、威布尔分布等,来模拟系统寿命和故障时间的分布情况,这有助于预测系统性能。FMEA 就是一种常用的可靠性数学方法,用于识别系统中潜在的故障模式、故障影响和故障发生的概率。可靠性数学的应用有助于制造商、工程师和决策者更好地了解产品和系统的性能,帮助他们做出决策、预测产品和系统的寿命、改进可靠性。这些方法在产品设计、质量管理、维护和安全性方面都发挥了重要作用。

随着可靠性研究领域和应用范围的扩大,研究对象也在不断扩大,限于篇幅,本书仅对以上的部分内容逐一进行阐述,并着重介绍可靠性理论在工程中的应用。

# 本章小结

本章主要介绍了学习可靠性理论的原因,分析了系统可靠性在安全生产中的作用,重点阐述了可靠性的相关定义。可靠性是一门新兴边缘学科,在学习的过程中,要注意结合其他相关学科进行学习,从而达到学以致用、举一反三、触类旁通的目的。对于本章中的可靠性相关定义,要深入理解吃透,为以后的可靠性设计和应用打下坚实的基础。

# 习题 1

1. 什么是可靠性?
2. 可靠性包含哪些因素?
3. 什么是狭义可靠性?
4. 使用可靠性与哪些因素有关?
5. 可靠性问题的研究对象有哪些?
6. 什么是失效?
7. 产品失效的原因有哪些?
8. 在生产中,提高产品的可靠性有哪些重要作用?
9. 可靠性技术在产品各阶段的应用目的和任务是什么?

# 第2章 可靠性基础理论

## 【本章知识框架结构图】

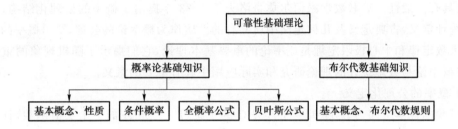

## 【知识导引】

可靠性工程建立在众多的数学基础之上,其中,概率论和数理统计是可靠性工程最重要的数学基础。可靠性工程中的可靠度、失效率、平均寿命等都是在概率论和数理统计的基础上建立起来的。在可靠性的许多工作中,如可靠性预计和分配、可靠性设计等都是把数理统计作为解决问题的主要工具,因此掌握概率统计最基本的知识是掌握可靠性工程必不可少的内容。应用概率论知识可以直观生动地表达出设备设施的可靠度。

## 【本章重点及难点】

重点:概率论基本公式。

难点:贝叶斯公式和全概率公式。

## 【本章学习目标】

通过本章的学习,应达到以下目标:

◇ 理解事件的定义,并熟练掌握事件的运算性质;

◇ 理解概率的几种定义,掌握概率的基本性质及运算法则;

◇ 理解独立性的概念,并能运用独立性解决某些概率计算问题;

◇ 掌握条件概率、加法公式、全概率公式与贝叶斯公式;

◇ 理解指数分布和正态分布的定义、分布函数及其在可靠性理论中的应用;

◇ 通过学习,进一步体会概率及其思想方法应用于实际问题的重要性。

# 2.1  概率论基础知识

概率论自成体系,是数学中一个较独立的学科分支,与以往所学的数学知识有很大的区别,但与人们的日常生活密切相关,而且对思维能力有较高要求。本章是可靠性理论研究的基础部分,概率分布是可靠性中常用的内容,是可靠性计算的基础。指数分布是可靠性计算过程中常用的分布。

### 1. 概率论基本概念

概率论作为数学的一个分支,也应像代数、几何一样,通过建立公理化系统给出概率的定义,使其具有一般性。苏联数学家柯尔莫哥洛夫于 1933 年提出了概率的公理化结构,总结了概率的统计定义、古典定义及几何定义中所共有的性质作为概率论的公理,给出概率的公理化定义。大数定律和中心极限定理是概率论的重要基本理论,它们揭示了随机现象的重要统计规律,在概率论与数理统计的理论研究和实际应用中具有重要的意义。

(1) 概率的公理化定义

设试验的样本空间为 $\Omega$,随机事件 $A$ 是 $\Omega$ 的子集,$P(A)$ 是 $A$ 的一个实值函数,且满足下列三条公理,则称函数 $P(A)$ 为事件 $A$ 的概率。

公理 1 (非负性)对于任一事件 $A$,有 $0 \leqslant P(A) \leqslant 1$;

公理 2 (规范性)$P(\Omega) = 1$;

公理 3 (完全可加性)若事件组 $A_1, A_2 \cdots$ 互斥时,总有

$$P(A_1 + A_2 + \cdots) = P(A_1) + P(A_2) + \cdots$$

(2) 大数定律

所谓大数定律是指一个事件发生的频率具有稳定性,即当试验次数无限增大时,在某种收敛意义下频率逼近某一定数。

历史上最早的大数定律是伯努利在 1713 年建立的。概率论的研究到现在有 300 多年的历史,最终以事件的频率稳定值来定义其概率。作为概率论这门学科的基础,其"定义"的合理性这一悬而未决的根本性问题,由伯努利发表的这个"大数定律"给予了解决。

伯努利大数定律:设事件 $A$ 在 $n$ 次独立试验中发生了 $n_A$ 次,$A$ 的概率为 $p$,则对任意小数 $\varepsilon > 0$,有

$$P(X \leqslant x_{\alpha/2}) = \alpha/2, \quad P(X > x_{1-\alpha/2}) = \alpha/2 \qquad (2-1-1)$$

其含义为频率收敛于对应的概率。

(3) 中心极限定理

人们已经知道,在自然界和生产实践中遇到的大量随机变量都服从或近似服从正态分布。正因如此,正态分布占有特别重要的地位。那么,如何判断一个随机变量服从正态分布显得尤为重要。例如,经过长期的观测,人们已经知道,很多工程测量中产生的误差 $X$ 都是服从正态分布的随机变量。分析起来,造成误差的原因有仪器偏差 $X_1$,大气折射偏差 $X_2$,温度变化偏

差 $X_3$,估度误差造成的偏差 $X_4$ 等。这些偏差 $X_i$ 对总误差 $X$ 的影响一般都很微小,没有一个起到特别突出的影响。类似的情况通常是虽然每个 $X_i$ 的分布并不知道,但 $X = \sum X_i$ 却服从正态分布。

因此,从 20 世纪 20 年代开始,人们习惯上把研究随机变量和的分布收敛到正态分布的这类定理称为中心极限定理。

林德伯格—莱维中心极限定理:设随机变量 $X_1, X_2, \cdots, X_n$ 相互独立,且有相同的有限期望 $\mu$ 和方差 $\sigma^2$,则对于任何固定的 $x$,有

$$P(X \leqslant x_{a/2}) = \alpha/2, \quad P(X > x_{1-a/2}) = \alpha/2 \tag{2-1-2}$$

其含义是"分布的收敛",等号右边是标准正态分布。

**2. 概率论基本性质**

1）任何事件的概率 $P(A)$,有 $0 \leqslant P(A) \leqslant 1$。

2）必然事件的概率 $P(\Omega) = 1$。

3）不可能事件的概率为零,即 $P(\Phi) = 0$。

4）有限可加性:若事件组 $A_1, A_2, \cdots, A_n$ 互斥,则

$$P(A_1 + A_2 + \cdots + A_n) = P(A_1) + \cdots + P(A_n)$$

5）设 $\overline{A}$ 是事件 $A$ 的对立事件,则有 $P(\overline{A}) = 1 - P(A)$。

6）加法公式:$P(A \bigcup B) = P(A) + P(B) - P(AB)$。从而,

$$P(A \bigcup B) \leqslant P(A) + P(B)$$

7）减法公式:$P(B-A) = P(B) - P(AB)$,特别地,当 $A \subset B$ 时,$P(B-A) = P(B) - P(A)$,$P(A) \leqslant P(B)$。一般地,$P(B-A) \neq P(B) - P(A)$。

**【例 2.1】**　图 2-1 的并联电路,$K_1$ 合上的概率为 0.6,$K_2$ 合上的概率为 0.7,$K_1$,$K_2$ 同时合上的概率为 0.5,求灯亮的概率。

**解**:设事件 $A_1$ 为 $K_1$ 合上;事件 $A_2$ 为 $K_2$ 合上;事件 $B$ 为灯亮。

$$P(A_1) = 0.6, \quad P(A_2) = 0.7, \quad P(A_1 A_2) = 0.5$$
$$P(B) = P(A_1 \bigcup A_2) = P(A_1) + P(A_2) - P(A_1 A_2) = 0.8$$

**【例 2.2】**　某公务员去开会,他乘火车、轮船、汽车、飞机去的概率分别为 0.3,0.2,0.1,0.4。

1）求他乘火车或乘汽车去的概率;

2）求他不乘轮船去的概率。

**解**:记"他乘火车去"为事件 $A$,"他乘轮船去"为事件 $B$,"他乘汽车去"为事件 $C$,"他乘飞机去"为事件 $D$,这四个事件不可能同时发生,故它们彼此互斥。

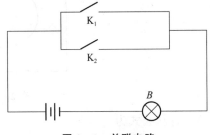

图 2-1　并联电路

1）因为事件 $A$ 和事件 $C$ 互斥,由性质 4）有 $P(A+C) = P(A) + P(C) = 0.4$;

2）设他不乘轮船去的概率为 $P$,由性质 5）有 $P = 1 - P(B) = 0.8$。

**【例 2.3】**　向假设的三个相邻的军火库投掷一个炸弹,炸中第一个军火库的概率为 0.025,其余两个各为 0.1,只要炸中一个,另两个也要发生爆炸,求军火库发生爆炸的概率。

**解**:军火库要发生爆炸,只要炸弹炸中一个军火库即可,因为只投掷了一个炸弹,故炸中第

一、第二、第三军火库的事件是彼此互斥的。设以 $A,B,C$ 分别表示炸中第一、第二、第三军火库这三个事件，则 $P(A)=0.025,P(B)=P(C)=0.1$。

又设 $D$ 表示军火库爆炸这个事件，则有 $D=A+B+C$，其中 $A,B,C$ 是互斥事件，因为只投掷了一个炸弹，不会同时炸中两个以上军火库。

由性质 4) 知，$P(D)=P(A)+P(B)+P(C)=0.025+0.1+0.1=0.225$。

### 3. 概率论基本公式

（1）条件概率

简单地说，条件概率就是在一定附加条件之下的事件概率。从广义上看，任何概率都是条件概率，因为任何事件都是产生于一定条件下的试验或观察。但我们这里所说的"附加条件"是指除试验条件之外的附加信息，这种附加信息通常表现为"已知某某事件发生了"。

引例：一批同类产品共 14 件，其中由甲厂提供的 6 件产品中有 4 件优质品；由乙厂提供的 8 件产品中有 5 件优质品。试考察下列事件的概率：

1) 从全部产品中任抽 1 件是优质品；

2) 从甲厂提供的产品中任抽 1 件而被抽的这 1 件为优质品。

**解**：设 $B=\{$抽到产品是优质品$\}$，$A=\{$抽到甲厂提供的产品$\}$。

1) 抽取在全部产品中进行，故样本空间 $\Omega$ 中有 14 个基本事件，$B$ 中包括有 9 个，则所求概率为 $\dfrac{9}{14}$。

2) 这里考察的是在事件 $A$ 发生的条件下事件 $B$ 发生的概率，则此时概率为 $\dfrac{4}{6}$。

一般地，若 $P(A)>0$，则把事件 $A$ 已经发生的条件下，事件 $B$ 发生的概率称为条件概率，记为 $P(B|A)$。

条件概率定义用图 2-2 理解为事件的样本点已落在图形 $A$ 中（事件 $A$ 已发生），问落在 $B$（事件 $B$）中的概率。由于样本点已经落在 $A$ 中，且又要求落在 $B$ 中，于是只能落在 $AB$ 中。

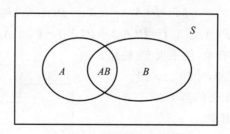

**图 2-2 条件概率示意图**

则其概率计算公式为

$$P(B|A)=\frac{P(AB)}{P(A)}, \qquad P(A)>0 \qquad (2-1-3)$$

类似地，
$$P(A|B)=\frac{P(AB)}{P(B)}, \qquad P(B)>0 \qquad (2-1-4)$$

注意 $P(B|A)$ 与 $P(B)$ 的区别。若随机试验的样本空间为 $S$，那么讨论 $P(B|A)$ 的样本空间是 $A$，而 $P(B)$ 的样本空间为 $S$。条件概率仍是事件的概率，具有概率的性质：

① 对任一事件 $B$，有 $0 \leqslant P(B|A) \leqslant 1$；

② 对必然事件 $\Omega$ 与不可能事件 $\Phi$ 有 $P(\Omega|A)=1,P(\Phi|A)=0$；

③ 有限可加性：若 $B_1,B_2,\cdots,B_n$ 是两两不相容事件，则

$$P(B_1+B_2+\cdots+B_n)=P(B_1)+P(B_2)+\cdots+P(B_n);$$

④ 逆事件概率：对任一事件 $B$，有 $P(\overline{B}|A)=1-P(B|A)$；

⑤ 加法公式：$P(B_1\bigcup B_2|A)=P(B_1|A)+P(B_2|A)-P(B_1B_2|A)$。

对引例中的问题 2）用公式计算，则

$AB=\{$从全部产品中任抽的 1 件既是甲厂产品又是优质品$\}$，

$$P(B|A)=\frac{P(AB)}{P(A)}=\frac{\frac{4}{14}}{\frac{6}{14}}=\frac{4}{6}$$

类似地，求从优质品中任抽 1 件，而该优质品由甲厂提供的概率为

$$P(A|B)=\frac{P(AB)}{P(B)}=\frac{\frac{4}{14}}{\frac{9}{14}}=\frac{4}{9}$$

【例 2.4】　某地区气象资料表明，邻近的甲、乙两城市中的甲市全年雨天为 12％，乙市全年雨天为 9％，两市中至少有一市雨天为 16.8％，试求甲市为雨天条件下，乙市也为雨天的概率。

**解：**设 $A=\{$甲市为雨天$\}$，$B=\{$乙市为雨天$\}$，

则 $P(A)=0.12,P(B)=0.09,P(A\bigcup B)=0.168$，

故 $P(AB)=P(A)+P(B)-P(A\bigcup B)=0.12+0.09-0.168=0.042$，

所以 $P(B|A)=\dfrac{P(AB)}{P(A)}=\dfrac{0.042}{0.12}=0.35$。

由条件概率定义公式可以得到 $P(AB)=P(A)P(B|A)=P(B)P(A|B)$，这就是概率的乘法公式。乘法公式一般用于计算几个事件同时发生的概率。

推广：$P(A_1A_2\cdots A_n)=P(A_n|A_1A_2\cdots A_{n-1})P(A_{n-1}|A_1A_2\cdots A_{n-2})\cdots P(A_2|A_1)P(A_1)$

【例 2.5】　盒中有 100 个零件，其中有 5 个次品，每次从中抽取一个，取后不放回，问第二次才取得正品概率？

**解：**第一次必须是次品，第二次是正品，此时研究的样本空间为整个样本空间。

设 $\overline{A}=\{$第一次取得次品$\}$，$B=\{$第二次取得正品$\}$，

所以　　　　　　　　　$P(\overline{A})=\dfrac{5}{100},\quad P(B|\overline{A})=\dfrac{95}{99}$

所以　　　　　　　$P(\overline{A}B)=P(\overline{A})P(B|\overline{A})=\dfrac{5}{100}\times\dfrac{95}{99}=0.047\ 9$

这表明了测试设备既要具有正确地判定良好产品的高概率，又要具有判定次品的高概率的重要性。

（2）全概率公式

全概率公式是概率论中的一个基本公式。它使一个复杂事件的概率计算问题，可转化为在不同情况或不同原因或不同途径下发生的简单事件的概率求和问题。

设事件 $B_1,B_2,\cdots,B_n$ 两两互不相容，且其和事件为必然事件 $A$（即 $B_1,B_2,\cdots,B_n$ 是基本

空间的一个划分），则对于任一事件 $A$，有全概率公式

$$P(A) = \sum_{i=1}^{n} P(A \mid B_i) P(B_i) \tag{2-1-5}$$

【例 2.6】 一批产品共 100 件，其中有 4 件次品，其余都为正品，任取一件产品进行检验，在检验时，一件正品被误判为次品的概率为 0.05，而一件次品被误判为正品的概率为 0.01，求任取一件产品被检验为正品的概率是多少？

解：设 $A$ 表示"任取一件产品被检验为正品"，$B$ 表示"任取一件产品是正品"，则 $\overline{B}$ 表示"任取一件产品是次品"，则 $P(B) = 0.96, P(\overline{B}) = 0.04, P(A|B) = 0.95, P(A|\overline{B}) = 0.01$，

由全概率公式得 $P(A) = P(A|B)P(B) + P(A|\overline{B})P(\overline{B}) = 0.95 \times 0.96 + 0.01 \times 0.04 = 0.9124$

（3）贝叶斯公式

贝叶斯公式则考虑与之完全相反的问题，即一事件已经发生，要考察该事件发生的各种原因、情况或途径的可能性。

设随机事件 $A, B_i$ 的含义同上，利用条件概率和全概率公式，有

$$P(B_i \mid A) = P(B_i) P(A \mid B_i) \Big/ \Big[ \sum_{j=1}^{n} P(B_j) P(A \mid B_j) \Big], \qquad i = 1, 2, \cdots, n$$

$$\tag{2-1-6}$$

式（2-1-6）称为贝叶斯公式，它在可靠性评估中有重要作用。

【例 2.7】 测试设备能够正确地把一个故障件判定为次品的概率为 98%，而把一件好的产品判为次品的概率为 4%。如果在一批测试的产品中实际上有 3% 为次品，则当一件产品被判定为次品，而它确实就是次品的概率是多少？

解：令 $D$ 代表一件产品是次品的事件，$C$ 代表该产品被判定为次品的事件。则有

$$P(D) = 0.03$$
$$P(C|D) = 0.98$$
$$P(C|\overline{D}) = 0.04$$

我们需要确定 $P(D|C)$。由式（2-1-6）可得

$$P(D|C) = \frac{P(D)P(C|D)}{P(C|D)P(D) + P(C|\overline{D})P(\overline{D})} = \frac{0.03 \times 0.98}{0.03 \times 0.98 + 0.04 \times 0.97} = 0.43$$

## 2.2 布尔代数基础知识

**1. 基本概念**

（1）集

从最普遍的意义上说，集就是具有某种共同可识别特点的项（事件）的集合。这些共同特点使之能够区别于其他类事物。

（2）并集

把集合 $A$ 的元素和集合 $B$ 的元素合并在一起，这些元素的全体构成的集合叫 $A$ 与 $B$ 的并集，记为 $A \cup B$ 或 $A + B$。

若 $A$ 与 $B$ 有公共元素,则公共元素在并集中只出现一次。例如 $A=\{a,b,c,d\}$, $B=\{c,d,e,f\}$,则 $A\bigcup B=\{a,b,c,d,e,f\}$。

（3）交集

两个集合 $A$ 与 $B$ 的交集是两个集合的公共元素所构成的集合,记为 $A\bigcap B$ 或 $A\cdot B$。

根据定义,交集是可以交换的,即 $A\bigcap B=B\bigcap A$。例如 $A=\{a,b,c,d\}$, $B=\{c,d,e\}$,则 $A\bigcap B=\{c,d\}$。

（4）补集

在整个集合($\Omega$)中集合 $A$ 的补集为一个不属于 $A$ 集的所有元素的集。补集又称余,记为 $A'$ 或 $\overline{A}$。

**2. 布尔代数规则**

布尔代数用于集的运算,与普通代数运算法则不同,它可用于故障树分析。布尔代数可以帮助我们将事件表达为其他基本事件的组合。例如将系统失效表达为基本元件失效的组合,求解方程即可求出导致系统失效的元件失效组合(即最小割集),进而根据元件失效概率,计算出系统失效的概率。

布尔代数规则如下(设 $X$, $Y$ 代表两个集合)

1）交换律: $X\cdot Y=Y\cdot X$

$\qquad\qquad X+Y=Y+X$

2）结合律: $X\cdot(Y\cdot Z)=(X\cdot Y)\cdot Z$

$\qquad\qquad X+(Y+Z)=(X+Y)+Z$

3）分配律: $X\cdot(Y+Z)=X\cdot Y+X\cdot Z$

$\qquad\qquad X+(Y\cdot Z)=(X+Y)\cdot(X+Z)$

4）吸收律: $X\cdot(X+Y)=X$

$\qquad\qquad X+(X\cdot Y)=X$

5）互补律: $X+X'=1$

$\qquad\qquad X\cdot X'=\Phi$($\Phi$ 表示空集)

6）幂等律: $X\cdot X=X$

$\qquad\qquad X+X=X$

7）狄摩根定律: $(X\cdot Y)'=X'+Y'$

$\qquad\qquad\quad (X+Y)'=X'\cdot Y'$

8）对合律: $(X')'=X$

9）重叠律: $X+X'Y=X+Y=Y+Y'X$

# 本章小结

本章主要介绍了概率论的基本概念、基本性质和基本公式,同时对布尔代数的基础知识进行介绍,这些内容在后续学习中会经常使用。

# 习题 2

1. 一批产品有 50 个,其中有 5 个次品,从这批产品中任取 3 个,求其中有次品的概率值。

2. 某钻井平台的钻机每天的失效概率为 $P=0.2×10^{-5}$,为了保证生产,该钻井平台还备有 1 台同样的钻机,若要其工作 2 000 d,问其成功的概率为多少?

3. 100 个零件中有 80 个是由第一台机床加工的,其合格率为 95%;20 个是由第二台机床加工的,其合格率为 90%。从这 100 个零件中任取 1 件,问这一零件正好是由第一台机床加工的合格品的概率是多少?

# 第3章  可靠性特征量与常用失效分布

## 【本章知识框架结构图】

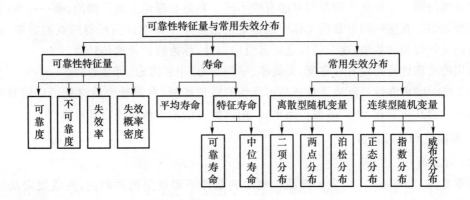

## 【知识导引】

要学习可靠性特征量,就要了解可靠性理论中涉及的一些基本概念。这些概念就像我们在了解物理课程知识之前,首先要学习速度、路程、电流、电压等概念,在可靠性工程中,我们称这些基本量为可靠性特征量。本章主要介绍可靠度、失效率、平均寿命等概念,以及学习这些特征量之间的转化关系。通过学习实现对可靠性特征量的量化评定。结合第2章的概率知识内容,学习满足不同失效分布的系统特点,从而分析系统的可靠性水平。

## 【本章重点及难点】

重点:掌握可靠性特征量反常见的概率分布。

难点:可靠性特征量之间的关系,产品服从正态分布和指数分布的特征。

**【本章学习目标】**

通过对可靠性特征量的学习,能够清楚知道各个指标的含义,能够自己做好课后小结,并完成课后习题。

# 3.1 可靠性特征量

在产品可靠性研究中,和产品的其他技术指标一样,制定一些评定产品可靠性的数值指标是非常必要的。这些可靠性数值指标称为可靠性的特征量,又称可靠性指标。可靠性特征量是用来表示产品总体可靠性高低的各种可靠性数量指标的总称。

可靠性特征量的实际数值称为真值,它是一个很难求得的理论值。因为不同的计算和统计方法得到的同一个特征量的数值可能有所不同。真值在理论上是严密的、唯一存在的,但实际上是难知的。在实际的可靠性工作中通常是根据若干个样本试验所得的观测数据,通过一定的数理统计得到的数值,这个值仅是对真值的估计,称为特征量的估计值。

常用的可靠性特征量有可靠度、失效率、平均寿命、中位寿命、可靠寿命。

有了统一的可靠性尺度或评价产品可靠性的数值指标,在设计产品时就可以用数学方法来计算和预测其可靠性;在产品生产出来后,用试验方法来考核和评定其可靠性。

**1. 可靠度和不可靠度**

(1)可靠度

可靠度(Reliability)可定义为**产品在规定的条件下和规定的时间内,完成规定功能的概率**,通常以 R 表示。可靠度是时间的函数,又可表示为 $R=R(t)$,称为可靠度函数。规定的时间越短,产品完成规定功能的可能性越大;规定的时间越长,产品完成规定功能的可能性越小。就概率分布而言,它又叫可靠度分布函数,且是累积分布函数,表示在规定的使用条件下和规定的时间内,无故障地完成规定功能的产品占全部工作产品(累积起来)的百分率。

可靠度可以分为条件可靠度和非条件可靠度。可靠度通常是指非条件可靠度,它的规定时间 $t$ 从投入使用时开始计算。若产品在规定的条件下和规定的时间内完成规定功能的这一事件($E$)的概率以 $P(E)$ 表示,则作为描述产品正常工作时间(寿命)这一随机变量($T$)的概率分布,可靠度可写成

$$R(t)=P(E)=P(T\geqslant t), \quad 0\leqslant t<+\infty \tag{3-1-1}$$

条件 $T\geqslant t$ 就是产品的寿命超过规定时间 $t$,即在 $t$ 时间之内产品能完成规定功能。

由可靠度定义可知,$R(t)$ 描述了产品在 $(0,t)$ 时间段内完好的概率,且

$$0\leqslant R(t)\leqslant 1, \quad R(0)=1, \quad R(+\infty)=0$$

上述结果表示,开始使用时,所有产品都是良好的,只要时间充分长,全部的产品都会失效。

如前所述,这个概率是真值,实际上是未知的,在工程上我们常用它的估计值。为区别于可靠度,可靠度估计值用 $\hat{R}(t)$ 表示。

可靠度估计值的定义如下。

1) 对于不可修复产品,可靠度估计值是指到规定的时间区间终了为止,能完成规定功能的产品与该时间区间开始时可投入工作的产品总数之比。

2) 对于可修复产品,可靠度估计值是指一个或多个产品的故障间隔工作时间达到或超过规定时间的次数与观察时间内无故障(正常)工作的总次数之比。

对于不可修复系统,假如在 $t=0$ 时有 $N$ 件产品开始工作,而到 $t$ 时刻有 $n(t)$ 个产品失效,仍有 $N-n(t)$ 个产品继续工作,则

$$\hat{R}(t)=\frac{到 t 时刻仍在正常工作的产品数}{试验得产品总数}=\frac{N-n(t)}{N} \qquad (3-1-2)$$

【例 3.1】 在规定条件下对 12 个不可修复产品进行无替换试验,试验结果如图 3-1 所示。图中"×"为产品出现故障的时间, $t$ 为规定时间。求产品可靠度估计值 $\hat{R}(t)$ 。

**解:**不可修复产品试验由图 3-1 统计可得 $n(t)=7$,因已知 $N=12$,由式(3-1-2)有

$$\hat{R}(t)=\frac{N-n(t)}{N}=\frac{12-7}{12}=0.416\ 7$$

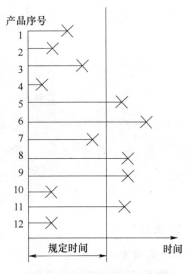

**图 3-1 不可修复产品试验**

(2) 累计失效概率

不可靠度是与可靠度相对应的概念,不可靠度**表示产品在规定的条件下和规定的时间内不能完成规定功能的概率**,因此又称失效概率,记为 $F$ 。失效概率 $F$ 也是时间 $t$ 的函数,故又称失效概率函数或不可靠度函数,并记为 $F(t)$ 。它也是累积分布函数,故又称累积失效概率。显然,它与可靠度呈互补关系,即

$$R(t)+F(t)=1 \qquad (3-1-3)$$
$$F(t)=1-R(t)=P(T\leqslant t) \qquad (3-1-4)$$

因此, $F(0)=0,F(+\infty)=1$ 。

同可靠度一样,不可靠度也有估计值,又称累积失效概率估计值,记为 $\hat{F}(t)$ 。

$$\hat{F}(t)=1-\hat{R}(t)=n(t)/N \qquad (3-1-5)$$

【例 3.2】 有 120 只电子管,工作 500 h 时有 8 只失效,工作到 1 000 h 时共有 51 只电子管失效,求该产品分别在 500 h 与 1 000 h 时的累积失效概率估计值。

**解:** $N=120,n(500)=8,n(1\ 000)=51$,则

$$\hat{F}(500)=8/120=6.67\%$$

$$\hat{F}(1\ 000)=51/120=42.5\%$$

由定义可知,可靠度与不可靠度是对一定时间而言的,若所指时间不同,同一产品的可靠度值也就不同。

设有 $N$ 个同一型号的产品,开始工作$(t=0)$后到任意时刻 $t$ 时,有 $n(t)$ 个失效,则

$$R(t) \approx \frac{N-n(t)}{N} \qquad (3-1-6)$$

$$F(t) \approx \frac{n(t)}{N} \qquad (3-1-7)$$

值得一提的是,当 $t=0$ 时,产品都正常,所以 $n(0)=0$,$R(0)=1$,$F(0)=0$;随着工作时间的不断增加,产品的失效数不断增加,可靠度则相应降低。当 $t$ 趋于无穷时,所有产品均发生故障,所以 $n(+\infty)=N$,$R(+\infty)=0$,$F(+\infty)=1$,所以在$[0,+\infty)$区间内,$R(t)$ 为递减函数,$F(t)$ 为递增函数。如图 3-2 所示,$R(t)$,$F(t)$ 的形状正好相反。

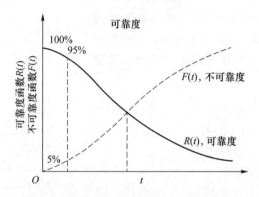

图 3-2　可靠度与不可靠度函数曲线

## 2. 失效率

(1) 失效率定义

失效率(Failure Rate)又称故障率,其定义是,工作到某时刻 $t$ 时尚未失效(故障)的产品,在该时刻 $t$ 以后的下一个单位时间内发生失效(故障)的概率,也称失效率函数,记为 $\lambda(t)$。失效率的估计值为在某时刻 $t$ 以后的下一个单位时间内失效的产品数与工作到该时刻尚未失效的产品数之比,记为 $\hat{\lambda}(t)$。

设有 $N$ 个产品,从 $t=0$ 开始工作,到时刻 $t$ 时产品的失效数为 $n(t)$,而到时刻$(t+\Delta t)$时产品的失效数为 $n(t+\Delta t)$,即在$[t,t+\Delta t]$时间区间内有 $\Delta n(t)=n(t+\Delta t)-n(t)$ 个产品失效,则定义该产品在时间区间$[t,t+\Delta t]$内的平均失效率为

$$\lambda(t) = \frac{n(t+\Delta t)-n(t)}{[N-n(t)] \cdot \Delta t} = \frac{\Delta n(t)}{[N-n(t)] \cdot \Delta t} \qquad (3-1-8)$$

因失效率 $\lambda(t)$ 是时间 $t$ 的函数,故又称 $\lambda(t)$ 为失效率函数,也称风险函数。

失效率的估计值 $\hat{\lambda}(t)$ 为

$$\hat{\lambda}(t) = \frac{\text{在}[t,t+\Delta t]\text{时间区间内单位时间失效的产品数}}{\text{在时刻 } t \text{ 仍正常工作的产品数}} = \frac{\Delta n(t)}{[N-n(t)] \cdot \Delta t} \quad (3-1-9)$$

(2) 失效概率密度函数与失效分布函数

描述随机变量取值规律的函数称为分布,可用概率密度函数 $f(t)$ 和分布函数 $F(t)$ 来表示。在可靠性中,称为失效概率密度函数和失效分布函数。

在处理统计数据时,一般概率可以用频率来解释,将观察数据按取值的顺序间隔分组,做

出对应每一个间隔的取值的频率数,画出直方图,观察随机变量取值的规律性,当分组间隔越来越密时,直方图将稳定趋近于某条曲线 $f(t)$,即概率密度函数。

失效概率密度函数反映出产品在单位时间间隔内发生失效或故障的比例或频率

$$f(t) = \frac{\Delta n(t)/N}{\Delta t} = \frac{\Delta n(t)}{N \cdot \Delta t} \tag{3-1-10}$$

累积失效分布函数是指产品在某个时间之前发生失效或故障的比例或频率,图 3 − 3(a) 所示为某产品的累积故障台数直方图,累积失效分布函数指随机变量小于或等于某一规定数值 $t$ 的函数。

在规定条件下,产品的寿命(或无故障工作时间)不超过 $t$ 的概率,也就是产品在 $t$ 时刻之前发生故障或失效的概率,以 $F(t)$,即不可靠度表示。它相当于累积失效台数直方图间隔变细后的渐近线,如图 3 − 3(b)所示。

$$F(t) = \int_0^t f(t)\,\mathrm{d}t \tag{3-1-11}$$

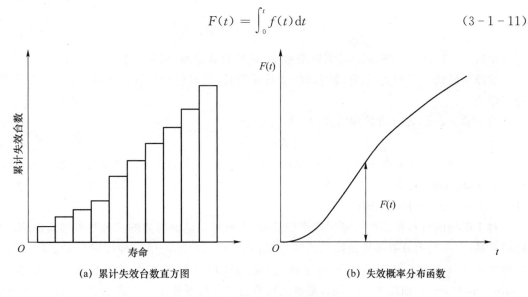

(a) 累计失效台数直方图　　　　　　　　(b) 失效概率分布函数

**图 3 − 3　失效概率分布函数图线**

【**例 3.3**】　今有 100 个产品投入使用,在 $t = 100\ \mathrm{h}$ 前有 2 个发生故障,在 $100 \sim 105\ \mathrm{h}$ 之间有 1 个产品发生故障,①试计算这批产品工作满 100 h 时的失效率 $\lambda(100)$ 和概率密度函数 $f(100)$;②若 $t = 1\,000\ \mathrm{h}$ 前有 51 个产品发生故障,而在 $1\,000 \sim 1\,005\ \mathrm{h}$ 内有 1 个故障,试计算工作满 1 000 h 时的失效率 $\lambda(1\,000)$ 和概率密度函数 $f(1\,000)$。

**解:**①
$$\hat{\lambda}(100) = \frac{\Delta n(t)}{[N - n(t)] \cdot \Delta t} = \frac{1}{(100-2) \times 5} = \frac{1}{490}$$

$$\hat{f}(100) = \frac{\Delta n(t)}{N \cdot \Delta t} = \frac{1}{100 \times 5} = \frac{1}{500}$$

②
$$\hat{\lambda}(1\,000) = \frac{\Delta n(t)}{[N - n(t)] \cdot \Delta t} = \frac{1}{(100-51) \times 5} = \frac{1}{245}$$

$$\hat{f}(1\,000) = \frac{\Delta n(t)}{N \cdot \Delta t} = \frac{1}{100 \times 5} = \frac{1}{500}$$

从该例可看出,概率密度函数 $f(t)$ 在 $t = 100\ \mathrm{h}$ 和 $t = 1\,000\ \mathrm{h}$ 是相同的,而失效率更能灵敏地反映失效变化的趋势。

联系可靠度函数 $R(t)$ 再看看失效率应怎样定义：失效率 $\lambda(t)$ 是系统、机器设备等产品一直到某一时刻 $t$ 为止，仍未发生故障的可靠度为 $R(t)$ 的产品，在下一单位时间内可能发生故障的条件概率。换句话说，$\lambda(t)$ 表示工作到某时刻 $t$ 尚未发生故障的产品，在该时刻后单位时间 $\mathrm{d}t$ 内发生故障的概率。因此，失效率的表达式为

$$\lambda(t) = \frac{\mathrm{d}F(t)/\mathrm{d}t}{R(t)} = \frac{-\mathrm{d}R(t)/\mathrm{d}t}{R(t)} = \frac{f(t)}{R(t)} \tag{3-1-12}$$

或为

$$\lambda(t) = \frac{-\mathrm{d}\ln R(t)}{\mathrm{d}t} \tag{3-1-13}$$

所以

$$R(t) = \exp\left[-\int_0^t \lambda(t)\,\mathrm{d}t\right] \tag{3-1-14}$$

$$F(t) = 1 - \exp\left[-\int_0^t \lambda(t)\,\mathrm{d}t\right] \tag{3-1-15}$$

由式(3-1-12)可知，$\lambda(t)$ 是瞬时失效率(或瞬时故障率、风险函数)。

故障率函数有三种类型，即随时间的增长而增长，随时间的增长而下降，与时间无关而保持一定值。

当 $\lambda(t) = \lambda = \mathrm{const}$(常数)时，式(3-1-14)变为

$$R(t) = e^{-\lambda t} \tag{3-1-16}$$

对应上述 3 种故障率函数的形态，故障率曲线一般可分为递减型故障率曲线(Decreasing Failure Rate，DFR)、恒定型故障率曲线(Constant Failure Rate，CFR)和递增型故障率曲线(Increasing Failure Rate，IFR)。

对于单纯的材料和部件故障形式都很简单，大致可用前面所述的三种基本形式描绘，但实际的产品，大多是由具有多种故障形式的零部件组成，因此不能用一种故障形式表示，而是由多种形式混合表示。最典型的是由递减、恒定和递增三种基本形式组合而成的**浴盆曲线**(Bath-Tub Curve)，如图 3-4 所示，基本上可概括产品服役使用一生的三个不同阶段或时期。

**早期失效期(DFR)：** 出现在产品投入使用的初期，其特点是开始时失效率较高，但随着使用时间的增加失效率将较快地下降，呈递减型，如图 3-4 中的时期(A)所示。这时期的失效或故障是由于设计上的疏忽、材料有缺陷、工艺质量问题、检验差错而混进了不合格品、不适应外部环境等缺点及设备中寿命短的部分等因素引起。这个时期的长短随设备或系统的规模和上述情况的不同而异。为了缩短这一阶段的时间，产品应在投入运行前进行试运转，以便及早发现、修正和排除缺陷；或通过试验进行筛选剔除不合格品；或进行规定的跑合(磨合)和调整，以便改善其技术状况。

**偶然失效期(CFR)：** 在早期失效期之后，早期失效的产品暴露无遗，失效率就会大体趋于稳定状态并降至最低，且在相当一段时间内大致维持不变，呈恒定型，如图 3-4 中的(B)时期所示。这个时期故障的发生是偶然的或随机的，故称为偶然失效期。偶然失效期是设备或系统等产品的最佳状态时期，在规定的失效率下其持续时间称为使用寿命或有效寿命。人们总是希望延长这一时期，即希望在容许的费用内，延长使用寿命。台架寿命试验和可靠性试验，一般都是在消除了早期故障之后针对偶然失效期而进行的。

**耗损失效期(IFR)：** 出现在设备、系统等产品投入使用的后期，其特点是失效率随工作时

间的增加而上升,呈递增型,如图 3-4 中的(C)时期所示。这是因为构成设备、系统的某些零件已过度磨损、疲劳、老化、寿命衰竭所致。若能预计到耗损失效期到来的时间,并在这个时间稍前一点将要损坏的零件更换下来,就可以把本来将会上升的失效率拉下来,延长可维护的设备或系统的使用寿命。当然,是否值得采取这些措施需要权衡,因为有时把它报废则更为合算。

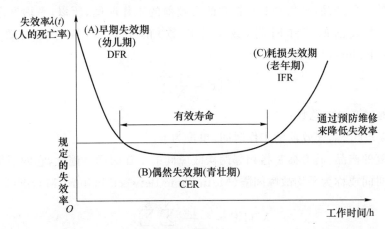

图 3-4　不可修复的机器、设备或系统的典型失效率曲线

可靠性研究虽涉及上述 3 种失效类型或 3 种失效期,但着重研究的是随机失效,因为它发生在设备的正常使用期间。

这里要特别指出,浴盆曲线的观点反映的是不可修复,且较为复杂的设备或系统在投入使用后失效率的变化情况。在一般情况下,凡是由于单一的失效机理而引起失效的零件、部件,应归于 DFR 型;而固有寿命集中的多属于 IFR 型。只有在稍复杂的设备或系统中,由于零件繁多且对它们的设计、使用材料、制造工艺、工作(应力)条件、使用方法等不同,失效因素各异,才形成包含有上述三种失效类型的浴盆曲线。

图 3-4 所示的失效率曲线即浴盆曲线,也可以用于人的情况。对人来说,与上述 3 个时期相对应的是幼儿期、青壮期、老年期。人的"故障"意味着生病和死亡。显然,刚生下来的婴儿最易生病和死亡,到了青壮期死亡率下降到最低并趋于稳定且属于非自然原因(不测事件)。进入老年期接近人的固有寿命时,生病率和死亡率显然会急剧上升。

**【拓展】**

人类寿命浴盆曲线:经过大量统计人类寿命分布服从早期、偶然和耗损失效的规律,如图 3-5 所示。

**3. 寿命及其表征**

(1) 平均寿命

在产品的寿命指标中,最常用的是平均寿命。平均寿命(Mean Life)是**产品寿命的平均值**,而产品的寿命则是它的无故障工作时间,用 $\theta$ 表示。

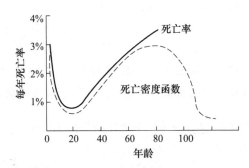

图 3-5　人类寿命浴盆曲线

产品寿命(或无故障工作时间)$T$ 的故障概率密度函数为 $f(t)$,则平均寿命为

$$\theta = E(T) = \int_0^\infty tf(t)\mathrm{d}t \qquad (3-1-17)$$

对于可修复的产品(发生故障后经修理或更换零件即恢复功能)和不可修复的产品(失效后无法修复或不修复,仅进行更换),平均寿命的概念稍有不同。

对于不可修复的产品,平均寿命是指它的失效前的工作时间,所以,平均寿命是指该产品从开始使用到失效前的工作时间(或工作次数)的平均值,或称为失效前平均时间(Mean Time to Failure,MTTF)。

$$\mathrm{MTTF} = \frac{1}{N}\sum_{i=1}^{N} t_i \qquad (3-1-18)$$

式中　$N$——测试产品的总数;

　　　$t_i$——第 $i$ 个产品失效前的工作时间,单位为 h。

对于可修复的产品,其寿命是指相邻两次故障间的工作时间。因此,它的平均寿命即为平均无故障工作时间或称为平均故障间隔(Mean Time Between Failure,MTBF)。

$$\mathrm{MTBF} = \frac{1}{\sum_{i=1}^{N} n_i}\sum_{i=1}^{N}\sum_{j=1}^{n_i} t_{ij} \qquad (3-1-19)$$

式中　$N$——测试产品的总数;

　　　$n_i$——第 $i$ 个产品测试产品的故障数;

　　　$t_{ij}$——第 $i$ 个产品从第 $j-1$ 次故障到第 $j$ 次故障的工作时间,单位为 h。

MTTF 与 MTBF 的理论意义和数学表达式的实际内容都是一样的,故通称为平均寿命。这样,如果从一批产品中任取 $N$ 个产品进行寿命试验,得到第 $i$ 个产品的寿命数据为 $t_i$,则该产品的平均寿命 $\theta$ 为

$$\theta = \frac{1}{N}\sum_{i=1}^{N} t_i \qquad (3-1-20)$$

或表达式为

$$\theta = \frac{\text{所有产品总的工作时间}}{\text{总的故障次数}} \qquad (3-1-21)$$

MTTF 与 MTBF 的估计值为

$$\hat{\theta} = \frac{\text{所有产品总的工作时间}}{\text{总的故障次数}} = \frac{1}{N}\sum_{i=1}^{N} t_i \qquad (3-1-22)$$

进行寿命试验的产品数 $N$ 较大,寿命数据较多,用上述各式计算较繁琐,则可将全部寿命数据按一定时间间隔分组,并取每组的寿命数据的中值 $t_i$ 与相应频数(该组的数据数)$\Delta n_i$ 的乘积之和 $\sum_{i=1}^{N} t_i \cdot \Delta n_i$ 来表示,故平均寿命 $\theta$ 又可表达为

$$\theta = \frac{1}{N}\sum_{i=1}^{n} t_i \cdot \Delta n_i \qquad (3-1-23)$$

式中　$N$——测试产品的总数;

　　　$n$——分组数;

$t_i$——第 $i$ 个产品失效前的工作时间,单位为 h;

$\Delta n_i$——第 $i$ 组的寿命数据个数(失效频率)。

如果产品的可靠度服从指数分布即故障率为常数,见式(3-1-16),则平均寿命 MTTF 与 MTBF 的计算十分简便。

$$\theta = \int_0^\infty R(t)\mathrm{d}t = \int_0^\infty \mathrm{e}^{-\lambda t}\mathrm{d}t = -\frac{1}{\lambda}\int_0^\infty \mathrm{e}^{-\lambda t}\mathrm{d}(-\lambda t) = -\frac{1}{\lambda}(\mathrm{e}^{-\infty} - \mathrm{e}^0) = \frac{1}{\lambda} \qquad (3-1-24)$$

即当可靠度函数 $R(t)$ 为指数分布时,平均寿命 $\theta$ 等于失效率 $\lambda$ 的倒数。

需要说明的是,指数分布的平均寿命并不意味着半数产品达到该寿命时间,当一批产品工作到平均寿命时,即 $t=\theta$(MTTF 或 MTBF)时

$$R(t) = \mathrm{e}^{-\lambda t} = \mathrm{e}^{-\lambda \cdot \frac{1}{\lambda}} = \mathrm{e}^{-1} = 0.368 \qquad (3-1-25)$$

即能工作到平均寿命的产品仅有 36.8%,约有 63.2%的产品将在达到平均寿命前发生故障,这就是它的特征寿命。

(2)可靠寿命

已知 $R(t)$,就可以求得任意时间 $t$ 的可靠度。反之,若确定了可靠度,也可以求出相应的工作时间(寿命)。可靠寿命(可靠度寿命)就是指可靠度 $R$ 为定值时的工作寿命,以 $T_r$ 表示。

给定可靠度所对应的时间即为可靠寿命。如前面所述,可靠度是一个递减函数,在 $t=0$ 时,可靠度为 1,随时间的增加,可靠度从 1 开始下降。当时间无限增大时,可靠度将趋向于 0。每一个给定的时间,都有一个对应于这个时间的可靠度值。反过来,如果给定一个可靠度水平 $r$,也必然对应一个相应的时间 $T_r$。这个对应于给定可靠度的时间 $T_r$ 称为可靠寿命。由此可得

$$R(T_r) = r \qquad (3-1-26)$$

可靠寿命估计值的定义是能完成规定功能的产品的比例恰好等于给定可靠度时所对应的时间,即

$$\frac{N-n(T_r)}{N} = r \qquad (3-1-27)$$

这时 $T_r$ 称为可靠寿命估计值。

可靠度 $R=50\%$ 的可靠寿命称为中位寿命,用 $t_{0.5}$ 表示。当产品工作到中位寿命 $t_{0.5}$ 时,产品中将有半数失效。

可靠度 $R=\mathrm{e}^{-1}\approx 0.368$ 的可靠度寿命称为特征寿命,用 $t_{\mathrm{e}^{-1}}$ 表示。

【例 3.4】 若已知某产品的失效率为常数,$\lambda(t)=\lambda=0.25\times 10^{-4}$ h$^{-1}$,可靠度函数 $R(t)=\mathrm{e}^{-\lambda t}$,试求可靠度 R=99%的可靠寿命 $t(0.99)$、中位寿命 $t(0.5)$ 和特征寿命 $t(\mathrm{e}^{-1})$。

**解**:已知 $R(t)=\mathrm{e}^{-\lambda t}$,两边取对数,即

$$\ln R(t) = -\lambda t$$

得

$$t = -\frac{\ln R(t)}{\lambda}$$

故可靠寿命

$$t(0.99) = -\frac{\ln(0.99)}{0.25 \times 10^{-4}} = 402(\text{h})$$

中位寿命

$$t(0.5) = -\frac{\ln(0.5)}{0.25 \times 10^{-4}} = 27\,725.9(\text{h})$$

特征寿命

$$t(\text{e}^{-1}) = -\frac{\ln(\text{e}^{-1})}{0.25 \times 10^{-4}} = 40\,000(\text{h})$$

（3）寿命方差和寿命均方差

平均寿命是一批产品寿命的算术平均值，它只能反映这批产品寿命分布的中心位置，不能反映各产品寿命与这个中心位置的偏离程度。寿命方差与寿命均方差就是用来反映产品寿命离散程度的特征值。

当产品的寿命数据 $t_i(i=1,2,\cdots,N)$ 为离散型变量时，平均寿命 $\theta$ 可按式（3-1-23）计算，由于产品寿命的偏差 $(t_i-\theta)$ 有正有负，所以采用平方差 $(t_i-\theta)^2$ 来反映，一批数量为 $N$ 的产品的寿命方差为

$$D(t) = [\sigma(t)]^2 = \frac{1}{N}\sum_{i=1}^{n}(t_i-\theta)^2 \tag{3-1-28}$$

寿命均方差（标准差）为

$$\sigma(t) = \sqrt{\frac{1}{N}\sum_{i=1}^{N}(t_i-\theta)^2} \tag{3-1-29}$$

式中　$N$——该母体取值的总次数，$N \to \infty$ 或是一个相当大的数；

　　　$\theta$——测试产品的平均寿命，单位为 h；

　　　$t_i$——第 $i$ 个测试产品的实际寿命，单位为 h。

当母体的取值次数 $N$ 不大于或等于子样时，其寿命方差与均方差分别为

$$s^2 = \frac{1}{N-1}\sum_{i=1}^{N}(t_i-\theta)^2 \tag{3-1-30}$$

$$s = \sqrt{\frac{1}{N-1}\sum_{i=1}^{N}(t_i-\theta)^2} \tag{3-1-31}$$

连续型变量的总体寿命方差可由失效密度函数 $f(t)$ 直接求得

$$D(t) = [\sigma(t)]^2 = \int_0^{\infty}(t-\theta)^2 f(t)\mathrm{d}t \tag{3-1-32}$$

式中　$\sigma(t)$——寿命均方差或标准差。

将式（3-1-32）的平方展开并将式（3-1-17）代入，得

$$[\sigma(t)]^2 = \int_0^{\infty} t^2 f(t)\mathrm{d}t - \theta^2 \tag{3-1-33}$$

### 4. 可靠性特征量之间的关系

以上主要是有关狭义可靠性工程中常用的特征量。究竟选择哪一个特征量，作为产品的可靠性指标，要根据产品的寿命分布情况来决定。而实际只要知道一个特征量，其他特征量也

可以根据相互间的关系式计算得到,为更清晰明了,图 3-6 画出了它们之间的相互关系,表 3-1 所示为可靠性特征量中四个基本函数之间的相互关系。

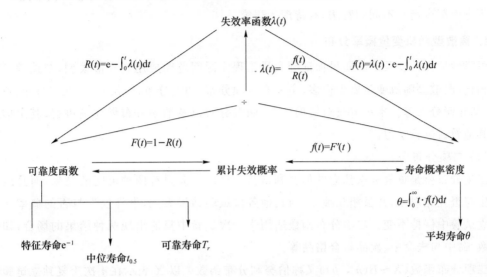

$$R(t)=\mathrm{e}-\int_0^t \lambda(t)\mathrm{d}t \qquad \lambda(t)=\dfrac{f(t)}{R(t)} \qquad f(t)=\lambda(t)\cdot\mathrm{e}-\int_0^t \lambda(t)\mathrm{d}t$$

失效率函数 $\lambda(t)$

$F(t)=1-R(t)$　　可靠度函数　累计失效概率　寿命概率密度　$f(t)=F'(t)$

$\theta=\int_0^\infty t\cdot f(t)\mathrm{d}t$

特征寿命 $\mathrm{e}^{-1}$　中位寿命 $t_{0.5}$　可靠寿命 $T_r$　平均寿命 $\theta$

图 3-6　可靠性特征量的关系

表 3-1　可靠性特征量中四个基本函数之间的关系

| 基本函数 | $R(t)$ | $F(t)$ | $f(t)$ | $\lambda(t)$ |
|---|---|---|---|---|
| $R(t)$ | — | $1-F(t)$ | $\int_t^\infty f(t)\mathrm{d}t$ | $\exp\left[-\int_0^t \lambda(t)\mathrm{d}t\right]$ |
| $F(t)$ | $1-R(t)$ | — | $\int_0^t f(t)\mathrm{d}t$ | $1-\exp\left[-\int_0^t \lambda(t)\mathrm{d}t\right]$ |
| $f(t)$ | $-\dfrac{\mathrm{d}R(t)}{\mathrm{d}t}$ | $\dfrac{\mathrm{d}F(t)}{\mathrm{d}t}$ | — | $\lambda(t)\exp\left[-\int_0^t \lambda(t)\mathrm{d}t\right]$ |
| $\lambda(t)$ | $-\dfrac{\mathrm{d}}{\mathrm{d}t}\ln R(t)$ | $\dfrac{1}{1-F(t)}\cdot\dfrac{\mathrm{d}F(t)}{\mathrm{d}t}$ | $\dfrac{f(t)}{\int_t^\infty f(t)\mathrm{d}t}$ | — |

# 3.2　常用概率分布

　　在可靠性研究中,必须对产品的某些特征量(如寿命、强度等)的分散度进行研究,其分散的形态,大多可用几种类型的分布模型来近似反映。

　　产品的许多可靠性特征量及其统计推断方法,往往与产品的失效分布密度相关。若已知失效分布密度函数,则相应的可靠度函数、失效率函数及各种寿命特征值均可求得。即使具体的分布函数尚不清楚,但只要已知失效分布的类型,即可通过参数估计求得这些分布的参数估计值或数值特征量的估计值,从而掌握分布函数或各种可靠性特征量。

本节将介绍一些在可靠性理论中经常遇到的连续型随机失效分布,其中有的是在概率论中早已提出而后才在可靠性技术中被采用;有的则是在可靠性研究中推导出来的。有些分布在应用方面至今尚有不同的看法,有待深入研究。

**1. 离散型随机变量概率分布**

可靠性抽样试验及产品质量保证等大量工程实际问题需要用到离散模型,与连续型随机变量相比,离散型随机变量要少得多,主要有二项分布、两点分布、泊松分布、几何分布、负二项分布、超几何分布等。本小节只对二项分布、两点分布以及泊松分布做详细讲解,其余形式可参照其他教材进行学习。

(1)二项分布

二项分布就是重复 $n$ 次独立的伯努利试验。每次试验只有两种可能的结果,而且两种结果发生与否互相对立,并且相互独立,与其他各次试验结果无关,事件发生与否的概率在每一次独立试验中保持不变。二项分布函数适用于一次试验中只能出现两种结果的场合,如成功与失败、命中与未命中、次品与合格品等。

二项分布函数($X \sim B(n,p)$)又称伯努利分布函数。以 $X$ 表示在 $n$ 次重复独立试验中事件 $A$ 发生的次数,则 $X$ 是一个随机变量。它的可能取值为 $0,1,\cdots,k,\cdots,n$,共 $n+1$ 种,这时 $X$ 服从的概率分布称为二项分布。二项分布满足以下基本规定:

1)试验次数 $n$ 是一定的;

2)每次试验的结果只有两种,成功或失败,成功的概率为 $p$,失败的概率为 $q$,满足 $p+q=1$;

3)所有试验都是相互独立的。

所谓独立试验是指将试验 $A$ 重复做 $n$ 次,若各次试验的结果互不影响,即每次试验的结果出现的概率都与其他各次试验结果无关,则称这 $n$ 次试验是独立的,并称它们构成一个序列。

在二项分布中,若一次试验中,事件 $A$ 发生的概率为 $P(A)=p$,$P(\overline{A})=1-p$,则在 $n$ 次重复试验中,事件 $A$ 恰好发生 $k$ 次的概率为

$$P_n(k) = C_n^k p^k q^{n-k}, \quad k=0,1,2,\cdots,n \tag{3-2-1}$$

记二项分布为 $B(n,p)$。

当 $n=1$ 时,二项分布转化为两点分布,即

$$P(X=k) = p^k q^{1-k}, \quad k=0,1$$

从随机变量 $X$ 服从二项分布可以看出

$$\sum P(X=k) = \sum C_n^k p^k q^{n-k} = (p+q)^n = 1$$

随机变量 $X$ 取值不大于 $k$ 的累积分布函数为

$$F(k) = P(X \leqslant k) = \sum_0^n C_n^k p^k q^{n-k} \tag{3-2-2}$$

$X$ 的数学期望与方差分别为

$$E(X) = \sum_{k=0}^n kP(X=k) = np \tag{3-2-3}$$

$$D(X) = \sum_{k=0}^{n} \left[k - E(X)\right]^2 P(X = k) = npq = np(1 - p) \qquad (3-2-4)$$

二项分布广泛应用于可靠性和质量控制领域。在可靠性试验和可靠性设计中用于对材料、器件、部件以及一次使用设备或系统的可靠度估计；在可靠性设计中，常用于相同单元平行工作的冗余系统的可靠性指标的计算；在检查或可靠性抽样中用来设计抽样检验方案；在可靠性抽样中，在一定意义下，确定 $n$ 个抽样样本中允许的不合格产品数，就需要用二项分布来计算。

用二项分布计算，可直接查二项分布表，根据式(3-2-2)～式(3-2-4)中的 $n,k,p$ 查得相应的二项分布函数 $F(k)$ 值。

在实际操作中，真正完全重复的现象是不多见的，应当根据实际问题的性质来决定是否可以应用此模型进行计算，如"有放回"地抽取是重复试验，"无放回"地抽取不是重复试验。但当产品数量很大而抽取的总次数相对很小时，就可以当作"有放回"来处理。

**【例 3.5】** 10 台离心机进行测试。已知每台失效概率为 0.1。求：

1）没有一台失效的概率；

2）至少有两台失效的概率。

**解：**设 $X$ 为失效的离心机台数，则 $X$ 服从二项分布，$X$ 的分布律为

$$P(X=k) = C_{10}^k 0.1^k (1-0.1)^{10-k}, \quad k=0,1,2,\cdots,10$$

1）没有一台失效的概率为

$$P(X=0) = C_{10}^0 0.1^0 (1-0.1)^{10-0} = 0.9^{10} = 0.348\,7$$

2）至少有两台失效的概率为

$$P(X \geqslant 2) = 1 - P(X=0) - P(X=1)$$
$$= 1 - C_{10}^0 0.1^0 (1-0.1)^{10-0} - C_{10}^1 0.1^1 (1-0.1)^{10-1}$$
$$= 1 - 0.9^{10} - C_{10}^1 \times 0.1 \times 0.9^9 = 0.263\,9$$

所以，没有一台失效的概率为 0.348 7，至少有 2 台失效的概率为 0.263 9。

（2）两点分布

两点分布又称为 $(0,1)$ 分布。该分布数学模型的随机试验只可能有两种实验结果，如果其中一种结果用 $X=1$ 来表示，另一种用 $X=0$ 来表示，而它们的概率分布是 $P\{X=1\}=p$，$P\{X=0\}=1-p$，$0<p<1$ 则随机变量 $X$ 服从两点分布，或称 $X$ 具有两点分布。

两点分布的分布列或分布律如表 3-1 所示。

表 3-1　两点分布的分布列（分布律）

| $X=x_k$ | 1 | 0 |
|---|---|---|
| $P\{X=x_k\}=p_k$ | $p$ | $q=1-p$ |

也可表示为

$$P(X=x_k) = p^{x_k} \cdot q^{(1-x_k)}, \quad x_k=0,1, \quad p+q=1, \quad 0<p<1$$

两点分布的数值特征为

$$E(X) = 1 \cdot p + 0 \cdot (1-p) = p \qquad (3-2-5)$$

$$D(X) = p - p^2 = p(1-p) = pq \qquad (3-2-6)$$

两点分布可以描绘从一批产品中任意抽取一件得到的是"合格品"或"不合格品"事件的概率分布。

（3）泊松分布

泊松分布是概率统计里一种常见的离散概率分布，由法国数学家西莫恩·德尼·泊松在1838年提出。泊松分布函数又称概率分布函数，即

$$P(X=k) = \frac{\lambda^k}{k!} e^{-\lambda} \qquad (3-2-7)$$

其中 $\lambda > 0, k = 0, 1, 2, \cdots$

对于泊松分布函数，其数学期望、方差、可靠度分别为

$$E(X) = \lambda \qquad (3-2-8)$$

$$D(X) = \lambda \qquad (3-2-9)$$

$$R(X) = \sum_{k=x}^{n} \frac{\lambda^k}{k!} e^{-\lambda} \qquad (3-2-10)$$

随机变量 $X$ 的取值不大于 $k$ 次的累积分布函数为

$$F(k) = P(X \leqslant k) = \sum_{r=0}^{k} \frac{\lambda^r}{r!} e^{-\lambda} \qquad (3-2-11)$$

**2. 连续型随机变量概率分布**

（1）正态分布

正态分布又称高斯（Gauss）分布，它是一切随机现象的概率分布中最常见和应用最广泛的一种分布，可用来描述许多自然现象和各种物理性能。最早是由德漠夫（Demoivre）发现，后来由拉普拉斯（Laplace），高斯等发现概率曲线，其物理背景是描述试验数据的分布，以及误差分布规律。

此外，在可靠性工程中，反映这样一种寿命规律：有的产品失效是由于微小因素积累而造成的，如材料的磨损、元件的疲劳、断裂、由于暴露而造成的腐蚀等失效机理，在一定的应力条件下，随时间的延长、微小因素逐渐增加而最后使产品失效，这样的规律是正态分布和对数正态分布的又一个物理背景。

1）正态分布的定义。

若随机变量 $X$ 的概率密度函数为

$$f(x) = \frac{1}{\sigma\sqrt{2\pi}} \exp\left[-\frac{1}{2}\left(\frac{(x-\mu)}{\sigma}\right)^2\right], \quad -\infty < x < +\infty \qquad (3-2-12)$$

式中　$\sigma$——母体标准差，$\sigma > 0$；

　　　$\mu$——母体中心倾向（集体趋势）尺度，它可以是均值、众数或中位数。

则称 $X$ 服从参数为 $\mu$ 与 $\sigma^2$ 的正态分布，并记为 $X \sim N(\mu, \sigma^2)$。

图 3-7 给出了正态分布的概率密度函数曲线（高斯曲线）。

2）正态分布密度函数曲线的性质。

① 曲线 $y = f(x)$ 对于轴线 $x = \mu$ 对称，如图 3-7 所示；

② 当 $x = \mu$ 时，$f(x)$ 有最大值 $\frac{1}{\sigma\sqrt{2\pi}}$；

③ 当 $x \to \pm\infty$ 时，$f(x) \to 0$；

④ 曲线 $y = f(x)$ 在 $x = \mu \pm \sigma$ 处有拐点；

⑤ 曲线 $y = f(x)$ 是以 $x$ 轴为渐近线，且 $f(x)$ 应满足 $\int_{-\infty}^{+\infty} f(x) = 1$；

⑥ 当给定 $\sigma$ 值而改变 $\mu$ 值时，曲线 $y = f(x)$ 仅沿着 $x$ 轴平移，但图形不变，如图 3-8 所示；

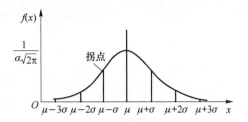

图 3-7　正态分布的概率密度函数曲线

⑦ 当给定 $\mu$ 值而改变 $\sigma$ 值时，图形的对称轴不变，但图形本身改变。由于标准差 $\sigma$ 的变动引起 $f(x)$ 的最大值 $\dfrac{1}{\sigma \sqrt{2\pi}}$ 和拐点位置 $(\mu+\sigma)$ 的改变以及性质 $\int_{-\infty}^{+\infty} f(x) = 1$，使 $\sigma$ 愈小时图形愈高而"瘦"；使 $\sigma$ 愈大时图形愈矮而"胖"，即整个分布的位置不变，只改变其分散程度，如图 3-9 所示。

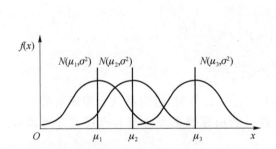

图 3-8　当 $\mu$ 值不同、$\sigma$ 值相同时的曲线变化情况

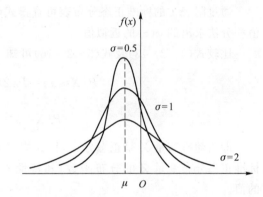

图 3-9　当 $\mu$ 值相同而 $\sigma$ 值改变时的曲线变化情况

由概率密度函数式 (3-2-12) 可知：

正态分布的分布函数或失效概率为

$$F(x) = P\{X \leqslant x\} = \int_{-\infty}^{x} \frac{1}{\sigma \sqrt{2\pi}} \exp\left[-\frac{1}{2}\left(\frac{x-\mu}{\sigma}\right)^2\right] \mathrm{d}x \qquad (3-2-13)$$

由于式 (3-2-13) 中的 $\dfrac{1}{\sigma \sqrt{2\pi}} \exp\left[-\dfrac{1}{2}\left(\dfrac{x-\mu}{\sigma}\right)^2\right]$ 的原函数不是初等函数，所以上面的积分式演算起来非常困难，为此，引入标准正态分布的概念及其计算用表，即标准正态分布表（见附表 1）。

3) 标准正态分布

考虑到 $\mu$ 值的变化仅使正态分布曲线沿横轴平移，而对其图形（表明分散度）无影响，又考虑到 $\sigma$ 值的变化仅使正态分布曲线的图形发生变化，而不改变其对称轴（$x = \mu$ 处）的位置，因此，如果将正态分布曲线的对称轴移至 $x = 0$ 处（即 $\mu = 0$），又将横轴刻度改成以 $\sigma$ 为单位（即取 $\sigma = 1$），则可使正态分布曲线标准化、归一化，便于研究和比较。

当正态分布 $N(\mu, \sigma^2)$ 中的参数 $\mu = 0, \sigma = 1$ 时，这种正态分布称为标准正态分布，记为 $N(0, 1)$，标准正态分布的概率密度函数为

$$\varphi(x) = \frac{1}{\sqrt{2\pi}} e^{-x^2/2}, \qquad -\infty < x < +\infty \qquad (3-2-14)$$

令

$$z = \frac{x-\mu}{\sigma}$$

代入式(3-2-12),并令 $\sigma = 1$ 求得,这时标准正态分布的概率密度函数为

$$\varphi(z) = \frac{1}{\sqrt{2\pi}} e^{-z^2/2}, \qquad -\infty < z < +\infty \qquad (3-2-15)$$

标准正态分布的分布函数为

$$\varphi(z) = \int_{-\infty}^{z} \frac{1}{\sqrt{2\pi}} e^{-z^2/2} \mathrm{d}z = P\{Z \leqslant z\} = F(x) \qquad (3-2-16)$$

式中 $z = \frac{x-\mu}{\sigma}$。

通过附表 1 的标准正态分布表可查得式(3-2-16)的值,正态分布表给出的数据是用数值积分法求出的 $\varphi(z)$ 的近似值。

比较式(3-2-13)及式(3-2-16)可知

$$P\{X \leqslant x\} = P\{Z \leqslant z\} = P\left\{Z \leqslant \frac{x-\mu}{\sigma}\right\}$$

$$P\{X \leqslant b\} = P\left\{Z \leqslant \frac{b-\mu}{\sigma}\right\}$$

即当随机变量 $X$ 呈正态分布,且其均值 $\mu$ 与标准差 $\sigma$ 已知时,可以将其分布函数变换为标准正态分布变量 $Z$ 的分布函数,其特性不变,并可利用标准正态分布表查得其分布函数的值。

假如产品寿命的失效密度函数具有

$$f(t) = \frac{1}{\sigma\sqrt{2\pi}} \exp\left(-\frac{(t-\mu)^2}{2\sigma^2}\right) \qquad (3-2-17)$$

累积失效概率 $\qquad\qquad F(t) = \frac{1}{\sigma\sqrt{2\pi}} \int_{-\infty}^{t} e^{-\frac{(t-\mu)^2}{2\sigma^2}} \mathrm{d}t$

可靠度函数 $\qquad\qquad\qquad R(t) = 1 - F(t)$

失效率函数 $\qquad\qquad\qquad \lambda(t) = \frac{f(t)}{R(t)}$

特征寿命、中位寿命和平均寿命各函数难以积分,因而一般需要查表得到。

**【例 3.6】** 某装配厂从供应商处购买某零件,根据以往经验,该供应商提供的次品率为 10%,现购买 200 个零件,问至少有 30 个零件是次品的概率是多少?

**解:** 零件为正品的概率为 $p=0.9$,零件次品率为 $q=0.1$,

当 $n=200$ 时,期望次品率为 $200 \times 0.1 = 20$,标准差为

$$\sigma = \sqrt{npq} = \sqrt{200 \times 0.9 \times 0.1} = 4.243$$

因零件是大量的,假定用正态分布来近似二项分布,取 $\mu=20$, $\sigma=4.243$,可得

$$z = \frac{x-\mu}{\sigma} = \frac{30-20}{4.243} = 2.357$$

查附表 1 的标准正态分布表,可知

$$\int_{2.357}^{\infty} f(z)\mathrm{d}z = 1 - 0.990\,7 = 0.009\,3$$

所以,至少有 30 个零件为次品的概率为 0.93%。

(2) 指数分布

若 $X$ 是一个非负的随机变量,且有密度函数为

$$f(x) = \lambda e^{-\lambda x}, \quad x \geqslant 0, \lambda \geqslant 0 \tag{3-2-18}$$

则称 $X$ 服从参数为 $\lambda$ 的指数分布,式中 $\lambda$ 为常数,是指数分布的失效率。

指数分布的分布函数、失效率函数与可靠度函数分别为

$$F(x) = 1 - e^{-\lambda x} \tag{3-2-19}$$

$$\lambda(x) = \lambda \tag{3-2-20}$$

$$R(x) = e^{-\lambda x} \tag{3-2-21}$$

若令 $\theta = \dfrac{1}{\lambda}$,则指数分布的密度函数还可表示为

$$f(t) = \begin{cases} \dfrac{1}{\theta} e^{-t/\theta}, & t \geqslant 0, \theta > 0 \\ 0, & t < 0 \end{cases} \tag{3-2-22}$$

式中　$\theta$——指数分布的平均寿命,为常数;

$t$——失效时间随机变量。

指数分布的密度函数和分布函数的曲线如图 3-10 和图 3-11 所示。

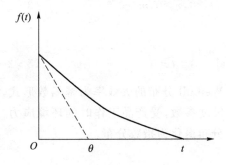

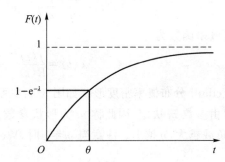

图 3-10　指数分布的密度函数曲线　　　图 3-11　指数分布的分布函数曲线

指数分布的期望和方差分别为

$$E(t) = \frac{1}{\lambda} \quad \text{或} \quad E(t) = \theta \tag{3-2-23}$$

$$D(t) = \frac{1}{\lambda^2} \quad \text{或} \quad D(t) = \theta^2 \tag{3-2-24}$$

指数分布的失效率

$$\lambda(t) = \frac{f(t)}{1 - F(t)} = \frac{\dfrac{1}{\theta} e^{-t/\theta}}{e^{-t/\theta}} = \frac{1}{\theta} = \lambda \tag{3-2-25}$$

根据平均寿命 $\theta$(MTTR,MTBF)定义,计算得指数分布的平均寿命为

$$\theta = \frac{1}{\lambda} \tag{3-2-26}$$

指数分布的重要特征:①当失效率为常数时,其寿命服从指数分布;②平均寿命与失效率

互为倒数;③平均寿命在数值上等于特征寿命。指数分布还有一个重要的性质,即"无记忆性",又称"无后效性",如果产品的寿命服从指数分布,经过一段时间后仍能正常工作,则它仍然和新的一样,在剩余时间内仍然服从指数分布。

**【例3.7】** 某装置的寿命服从指数分布,均值为 500 h,求该装置至少可靠运行 600 h 的概率,若有三台同样装置,在前 400 h 里至少有一台装置故障的概率。

**解**:如果产品的寿命服从指数分布,则其平均寿命为故障率的倒数

$$\lambda = \frac{1}{500} \text{ h}^{-1}$$

$$R(x > 600) = e^{-\lambda x} = e^{-\frac{600}{500}} = 0.301\,2$$

如果有三台同样的装置,在前 400 h 内至少有一台装置发生故障的概率为

$$P = 1 - (e^{-\lambda x})^3 = 1 - (e^{-\frac{400}{500}})^3 = 0.909\,28$$

所以,该装置至少可靠运行 600 h 的概率为 30.12%,三台同样的装置在前 400 h 内至少有一台装置发生故障的概率为 90.93%。

(3) 威布尔(Weibull)分布

两参数 Weibull 分布的失效分布函数,记为 Weibull$(m, \eta)$,为

$$F(t) = 1 - e^{-(\frac{t}{\eta})^m}, \quad t \geqslant 0, \eta > 0, m > 0 \tag{3-2-27}$$

失效率密度函数为

$$f(t) = \frac{m}{\eta} \left(\frac{t}{\eta}\right)^{m-1} e^{-(\frac{t}{\eta})^m}, \quad t \geqslant 0, \eta > 0, m > 0 \tag{3-2-28}$$

失效率函数为

$$\lambda(t) = \frac{f(t)}{R(t)} = \frac{m}{\eta} \left(\frac{t}{\eta}\right)^{m-1}, \quad t \geqslant 0 \tag{3-2-29}$$

Weibull 分布概率密度形状如图 3-12 所示。Weibull 分布的失效率为幂函数形式,其单调性仅由参数 $m$ 决定,因此称 $m$ 为形状参数;$\eta$ 为尺度参数,受产品工作时的环境应力/负载影响,负载越大,$\eta$ 越小。注意当 $m=1$ 时,Weibull 分布退化为指数分布。

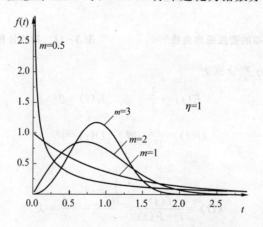

图 3-12 Weibull 分布概率密度函数

根据形状参数 $m$ 的数值可以区分产品不同的失效类型。如图 3-13 所示,当 $m>1$ 时,失效率随时间的变化为递增型(IFR);当 $m=1$,为恒定型(CFR);当 $m<1$,为递减型(DFR)。

Gamma 分布也有相似的结论,但不同的是:Weibull 分布失效概率会逐渐增加至无穷,无上界;Gamma 分布失效率递增时存在上界。

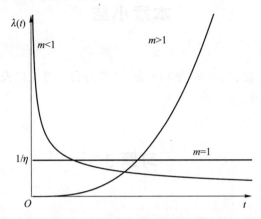

**图 3 – 13　Weibull 分布失效率函数**

当 Weibull 分布参数 $m=3\sim4$ 范围时,其与正态分布的形状很近似,如图 3 – 14 所示。图中虚线是正态分布密度曲线,其参数值 $\mu=0.896\,3$,标准差 $\sigma=0.303$;实线是 Weibull 分布密度曲线,参数 $m=3.25,\eta=1,\gamma=0$。

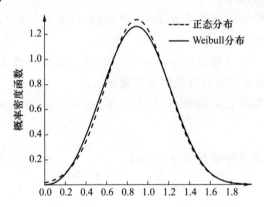

**图 3 – 14　Weibull 分布密度与正态分布密度的比较**

Weibull 分布的期望和方差为

$$E(T)=\eta\Gamma\left(1+\frac{1}{m}\right) \tag{3-2-30}$$

$$\mathrm{VAR}(T)=\eta^2\left[\Gamma(1+\frac{2}{m})-\Gamma^2\left(1+\frac{1}{m}\right)\right] \tag{3-2-31}$$

可靠寿命 $t(R)=\eta\,(-\ln R)^{\frac{1}{m}}$

中位寿命 $t(0.5)=\eta\,(\ln 2)^{\frac{1}{m}}$

特征寿命 $t(\mathrm{e}^{-1})=\eta$

可以看出,$\eta$ 表征失效时间的大小。事实上,分布的尺度变换会导致期望的尺度变换,因此尺度参数都有类似的意义。

# 本章小结

本章主要讨论了可靠度、失效率、平均寿命、可靠寿命的概念以及各个特征量之间的转化关系,产品寿命服从的分布。

# 习题 3

1. 比较下列各概念是否有区别? 若有区别请指出,并说明其含义。

1) 系统的可靠性与系统的可靠度。

2) 系统的不可靠度与系统的失效率。

3) 平均寿命与平均故障间隔。

4) 故障概率密度与故障率。

2. 已知某产品可靠性的表达式为 $R(t) = e^{-\lambda t}$,当 $\lambda = 5 \times 10^{-4} \text{ h}^{-1}$,求 $t = 100 \text{ h}$, $t = 1\,000 \text{ h}$, $t = 2\,000 \text{ h}$ 内的可靠度,并求该产品的 MTTF。

3. 一批材料的失效率为常数,$\lambda(t) = 0.8 \times 10^{-4}$,其可靠度函数为 $R(t) = e^{-\lambda t}$。求可靠度为 $R = 99.9\%$ 的可靠寿命 $t(0.999)$ 以及中位寿命 $t(0.5)$。

4. 某部件的寿命分布符合指数分布,且失效率 $\lambda = 0.02/(10^{-3} \text{ h}^{-1})$,求该部件工作到可靠度为 $90\%$ 时的时间。

5. 设产品的失效概率密度函数为 $f(t) = \begin{cases} 0, & t < 0 \\ te^{-\frac{t^2}{2}}, & t \geqslant 0 \end{cases}$,求产品的可靠度函数 $R(t)$ 和失效率函数 $\lambda(t)$。

# 第4章 常用系统可靠性模型

## 【本章知识框架结构图】

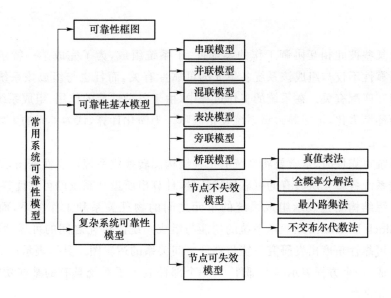

## 【知识导引】

在工程应用中,对于某一特定的系统或机器设备等产品,应如何评价它的可靠性?

由以前的学习知道,在了解系统的物理意义、工作原理、产品的特性、规定的范围及环境条件等以后,可以通过系统的工程结构图绘制其可靠性框图。但是根据可靠性框图如何来计算系统的可靠性?

本章重点讲解了一些典型的可靠性模型的特点及其主要特征量的计算。

## 【本章重点及难点】

重点:常用的可靠性基本模型及其可靠度的计算。

难点:复杂网络可靠度的求解方法。

**【本章学习目标】**

通过本章的学习,应达到以下目标:

◇ 熟悉系统图与可靠性框图的转化;

◇ 掌握典型系统可靠性模型的特点及其相关特征量的计算方法;

◇ 掌握网络系统的可靠性模型;

◇ 掌握节点不失效的网络系统可靠性模型的典型方法;

◇ 了解节点可失效的网络系统可靠性模型;

◇ 了解网络系统的发展方向。

# 4.1 可靠性框图

系统是由某些彼此相互协调工作的零部件、子系统组成,为了完成某一特定功能的综合体。系统的可靠性不仅与组成该系统各单元的可靠性有关,而且也与组成该系统各单元间的组合方式和相互匹配有关。在系统的工作过程中,由于各种载荷的作用,组成系统的各个单元的功能参数会逐渐劣化,可能导致该系统发生故障。为简化计算,认为单元的失效均为独立事件,与其他单元无关。

在分析系统可靠性时,常常要将系统的工程结构图转换成系统可靠性框图,再根据可靠性框图以及组成系统各单元所具有的可靠性特征量,计算出所设计系统的可靠性特征量。

系统的工程结构图是表示组成系统的单元之间的物理关系和工作关系,而可靠性框图(Reliability Block Diagram)则表示系统的功能与组成系统的单元之间的可靠性功能关系,可靠性框图是从可靠性角度出发研究系统与部件之间关系的逻辑图。具体表示形式由一个方框和单元名称组成,一个方框表示一个部件,每一个部件表示了系统具有的某些功能,方框内部写出相应的单元名称。

系统图和可靠性框图之间的关系,在形式上并不一致。有时相似,有时差别较大。例如最简单的振荡电路,由一个电感 L 和一个电容 C 组成,在工程结构图(见图 4-1)中,电感 L 和电容 C 是并联连接,但在可靠性框图(见图 4-2)中,它们却是串联关系。这是因为电感 L 和电容 C 中任何一个失效都引起振荡电路失效。

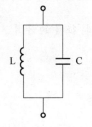

图 4-1 振荡电路工程结构图

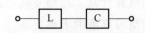

图 4-2 振荡电路可靠性框图

图 4-3 所示是一个流体系统工程结构图,从结构上看它由管道及其上装的 2 个阀门串联组成。为确定系统失效类型,对系统的功能及其失效模式进行分析。

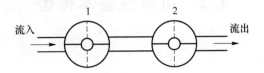

**图 4-3　两个串联阀系统工程结构图**

1) 当阀门 1 与阀门 2 处于开启状态时,功能是液体流通,系统失效是液体不能流通,其中包括阀门关闭。若阀门 1 与阀门 2 这两个单元功能是相互独立的,只有这两个单元都正常(开启),系统才能实现液体流通的功能,因此该系统为串联系统,其可靠性框图如图 4-4(a)所示。

2) 当阀门 1 与阀门 2 处于闭合状态时,如图 4-3 中虚线所示,两个阀门的功能是截流,不能截流为系统失效,其中包括阀门泄漏。若阀门 1 与阀门 2 这两个单元功能是相互独立的,这两个单元至少有一个正常(闭合),系统就能实现其截流功能,因此该系统为并联系统,其可靠性框图如图 4-4(b)所示。

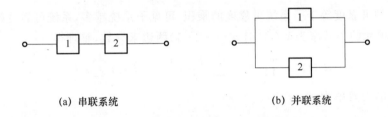

(a) 串联系统　　　　　　　　　　　(b) 并联系统

**图 4-4　两个串联阀门系统可靠性框图**

再如机器齿轮传动系统工程结构如图 4-5 所示,从结构上看它由中轴 A 和齿轮 B 组成,该系统要完成传动过程,轴 A 转动,带动齿轮 B 转动,从而实现动力的传递单元中轴 A,或者单元齿轮 B 失效,则该系统失效,因而该系统可靠性框图如图 4-6 所示。

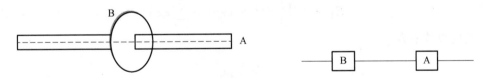

**图 4-5　机器齿轮传动系统工程结构图**　　　　**图 4-6　机器齿轮传动系统可靠性框图**

可靠性框图和工程结构图建立的原理是不同的。建立可靠性框图首先要了解系统中每个单元的功能,各单元之间在可靠性功能上的联系,以及这些单元功能、失效模式对系统的影响。**绝不能从工程结构上判定系统类型,而应从功能上研究系统类型,分析系统的功能及其失效模式,保证功能关系的正确性。**

## 4.2 可靠性基本模型

### 1. 串联模型

若系统由 $n$ 个子系统组成,当且仅当 $n$ 个子系统全部正常工作时,系统才正常工作,或只要一个子系统故障时,则系统故障,这时称系统是由 $n$ 个子系统构成的可靠性串联系统,其可靠性框图如图 4-7 所示。

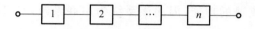

**图 4-7 串联系统可靠性框图**

令第 $i$ 个子系统的寿命为 $X_i$,其工作时间为 $t_i$ 的可靠度为 $R_i(t) = P(X_i > t_i)$,$X_i$,…,$X_n$ 相互独立系统寿命为 $X_S$,工作时间为 $t$,则系统可靠度为

$$R_S(t) = P(X_1 > t_1, \cdots, X_n > t_n) = \prod_{i=1}^{n} P(X_i > t_i) = \prod_{i=1}^{n} R_i(t) \qquad (4-2-1)$$

串联系统的可靠度等于子系统可靠度的乘积,可见子系统越多,系统可靠性越低。

设第 $i$ 个单元的失效率为 $\lambda_i(t)$,对式(4-2-1)两边求导数,整理得

$$R'(t) = \prod_{i=1}^{n} R_i(t) \sum_{i=1}^{n} \frac{R_i'(t)}{R_i(t)} = -R(t) \sum_{i=1}^{n} \lambda_i(t) \qquad (4-2-2)$$

从而系统的失效率为

$$\lambda(t) = -\frac{R'(t)}{R(t)} = \sum_{i=1}^{n} \lambda_i(t) \qquad (4-2-3)$$

即串联系统的失效率是各个单元的失效率之和。

假定第 $i$ 个单元寿命服从参数 $\lambda_i$ 的指数分布,即 $\lambda_i(t) = \lambda_i$,$R_i(t) = e^{-\lambda_i t}$ 则系统的可靠度为

$$R(t) = \prod_{i=1}^{n} e^{-\lambda_i t} = \exp\left(-\sum_{i=1}^{n} \lambda_i t\right) \qquad (4-2-4)$$

系统的失效率为

$$\lambda = \sum_{i=1}^{n} \lambda_i \qquad (4-2-5)$$

这表明,当系统的各单元均服从指数分布时,串联系统也服从指数分布。

系统的平均寿命为

$$\theta = \frac{1}{\sum\limits_{i=1}^{n} \lambda_i} \qquad (4-2-6)$$

特别地,当各单元寿命均服从参数为 $\lambda$ 的指数分布,即 $R_i(t) = e^{-\lambda t}$,$i = 1, 2, \cdots, n$ 时

$$R(t) = e^{-n\lambda t} \qquad (4-2-7)$$

$$\theta = \frac{1}{n\lambda}$$

串联模型有以下特点：

1）任何一个单元发生故障，系统就发生故障；

2）$n$ 个单元均正常，系统才正常；

3）串联的单元数越多，系统的可靠度越低；

4）若每个单元的寿命均服从指数分布，则系统寿命也服从指数分布；

5）串联系统的可靠度低于该系统的每个单元的可靠度，且随着串联单元数量的增大而迅速降低；

6）串联系统的失效率大于该系统的各单元的失效率。

**2. 并联模型**

若系统由 $n$ 个子系统组成，只要有一个子系统正常工作时，则系统正常工作，当系统故障时，必定是 $n$ 个子系统全部故障，这时称系统是由 $n$ 个子系统构成的可靠性并联系统。其可靠性框图如图 4-8 所示。

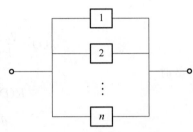

设第 $i$ 个单元的寿命为 $X_i$，其可靠度为 $R_i(t) = P(X_i > t)$，$i = 1, 2, \cdots, n$，且它们相互独立。由定义知，系统寿命 $X$ 等于各单元寿命 $X_i$ 中的最大者，即 $X = \max(X_1, X_2, \cdots, X_n)$。

**图 4-8　并联系统可靠性框图**

所以并联系统的可靠度函数为

$$
\begin{aligned}
R(t) = P(X > t) &= P[\max(X_1, X_2, \cdots, X_n) > t] \\
&= 1 - P[\max(X_1, X_2, \cdots, X_n) \leqslant t] \\
&= 1 - P(X_1 \leqslant t, X_2 \leqslant t, \cdots, X_n \leqslant t) \\
&= 1 - \prod_{i=1}^{n} [1 - R_i(t)]
\end{aligned}
\tag{4-2-8}
$$

用 $F(t), F_i(t)(i=1,2,\cdots,n)$ 分别表示系统和第 $i$ 个单元的累积失效概率，则式（4-2-8）也可表示为

$$
F(t) = \prod_{i=1}^{n} F_i(t)
\tag{4-2-9}
$$

即并联系统的失效概率为各单元失效概率之乘积。

假定第 $i$ 个单元寿命服从参数为 $\lambda_i$ 的指数分布，即 $\lambda_i(t) = \lambda_i$，$R_i(t) = e^{-\lambda_i t}$，则系统的可靠度和平均寿命分别为

$$
R(t) = 1 - \prod_{i=1}^{n} [1 - e^{-\lambda_i t}]
\tag{4-2-10}
$$

$$
\theta = \sum_{i=1}^{n} \frac{1}{\lambda_i} - \sum_{1 \leqslant i \leqslant j \leqslant n} \frac{1}{\lambda_i + \lambda_j} + \cdots + (-1)^{n-1} \frac{1}{\sum\limits_{i=1}^{n} \lambda_i}
\tag{4-2-11}
$$

特别当 $\lambda_i = \lambda$ 时，可得各特征量如下。

1）累积失效概率

$$
F(t) = (1 - e^{-\lambda t})^n
\tag{4-2-12}
$$

2）可靠度函数

$$R(t) = 1 - (1 - e^{-\lambda t})^n \qquad\qquad (4-2-13)$$

3）失效率函数

$$\lambda(t) = \frac{n\lambda e^{-\lambda t}(1 - e^{-\lambda t})^{n-1}}{1 - (1 - e^{-\lambda t})^n} \qquad\qquad (4-2-14)$$

4）平均寿命

$$\theta = \frac{1}{\lambda} + \frac{1}{2\lambda} + \cdots + \frac{1}{n\lambda} \qquad\qquad (4-2-15)$$

若 $n$ 较大时，有近似公式

$$\theta = \frac{1}{\lambda} + \frac{1}{2\lambda} + \cdots + \frac{1}{n\lambda} \approx \frac{1}{\lambda}\ln n$$

当 $n = 2$ 时

$$R(t) = 2e^{-\lambda t} - e^{-2\lambda t}$$

$$\theta = \frac{1}{\lambda} + \frac{1}{2\lambda} = \frac{3}{2\lambda}$$

$$\lambda(t) = \frac{2\lambda e^{-\lambda t}(1 - e^{-\lambda t})}{1 - (1 - e^{-\lambda t})^2} = \frac{2\lambda(1 - e^{-\lambda t})}{2 - e^{-\lambda t}}$$

当 $n = 3$ 时

$$R(t) = 3e^{-\lambda t} - 3e^{-2\lambda t} + e^{-3\lambda t}$$

$$\theta = \frac{1}{\lambda} + \frac{1}{2\lambda} + \frac{1}{3\lambda} = \frac{11}{6\lambda}$$

$$\lambda(t) = \frac{3\lambda e^{-\lambda t}(1 - e^{-\lambda t})^2}{1 - (1 - e^{-\lambda t})^3}$$

由上式可看出并联产生的效果，2 个部件并联系统平均寿命提高 50%，3 个部件并联第 3 个对提高系统平均寿命的贡献为 33.3%，4 个部件并联，第 4 个的贡献为 25%。随着并联部件的增多，对提高系统可靠性的贡献程度下降，所以一般只采用 2 个部件并联或 3 个部件并联来提高可靠性。

综上所述，并联模型有以下特点：

1）$n$ 个单元均故障，系统才有故障；

2）只需一个单元正常，系统就正常；

3）$n$ 个单元的寿命均服从指数分布时，系统的寿命不服从指数分布；

4）并联系统的失效概率低于各单元的失效概率；

5）并联系统的可靠度高于各单元的可靠度；

6）并联系统的平均寿命高于各单元的平均寿命，这说明，通过并联可以提高系统可靠度。

**3. 混联模型**

由串联系统和并联系统混合而成的系统称为混联系统，其中最典型的是串—并联系统和并—串联系统。

（1）串—并联系统

串—并联系统的可靠性框图如图 4-9 所示，该系统是由一部分单元先串联组成一个子系统，再由这些子系统组成一个并联系统。

若各单元的可靠度为 $R_{ij}(t)$，$i = 1, 2, \cdots, n$；$j = 1, 2, \cdots, m_i$，则第 $i$ 行子系统的可靠度为

$$R_i(t) = \prod_{j=1}^{m_i} R_{ij}(t)$$

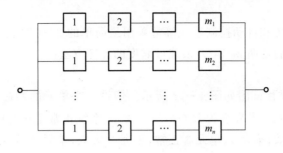

**图 4 - 9　串—并联系统可靠性框图**

再用并联系统计算公式得串—并联系统的可靠度

$$R(t) = 1 - \prod_{i=1}^{n} \left[ 1 - \prod_{j=1}^{m_i} R_{ij}(t) \right] \tag{4-2-16}$$

当 $m_1 = m_2 = \cdots = m_n = m$，且 $R_{ij}(t) = R_0(t)$ 时，串—并系统的可靠度可简化为

$$R(t) = 1 - [1 - R_0^n(t)]^m \tag{4-2-17}$$

有了系统的可靠度，可依次计算系统的其他可靠性特征量。

（2）并—串联系统

并—串联系统是由一部分单元先并联组成一些子系统，再由这些子系统组成一个串联系统，如图 4 - 10 所示。

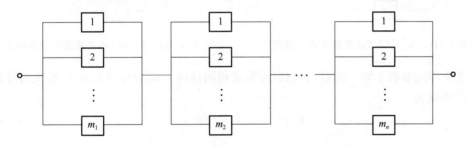

**图 4 - 10　并—串联系统可靠性框图**

若各单元的可靠度为 $R_{ij}(t)$，$j = 1, 2, \cdots, n$；$i = 1, 2, \cdots, m_j$，则第 $j$ 列子系统的可靠度为

$R_j(t) = 1 - \prod_{i=1}^{m_j} [1 - R_{ij}(t)]$，再由串联系统计算公式得并—串联系统的可靠度为

$$R(t) = \prod_{j=1}^{n} \left\{ 1 - \prod_{i=1}^{m_j} [1 - R_{ij}(t)] \right\} \tag{4-2-18}$$

当 $m_1 = m_2 = \cdots = m_n = m$，且 $R_{ij}(t) = R_0(t)$ 时，并—串系统的可靠度可简化为

$$R(t) = \{1 - [1 - R_0(t)]^m\}^n \tag{4-2-19}$$

可以证明，只要系统中单元的可靠度不为 1，并—串联系统的可靠度便低于串—并联系统的可靠度。有兴趣的读者可以自行证明。

**4. 表决模型**

表决系统是指由 $n$ 个单元组成的系统中，在 $n$ 中取 $m$ 个单元，至少有 $m$ 个单元正常工作，系统才工作，记为 $m/n(G)$，$G$ 表示成功事件。

显然，串联系统是 $n/n(G)$ 系统，并联系统是 $1/n(G)$，$m/n(G)$ 系统的可靠性框图如

图 4-11 所示。

机械系统、电路系统和自动控制系统等常采用最简单的 $2/3(G)$ 表决系统,先分析 $2/3(G)$ 系统的可靠性特征,然后说明 $m/n(G)$ 系统可靠度的计算方法。

(1) $2/3(G)$ 系统

$2/3(G)$ 系统的可靠性框图如图 4-12 所示。假设三个单元的寿命分别为 $X_1,X_2,X_3$,它们相互独立,且每个单元的可靠度为 $R_i(t),i=1,2,3$,系统正常工作有四种可能情况:单元1、单元2正常,单元3失效;单元1、单元3正常,单元2失效;单元2、单元3正常,单元1失效;单元1、单元2、单元3都正常。则系统的可靠度为

$$R(t)=R_1(t)R_2(t)F_3(t)+R_1(t)F_2(t)R_3(t)+$$
$$F_1(t)R_2(t)R_3(t)+R_1(t)R_2(t)R_3(t) \qquad (4-2-20)$$

如单元的寿命服从指数分布,即 $R_i(t)=\mathrm{e}^{-\lambda_i t}$,则有

$$R(t)=\mathrm{e}^{-(\lambda_1+\lambda_2)t}+\mathrm{e}^{-(\lambda_2+\lambda_3)t}+\mathrm{e}^{-(\lambda_1+\lambda_3)t}-2\mathrm{e}^{-(\lambda_1+\lambda_2+\lambda_3)t} \qquad (4-2-21)$$

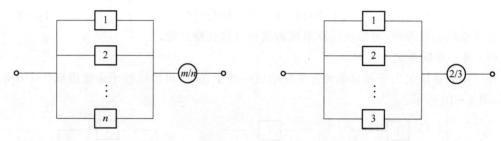

图 4-11 $m/n(G)$ 表决系统可靠性框图      图 4-12 $2/3(G)$ 表决系统可靠性框图

当3个单元都属于同一类型,它们的可靠度相同且均为 $R_0(t)$,则 $2/3(G)$ 系统的可靠度和平均寿命分别为

$$R(t)=3R_0^2(t)-2R_0^3(t) \qquad (4-2-22)$$

$$\theta=\frac{1}{\lambda_1+\lambda_2}+\frac{1}{\lambda_2+\lambda_3}+\frac{1}{\lambda_1+\lambda_3}-\frac{1}{\lambda_1+\lambda_2+\lambda_3} \qquad (4-2-23)$$

特别,当各单元失效率都为 $\lambda$ 时,有

$$F(t)=1+2\mathrm{e}^{-3\lambda t}-3\mathrm{e}^{-2\lambda t} \qquad (4-2-24)$$

$$R(t)=3\mathrm{e}^{-2\lambda t}-2\mathrm{e}^{-3\lambda t} \qquad (4-2-25)$$

$$\theta=\int_0^{+\infty}R(t)\mathrm{d}t=\int_0^{+\infty}(3\mathrm{e}^{-2\lambda t}-2\mathrm{e}^{-3\lambda t})\mathrm{d}t=\frac{3}{2\lambda}-\frac{2}{3\lambda}=\frac{5}{6\lambda} \qquad (4-2-26)$$

这说明 $2/3(G)$ 系统的平均寿命比单个单元的平均寿命 $\frac{1}{\lambda}$ 还要低,实际上,$2/3(G)$ 系统的意义在于短时间内可靠性的改善,而不在于平均寿命的提高。

(2) m/n(G) 系统

为了处理方便,设组成的 $m/n(G)$ 系统的 $n$ 个单元都是同种类型,其可靠度均为 $R_0(t)$,失效概率为 $F_0(t)$,且各单元正常与否相互独立,则根据二项概率公式,$m/n(G)$ 系统的可靠度

$$R(t)=\sum_{i=m}^{n}\mathrm{C}_n^i\left[R_0(t)\right]^i\left[F_0(t)\right]^{n-i} \qquad (4-2-27)$$

若各单元寿命分布都为指数分布,则有

$$R(t) = \sum_{i=m}^{n} C_n^i e^{-i\lambda t} \left[ 1 - e^{-\lambda t} \right]^{n-i} \qquad (4-2-28)$$

可以计算系统的平均寿命

$$\theta = \sum_{i=m}^{n} \frac{1}{i\lambda} = \frac{1}{m\lambda} + \frac{1}{(m+1)\lambda} + \cdots + \frac{1}{n\lambda} \qquad (4-2-29)$$

【例 4.1】　设某种单元的可靠度为 $R_0(t) = e^{-\lambda t}$,其中 $\lambda = 0.001\ \text{h}^{-1}$,试求出:

1) 由这种单元组成的两个单元的串联系统、两个单元的并联系统及 $2/3(G)$ 系统的平均寿命;

2) 当 $t = 100\ \text{h}$、$t = 500\ \text{h}$、$t = 700\ \text{h}$、$t = 1\ 000\ \text{h}$ 时,一个单元、两个单元串联和两个单元并联及 $2/3(G)$ 系统的可靠度,并加以比较。

解:1) 一个单元与系统的平均寿命分别为

$$\theta_{单} = \frac{1}{\lambda} = 1\ 000\ \text{h}$$

$$\theta_{串} = \frac{1}{2\lambda} = 500\ \text{h}$$

$$\theta_{2并} = \frac{3}{2\lambda} = 1\ 500\ \text{h}$$

$$\theta_{2/3(G)} = \frac{5}{6\lambda} = 833.3\ \text{h}$$

2) $t = 100\ \text{h}$ 时,一个单元与系统的可靠度分别为

$$R_{单} = e^{-0.001 \times 100} = 0.905$$

$$R_{2串} = R_{单}^2 = e^{-0.2} = 0.819$$

$$R_{2并} = 1 - (1 - R_{单})^2 = 1 - (1 - e^{-0.1})^2 = 0.991$$

$$R_{2/3(G)} = 3R_{单}^2 - 2R_{单}^3 = 3e^{-0.2} - 2e^{-0.3} = 0.975$$

$t = 500\ \text{h}$ 时,一个单元与系统的可靠度分别为

$$R_{单} = e^{-0.001 \times 500} = 0.606\ 5$$

$$R_{2串} = R_{单}^2 = e^{-0.5 \times 2} = 0.367\ 9$$

$$R_{2并} = 1 - (1 - R_{单})^2 = 1 - (1 - 0.606\ 5)^2 = 0.845\ 2$$

$$R_{2/3(G)} = 3R_{单}^2 - 2R_{单}^3 = 3 \times e^{-1} - 2 \times e^{-1.5} = 0.657\ 4$$

$t = 700\ \text{h}$ 时,一个单元与系统的可靠度分别为

$$R_{单} = e^{-0.001 \times 700} = 0.496\ 6$$

$$R_{2串} = R_{单}^2 = e^{-1.4} = 0.246\ 6$$

$$R_{2并} = 1 - (1 - R_{单})^2 = 1 - (1 - 0.496\ 6)^2 = 0.746\ 6$$

$$R_{2/3(G)} = 3R_{单}^2 - 2R_{单}^3 = 3e^{-1.4} - 2e^{-2.1} = 0.494\ 9$$

$t = 1\ 000\ \text{h}$ 时,一个单元与系统的可靠度分别为

$$R_{单} = e^{-0.001 \times 1\ 000} = 0.368$$

$$R_{2串} = R_{单}^2 = e^{-2} = 0.135$$

$$R_{2并} = 1 - (1 - R_{单})^2 = 1 - (1 - e^{-1})^2 = 0.600$$

$$R_{2/3(G)} = 3R_{单}^2 - 2R_{单}^3 = 3e^{-2} - 2e^{-3} = 0.306$$

从以上计算结果可以明显地看出：

① 一个单元的可靠度高于两个单元串联系统的可靠度，但低于两个单元并联系统的可靠度；

② 2/3(G)系统的平均寿命为一个单元的平均寿命的 5/6，显然低于一个单元的平均寿命。

那么 2/3(G)系统的平均寿命降低了，为何要采取这种既增大成本又增加系统的体积、重量的表决结构？事实上，在工程实践中，对许多要求较高工作可靠度的系统来说，平均寿命并不是十分重要的可靠性指标，用户更感兴趣的，或者说至关重要的可靠性指标应是达到一定要求的可靠水平 $r$（如 $r=0.95$、$r=0.99$、$r=0.999$ 等）的可靠寿命。

由计算可靠寿命的公式 $T_r=R^{-1}(r)$，可以算出可靠水平 $r$ 分别为 0.99，0.90，0.70，0.50，0.20 时一个单元与 2/3(G)系统的可靠寿命 $T_r$，如表 4-1 所示。

**表 4-1　一个单元与 2/3(G) 系统可靠寿命对比**

| $r$ | 0.99 | 0.90 | 0.70 | 0.50 | 0.20 |
|---|---|---|---|---|---|
| $T_r$(一个单元) | 10 | 105 | 357 | 693 | 1 609 |
| $T_r$(2/3(G)系统) | 61 | 218 | 452 | 693 | 1 248 |

表 4-1 中第 2 列数据 10 与 61 分别表示一个单元能工作到 10 h 的概率为 0.99，2/3(G)系统能工作到 61 h 的概率为 0.99。其余类似。

可以看出：

① 当可靠水平 $r$ 等于 0.5 时，一个单元系统和 2/3(G)系统的中位寿命相同；

② 当可靠水平 $r$ 小于 0.5 时，一个单元系统的可靠寿命高于 2/3(G)系统的可靠寿命；

③ 当可靠水平 $r$ 大于 0.5 时，2/3(G)系统的可靠寿命高于一个单元系统的可靠寿命，且 $r$ 越接近 1，采用 2/3(G)系统结构对提高可靠寿命的效果越显著。

因此，在对系统可靠水平要求很高的情况下，采用 2/3(G)系统结构可大大提高系统的可靠寿命。

**5. 旁联模型**

为了提高系统的可靠度，除了多安装一些单元（并联、混联）外，还可以储备一些单元，以便当工作单元失效时，能立即通过转换开关用储备的单元逐个地去替换，直到所有单元都发生故障时为止，系统才失效，这种系统称为旁联系统。旁联系统的可靠性框图如图 4-13 所示。

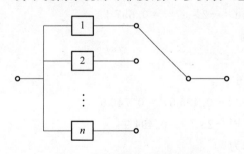

**图 4-13　旁联系统可靠性框图**

旁联系统与并联系统的区别在于：并联系统中每个单元一开始就同时处于工作状态，而旁联系统中仅用一个单元工作，其余单元处于待机工作状态。旁联系统根据储备单元在储备期内是否失效可分为两种情况，一是储备单元在储备期内失效率为零，二是储备单元在储备期内也可能失效。

下面就这两种情况在转换开关完全可靠的情况下分别讨论。

（1）储备单元完全可靠的旁联系统

储备单元完全可靠是指备用的单元在储备期内不发生失效也不劣化，储备期的长短对以后的使用寿命没有影响；转换开关完全可靠是指使用开关时，开关完全可靠，不发生故障。

若系统由 $n$ 个单元组成，其中一个单元工作，$n-1$ 个单元备用，且第 $i$ 个单元的寿命为 $X_i$，其分布函数为 $F_i(t)$，$i=1,2,\cdots,n$，且相互独立；系统的工作寿命为 $X$，故有 $X=\sum_{i=1}^{n}X_i$，系统的可靠度为

$$R(t)=P(X>t)=P(\sum_{i=1}^{n}X_i>t)=1-P(\sum_{i=1}^{n}X_i\leqslant t)$$

$$=1-\iint_{x_1+x_2+\cdots+x_n\leqslant n}\cdots\int dF_1(t)dF_2(t)\cdots dF_n(t)$$

$$=1-F_1\times F_2\times\cdots\times F_n \tag{4-2-30}$$

式中　$F_1\times F_2\times\cdots\times F_n$——卷积。

系统的平均寿命

$$\theta=E(\sum_{i=1}^{n}X_i)=\sum_{i=1}^{n}E(X_i)=\sum_{i=1}^{n}\theta_i \tag{4-2-31}$$

式中　$\theta_i$——第 $i$ 单元的平均寿命。

1）若 $n$ 个单元寿命都服从指数分布，其可靠度 $R_i(t)=e^{-\lambda_i t}$，$i=1,2,\cdots,n$。根据卷积公式可证明系统的可靠度和平均寿命分别为

$$R(t)=\sum_{i=1}^{n}\prod_{\substack{j=1\\j\neq i}}^{n}\frac{\lambda_i}{\lambda_j-\lambda_i}e^{-\lambda_i t} \tag{4-2-32}$$

$$\theta=\sum_{i=1}^{n}\theta_i=\sum_{i=1}^{n}\frac{1}{\lambda_i} \tag{4-2-33}$$

如 $n$ 个单元的失效率均相同，即失效率 $\lambda_1=\lambda_2=\cdots=\lambda_n=\lambda$，则类似有

$$R(t)=\sum_{i=0}^{n-1}\frac{(\lambda t)^i}{i!}e^{-\lambda_i t} \tag{4-2-34}$$

$$\theta=\sum_{i=1}^{n}\theta_i=\frac{n}{\lambda} \tag{4-2-35}$$

2）当 $n=2$，即系统由两个单元组成时，系统的可靠度和平均寿命分别为

$$R(t)=\frac{\lambda_2}{\lambda_2-\lambda_1}e^{-\lambda_1 t}+\frac{\lambda_1}{\lambda_1-\lambda_2}e^{-\lambda_2 t} \tag{4-2-36}$$

$$\theta=\frac{1}{\lambda_1}+\frac{1}{\lambda_2} \tag{4-2-37}$$

如 $\lambda_1=\lambda_2=\lambda$，有

$$R(t)=(1+\lambda t)e^{-\lambda_i t}$$

$$\theta=\frac{2}{\lambda}$$

由前面的讨论可知：串联系统的寿命为单元中最短的寿命，并联系统的寿命为单元中最长的寿命，而转换开关与储备单元完全可靠的旁联系统的寿命为所有单元寿命之和，既有 $\min(X_1,X_2,\cdots,X_n)\leqslant\max(X_1,X_2,\cdots,X_n)<(X_1+X_2+\cdots+X_n)$，这说明转换开关和储备单

元均完全可靠的旁联系统的可靠性最佳,串联系统的可靠性最差。

(2)储备单元不完全可靠的旁联系统

在实际使用中,储备单元由于受到环境因素的影响,在储备期间失效率不一定为零,当然这种失效率不同于工作失效率,一般要小得多。储备单元在储备期间可能失效的旁联系统比储备单元失效率为零的旁联系统要复杂得多。考虑上述的复杂情况,下面只介绍两个单元组成的旁联系统,其中一个为工作单元,另一个为备用单元,又假设两个单元工作与否相互独立,储备单元进入工作状态后的寿命与其经过的储备期长短无关。

设两个单元的工作寿命分别为 $X_1$,$X_2$,且相互独立,均服从指数分布,失效率分别为 $\lambda_1$,$\lambda_2$,第二个单元的储备寿命为 $Y$,服从参数为 $\mu$ 的指数分布。

当工作的单元 1 失效时,储备单元 2 已经失效,即 $X_1 \geqslant Y$,表明储备无效,系统也失效,此时系统的寿命就是工作单元 1 的寿命 $X_1$;当工作的单元 1 失效时,储备单元 2 未失效,即 $X_1 < Y$,储备单元 2 立即接替单元 1 的工作,直至单元 2 失效,系统才失效,此时系统的寿命是 $X_1 + X_2$,根据以上分析,系统的可靠度为

$$R(t) = P(X_1 + X_2 > t, X_1 < Y) + P(X_1 > t, X_1 > Y)$$

经推导得系统的可靠度和平均寿命分别为

$$R(t) = e^{-\lambda_1 t} + \frac{\lambda_1}{\lambda_1 + \mu - \lambda_2}(e^{-\lambda_2 t} - e^{-(\lambda_1 + \mu)t}) \tag{4-2-38}$$

$$\theta = \frac{1}{\lambda} + \frac{\lambda_1}{\lambda_1 + \mu - \lambda_2}\left(\frac{1}{\lambda_2} - \frac{1}{\lambda_1 + \mu}\right) = \frac{1}{\lambda_1} + \frac{1}{\lambda_2}\left(\frac{\lambda_1}{\lambda_1 + \mu}\right) \tag{4-2-39}$$

特别地,当 $\lambda_1 = \lambda_2 = \lambda$ 时,系统的可靠度和平均寿命分别为

$$R(t) = e^{-\lambda t} + \frac{\lambda}{\mu}(e^{-\lambda t} - e^{-(\lambda + \mu)t})$$

$$\theta = \frac{1}{\lambda} + \frac{1}{\lambda + \mu}$$

当 $\mu = 0$ 时,即储备单元在储备期内不失效时,即两个单元在储备期内完全可靠的旁联系统。

当 $\mu = \lambda_2$ 时,该系统为两个单元的并联系统。

**6. 桥联模型**

桥路是一种复杂的可靠性框图,图 4-14 表示这样的桥路。

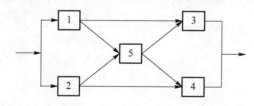

**图 4-14 复杂可靠性框图——桥路**

桥路可以用故障树来表示,其故障模式有以下几种。

1)元件 1 和元件 2 发生故障;

2)元件 3 和元件 4 发生故障;

3)元件 1、元件 5 和元件 4 发生故障;

4）元件2、元件5和元件3发生故障。

这些事件的集合称为最小割集。在图4-15的故障树中,通过包含以上事件集合来组成故障树。

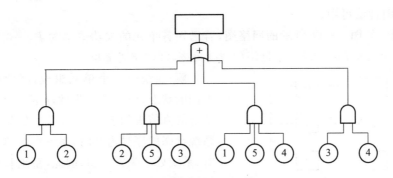

图4-15　桥路等价的故障树图

把图4-15的故障树转化为等价的可靠性框图,如图4-16所示。

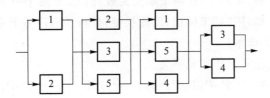

图4-16　桥路等价的可靠性框图

# 4.3　复杂系统可靠性模型

系统除具有前面介绍的串联、并联和表决等典型模型之外,还有一般网络模型,如通信网络、交通网络、电路网络等,本节将讨论这类模型常用的可靠性分析方法。

下面根据网络系统的节点失效和不失效情况,分别讨论网络系统的可靠性模型。

**1. 节点不失效的网络系统可靠性模型**

网络系统由节点和节点间的连线(弧或单元)连接而成。节点不失效的情况下,一般讨论两终端问题。

这类问题可描述如下:设 $G$ 是一个给定的网络,$\nu_1$,$\nu_2$ 是指定的两个节点,求从 $\nu_1$ 到达 $\nu_2$ 的概率即 $R=P(\nu_1$ 可以达到 $\nu_2)$,称为两终端问题。

基本假定:

1）弧(或单元)和系统只有两种可能状态,即正常或失效;

2）节点不失效;

3）弧(或单元)之间相互独立。

下面介绍这个问题的基本求解方法。

（1）真值表法

真值表法又称穷举法，$n$ 个部件构成的系统具有 $2^n$ 个微观状态，又可归纳为系统正常或失效两个状态，系统正常的概率即为所有正常的微观状态概率之和，因为这些微观状态是互斥的，当 $n$ 较小时此法可用。

【例 4.2】 如图 4-17 所示的网络图，若已知各单元的成功概率为 $P_A=0.9$，$P_B=0.7$，$P_C=0.9$，$P_D=0.8$，$P_E=0.8$。求网络的成功概率，即网络可靠度。

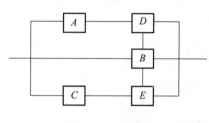

图 4-17 网络图

解：系统由 5 个单元组成，因此有 $2^5=32$ 种不同的状态，设 0 表示失效，$l$ 表示正常，列出系统状态的真值表如表 4-2 所示。在表 4-2 中，表示系统状态的序号为 0 时，系统中各单元均失效，此时，系统处于失效状态，因此，系统和单元均用"0"标记；序号为 1,3 时，系统中仅有一个单元正常工作，其他单元都是失效的，此时的系统处于失效状态，用"0"标记；序号为 5 时，虽然 $A$，$B$ 两个单元失效，但 $C$，$E$ 两个单元正常工作，由网络图可知，系统此时可以正常工作，用"1"来标记；以此类推，分析所有序号下系统的状态，并计算出系统处于正常工作状态时的概率。

如序号为 5 时，系统正常工作的概率为

$$P(5)=\overline{P}_A\overline{P}_B P_D P_C P_E=(1-\overline{P}_A)(1-\overline{P}_B)P_D P_C P_E$$
$$=(1-0.9)\times(1-0.7)\times0.8\times0.9\times0.8=0.017\ 28$$

由于使系统正常工作的 19 种状态是互不相容的，所以系统的可靠度为表中所示的 19 种状态的概率之和，即

$$R=0.017\ 28+0.004\ 32+0.010\ 08+0.040\ 32+0.010\ 08+\cdots+0.004\ 32+0.017\ 28$$
$$=0.948\ 48$$

表 4-2 网络系统的状态表

| 序号 | $ABCDE$ | S | 系统状态概率 |
|---|---|---|---|
| 0 | 0 0 0 0 0 | 0 | |
| 1 | 0 0 0 0 1 | 0 | |
| 2 | 0 0 0 1 1 | 0 | |
| 3 | 0 0 0 1 0 | 0 | |
| 4 | 0 0 1 1 0 | 0 | |
| 5 | 0 0 1 1 1 | 1 | 0.017 28 |
| 6 | 0 0 1 0 1 | 1 | 0.004 32 |
| 7 | 0 0 1 0 0 | 0 | |
| 8 | 0 1 1 0 0 | 0 | |
| 9 | 0 1 1 0 1 | 1 | 0.010 08 |
| 10 | 0 1 1 1 1 | 1 | 0.040 32 |
| 11 | 0 1 1 1 0 | 1 | 0.010 08 |
| 12 | 0 1 0 1 0 | 1 | 0.001 12 |

| 序号 | A B C D E | S | 系统状态概率 |
|---|---|---|---|
| 13 | 0 1 0 1 1 | 1 | 0.004 48 |
| 14 | 0 1 0 0 1 | 1 | 0.001 12 |
| 15 | 0 1 0 0 0 | 0 | |
| 16 | 1 1 0 0 0 | 0 | 0.010 08 |
| 17 | 1 1 0 0 1 | 1 | 0.040 32 |
| 18 | 1 1 0 1 1 | 1 | 0.010 08 |
| 19 | 1 1 0 1 0 | 1 | 0.090 72 |
| 20 | 1 1 1 1 0 | 1 | 0.362 88 |
| 21 | 1 1 1 1 1 | 1 | 0.090 72 |
| 22 | 1 1 1 0 1 | 1 | |
| 23 | 1 1 1 0 0 | 0 | |
| 24 | 1 0 1 0 0 | 0 | |
| 25 | 1 0 1 0 1 | 1 | 0.038 88 |
| 26 | 1 0 1 1 1 | 1 | 0.155 52 |
| 27 | 1 0 1 1 0 | 1 | 0.038 88 |
| 28 | 1 0 0 1 0 | 1 | 0.004 32 |
| 29 | 1 0 0 1 1 | 1 | 0.017 28 |
| 30 | 1 0 0 0 1 | 0 | |
| 31 | 1 0 0 0 0 | 0 | |

通过上面的例子可以看出,真值表法原理是很简单且容易掌握的,但是当构成网络的单元数 $n$ 较大时,计算量较大,此时,真值表法在实际上是不可行的。

(2) 全概率分解法

全概率分解法基本思路为系统的可靠度等于系统中某一选定的单元在其正常的条件下系统的可靠度乘以该单元的可靠度,再加上该单元失效条件下系统的可靠度乘以该单元的不可靠度。也可以概述为应用全概率公式,选择分解元,对复杂网络进行分解。化简为一般的串并联系统,从而计算其成功概率。

设 $G$ 为系统正常事件,$x$ 为被选分解单元正常事件,$\bar{x}$ 表示被分解单元失效事件,由全概率公式知

$$R(G) = P(x)P(G/x) + P(\bar{x})P(G/\bar{x})$$

式中　$P(G/x)$——在单元 $x$ 正常的条件下系统正常工作的概率;

　　　$P(G/\bar{x})$——在单元 $x$ 效条件下系统正常工作的概率。

这种方法首先要选分解元,分解元的选取方法如下。

1) 任一无向单元都可作为分解元。

如图 4 - 17 所示系统,任一单元都可作为分解元。

若选 $B$ 为分解元，则得 $G_1$，$G_2$ 均为简单网络，$B$ 正常时 $G_1$ 中的 $A$、$C$ 成为无用单元被去掉，如图 4－18(a)所示。

$$
\begin{aligned}
R(G)&=P(B)P(G/B)+P(\overline{B})P(G/\overline{B})\\
&=P(B)P(G_1)+P(\overline{B})P(G_2)\\
&=P(B)(1-P(\overline{D})P(\overline{E}))+P(\overline{B})(1-P(\overline{AD})P(\overline{CE}))
\end{aligned}
$$

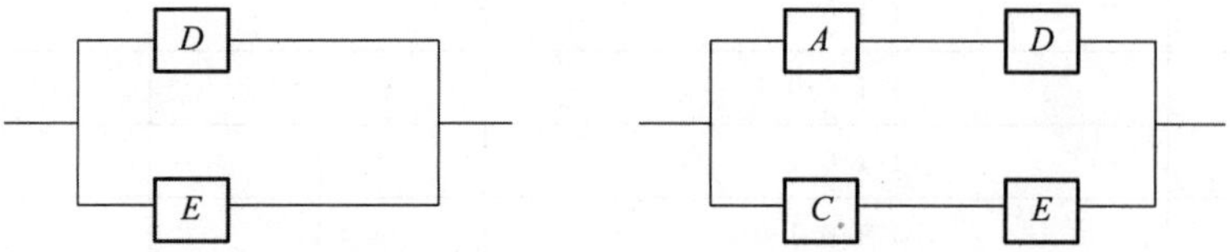


(a) $G_1$，$B$正常　　(b) $G_2$，$B$失效

**图 4－18　图 4－17 网络图中 $B$ 单元的分解图**

2) 任一有向单元，若其两端点中有一端只有流出(或流入)单元，则此单元可作为分解单元。

如图 4－19 中的 $X$ 可作为分解单元，而 $Y$ 则不可作为分解单元。

分解单元若选得好，会加快分解速度，迅速得到简化的结果；若选得不好，则可能要多分解几次才能得到简化的最终结果。

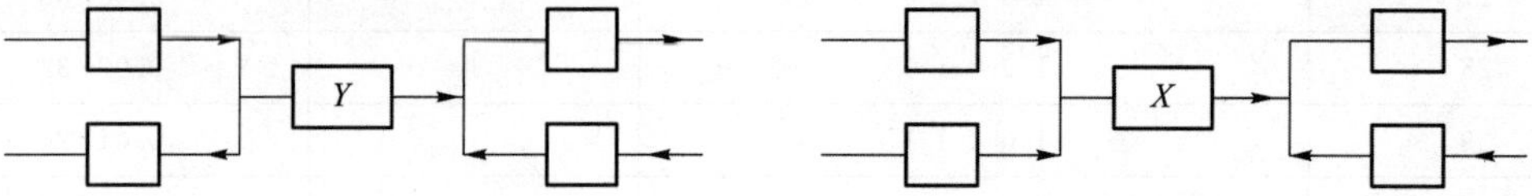


(a) 不可作为分解单元的情况　　(b) 可作为分解单元的情况

**图 4－19　有向分解单元的选取**

**【例 4.3】**　利用全概率分解法，求图 4－20 所示的桥式网络系统 $G$ 的可靠度。其中 $A_1$，$A_2$，$A_3$，$A_4$，$A_5$ 五个单元的可靠度分别为 $R_1=R_3=0.8$，$R_2=R_4=0.7$，$R_5=0.9$。

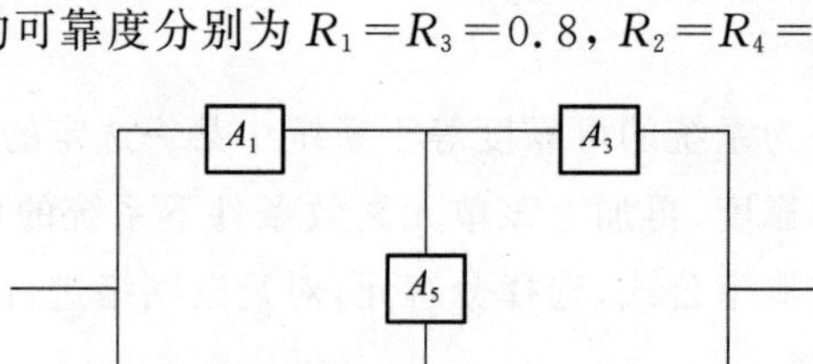


**图 4－20　桥式网络图**

**解**：将系统 $G$ 中的选 $A_5$ 为分解元 $x$，分别假设 $x$ 正常和失效，得到如图 4－21(a)和图 4－21(b)的子系统 $G/x$，$G/\overline{x}$。从图 4－21 中可以看出，它们分别是并—串联结构和串—并联结构，由此可以很简单计算出它们的可靠度。

1) 假设 $x$ 正常，则 $G/x$ 的可靠度按照先并联后串联来计算。

$$P(G/x)=[1-(1-R_1)(1-R_3)][1-(1-R_2)(1-R_4)]$$
$$=[1-(1-0.8)(1-0.8)]\times[1-(1-0.7)(1-0.7)]$$
$$=0.873\ 6$$

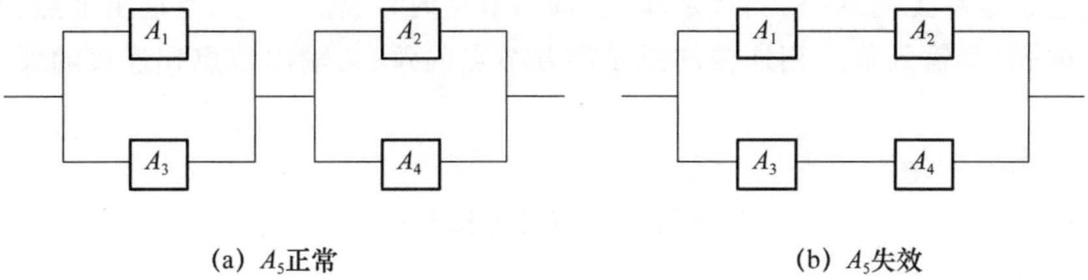

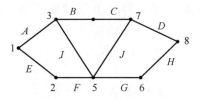

(a)　$A_5$正常 　　　　　　　　　　　　　(b)　$A_5$失效

**图 4 - 21　$A_5$ 正常与失效时的系统简化图**

2) 假设 $x$ 失效,则 $G/\bar{x}$ 的可靠度按照先串联后并联来计算。

$$P(G/\bar{x})=1-(1-R_1R_2)(1-R_3R_4)$$
$$=1-(1-0.8\times0.7)\times(1-0.8\times0.7)$$
$$=0.806\ 4$$

(3) 最小路集法

真值表法适用于小型网络,由于全概率分解法难以计算机化,所以作为网络可靠性的一般算法目前多用最小路集法。

路集是从系统正常角度考虑问题的。网络系统中能使输入节点和输出节点连通的弧的集合称为网络系统的一个路集。图 4 - 22 中,弧的集合$\{A,B,C,D\}$,$\{E,F,G,H\}$,$\{A,I,J,D\}$等都是路集。

图 4 - 22　网络系统示意图

显然,网络中所有弧都正常,则系统正常。所以弧的全集合是一个路集。

如果一个路集,任意去掉一个弧(该弧故障)就不再是路集时,这样的路集称为最小路集,例如图 4 - 22 中弧的集合$\{A,B,C,D\}$,$\{A,I,J,D\}$,$\{A,I,G,H\}$等是最小路集。弧的集合$\{E,F,I,B,C,J,G,H\}$去掉$\{I,B,C,J\}$后仍是路集,所以弧的集合$\{E,F,I,B,C,J,G,H\}$不是最小路集。最小路集所含的弧数目称为路长或容量。

一个由 $n$ 个节点构成的网络系统,最小路集可能的最大路长为 $n-1$。同一个系统最小路集之间,有可能存在共同的弧。例如最小路集$\{A,B,C,D\}$与$\{A,I,J,D\}$存在共同的弧 $A,D$。

下面介绍求最小路集的邻接矩阵法。

给定一个有 $m$ 个节点的网络 $S$(有向、无向或者混合型),定义相应的 $m$ 阶矩阵 $C=[c_{ij}]_{m\times m}$,其中 $i=1,2,\cdots,m$;$j=1,2,\cdots,m$。

$$c_{ij}=\begin{cases}0, & \text{若节点 } i,j \text{ 之间无弧直接相连}\\ x, & \text{若节点 } i,j \text{ 之间有弧 } x \text{ 相连}\end{cases}$$

称 $\boldsymbol{C}$ 为网络 $S$ 的邻接矩阵。

对于无向弧 $c_{ij} = c_{ji}$。

对于有向弧 $c_{ij} \begin{cases} \neq 0, \text{弧的方向由节点 } i \text{ 到节点 } j \\ = 0, \text{弧的方向由节点 } j \text{ 到节点 } i \end{cases}$

需要注意的是在无向网络,当指定输入、输出节点时,与输入节点或输出节点相连接的弧,应看作是有向弧;与输入节点相连接的弧是离开节点的弧;与输出节点相连接的弧是流入节点的弧。

再定义矩阵 $C$ 的乘法运算

$$C^2 = [c_{ij}^{(2)}] \quad i, j = 1, 2, \cdots, n \tag{4-3-1}$$

式中 $c_{ij}^{(2)} = \bigcup_{k=1}^{n} (c_{ik} \cap c_{ki})$;$n$——节点数。

显然,$c_{ij}^{(2)}$ 表示节点 $i$ 到所有可能的节点 $k$,再从节点 $k$ 到节点 $j$ 的最小路集。由此得到的路长小于 2 的最小路集要去除。

相仿地,可以定义 $C^r$

$$C^r = CC^{r-1} = c_{ij}^{(r)} \quad r = 2, 3, \cdots, n-1 \tag{4-3-2}$$

其中 $c_{ij}^{(r)} = \bigcup_{k-1}^{n} [c_{ik} \cap c_{kj}^{(r-1)}]$。

由此可知,$c_{ij}^{(r)}$ 表示从节点 $i$ 到节点 $j$ 之间路长为 $r$ 的所有最小路集。同样,由此得到的路长小于 $r$ 的最小路集要去除。

研究网络系统节点 $i$ 到节点 $l$ 之间的可靠度时,只需求出输入节点 $i$ 到输出节点 $l$ 之间的所有最小路集。

(4) 不交布尔代数法

设系统由 $n$ 个元件并联组成,一个元件成功,则系统成功。系统成功函数的布尔代数表达式为

$$S = X_1 + X_2 + \cdots + X_n$$

若用不交布尔代数表示为

$$S = X_1 + \overline{X}_1 X_2 + \overline{X}_1 \overline{X}_2 X_3 + \cdots + \overline{X}_1 \overline{X}_2 \overline{X}_3 \cdots \overline{X}_{n-1} X_n \tag{4-3-3}$$

1) 系统成功概率。

$$R_S = P(S) = P(X_1) + P(\overline{X}_1) P(X_2) + \cdots + P(\overline{X}_1) P(\overline{X}_2) \cdots P(\overline{X}_{n-1}) P(\overline{X}_n) \tag{4-3-4}$$

2) 狄·摩根(De. Morgan)定律。

$$\overline{X_1 X_2 \cdots X_n} = \overline{X}_1 + X_1 \overline{X}_2 + X_1 X_2 \overline{X}_3 + \cdots + X_1 X_2 \cdots X_{n-1} \overline{X}_n \tag{4-3-5}$$

$$\overline{X_1 + \overline{X}_1 X_2 + \overline{X}_1 \overline{X}_2 X_3 + \cdots + \overline{X}_1 \overline{X}_2 \overline{X}_3 \cdots \overline{X}_{n-1} X_n} = \overline{X}_1 \overline{X}_2 \cdots \overline{X}_n \tag{4-3-6}$$

3) 不交积之和定理。

① 设 $A_i, A_j$ 为任意两个集合,若他们相互不包含共同元素时,其不交积 $\overline{A}_i A_j$ 按照 De. Morgan 定律展开。

② 若 $A_i, A_j$ 包含共同的元素,则

$$\overline{A}_i A_j = \overline{A}_{i \leftarrow j} A_j \tag{4-3-7}$$

式中 $\overline{A}_{i \leftarrow j}$——$A_j$ 中没有而 $A_i$ 中有的元素之乘积。

③ 若 $A_i, A_j$ 和 $A_k$ 之中包含共同的元素,则有

$$\overline{A}_i \overline{A}_j A_k = \overline{A}_{i \leftarrow k} \overline{A}_{j \leftarrow k} A_k \tag{4-3-8}$$

若 $A_{i\leftarrow k}\supset A_{j\leftarrow k}$ 时,则有

$$\overline{A}_i\,\overline{A}_j A_k=\overline{A}_{i\leftarrow k}A_k \tag{4-3-9}$$

【例 4.4】　用不交布尔代数之和定理计算桥形网络的可靠度。已知:如图 4-23 所示,径
集 $A_1=X_1 X_2$,$A_2=X_3 X_4$,$A_3=X_1 X_4 X_5$,$A_4=X_2 X_3 X_5$

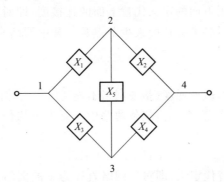

**图 4-23　桥式网络图**

解:系统工作函数(不交和形式)

$$S=A_1+\overline{A}_1 A_2+\overline{A}_1\overline{A}_2 A_3+\overline{A}_1\overline{A}_2\overline{A}_3 A_4$$
$$=X_1 X_2+\overline{X_1 X_2}X_3 X_4+X_1 X_2\,\overline{X_3 X_4}X_1 X_4 X_5+\overline{X_1 X_2}\,\overline{X_3 X_4}\,\overline{X_1 X_4 X_5}X_2 X_3 X_5$$
$$=X_1 X_2+(\overline{X}_1+X_1\overline{X}_2)X_3 X_4+X_2\overline{X}_3 X_1 X_4 X_5+\overline{X}_1\overline{X}_4(\overline{X}_1+X_1\overline{X}_4)X_2 X_3 X_5$$
$$=X_1 X_2+\overline{X}_1 X_3 X_4+X_1\overline{X}_2 X_3 X_4+X_1 X_2\overline{X}_3 X_4 X_5+\overline{X}_1 X_2 X_3\overline{X}_4 X_5$$

系统成功概率为

$$R_S=P(S)=p_1 p_2+(1-p_1)p_3 p_4+p_1(1-p_2)p_3 p_4+$$
$$p_1 p_2(1-p_3)p_4 p_5+(1-p_1)p_2 p_3(1-p_4)p_5$$
$$=p_1 p_2+p_3 p_4+p_2 p_3 p_5+p_1 p_2 p_4 p_5-(p_1 p_2 p_3 p_4+p_1 p_2 p_3 p_5+p_2 p_3 p_4 p_5)$$

式中　$p_i$——第 $i$ 个分支的概率(可靠度)。

**2. 节点可失效的网络系统可靠性模型**

节点可失效的可靠性模型是以图论作为理论工具,将复杂系统简化为由节点和边(有向图
中称为弧)构成的拓扑图,是直接由实际网络简化或抽象而来。在该模型中,节点和连线都具
有物理意义,都具有能否正常工作的概率。

通常,节点可失效网络系统的可靠性包括网络的抗毁性、生存性,抗毁性又包括连接度、黏
聚度,生存性又包括端端可靠度、$k$ 端可靠度和全端可靠度等。

(1) 网络的抗毁性

网络的抗毁性是指在拓扑结构完全确定的网络中,在确定性破坏作用下,网络能够保持通
信连通的能力。所谓确定性破坏是指破坏者具有关于网络结构的全部资料,并采用一种确定
的破坏策略。对于一个抽象网络,网络的抗毁性是指至少需要破坏几个节点或几条链路才能
中断部分节点之间的端系,即指出破坏一个网络的困难程度。抗毁性指标是确定性的,仅仅和
网络的拓扑结构有关,常用的测度指标有连接度和黏聚度。

1) 连接度。

连接度是指点连通度,是使网络不连通所应去掉的最少节点数。对于一个连通网络 $G$,设 $CN_{ij}$ 为断开节点对 $(i,j)$ 整条通路中需要去掉的最少节点数,那么网络的连接度表达式为

$$CN = \min\{CN_{ij}\} \tag{4-3-10}$$

在实际应用当中,有时用下面的定义代替上面的连接度,即对于网络直径为 $k$ 的网络,为使网络直径 $k$ 超过阈值 $k_m$ 时必须去掉的最少节点数。其中网络直径是指网络中所有两两节点之间最短路径长的最大值。

2) 黏聚度。

黏聚度又称结合度,是指边连通度,是使网络不连通所应去掉的最少边(弧)数。对于一个连通网络 $G$,设 $CH_{ij}$ 为断开节点对 $(i,j)$ 整条通路中需要去掉的最少边(弧)数,那么网络的黏聚度表达式为

$$CH = \min\{CH_{ij}\} \tag{4-3-11}$$

在实际应用当中,也有替代定义,即对于网络直径为 $k$ 的网络,为使网络直径 $k$ 超过阈值 $k_m$ 时必须去掉的最少边(或弧)数。

(2) 网络的生存性

网络的生存性是指对于节点或链路具有一定故障概率的网络,在随机性破坏作用下,能够保持网络连通的概率。网络的生存性是基于概率论和图论的知识提出来的,描述了随机性破坏以及网络拓扑结构对网络可靠性的影响。所谓随机性破坏是指网络部件的自然失效或破坏者只具有关于结构的部分资料,并采用一种随机的破坏策略进行破坏。生存性指标也是随机性的,它不仅和网络的拓扑结构有关,也和网络部件的故障概率、外部故障以及维修策略等有关。常用的测度指标是连通可靠度,是指在规定的时间内网络一直保持连通的概率。针对分析的范围不同,其可靠度的意义也有所不同,主要包括端端可靠度、k 端可靠度和全端可靠度。

1) 端端可靠度。

端端可靠度是衡量网络保持两个端点之间连通的能力,即网络中任意给定的两个无故障端点之间至少存在一条路径的概率。

假设 $i$ 到 $j$ 有 $m$ 条不同的路径 $S_{ij}^1, S_{ij}^2, \cdots, S_{ij}^m$,那么端 $i$ 与端 $j$ 的可靠度 $R_{ij}$ 为

$$R_{ij} = P\left(\bigcup_{k=1}^m S_{ij}^k\right) = \sum_{i=1}^m (-1)^{l-1} \sum_{1 \leqslant k_1 < \cdots < k_l \leqslant m} P\left(\bigcap_{k=1}^l S_{ik}^k\right)$$

$$= \sum_{k=1}^m P(S_{ij}^k) - \sum_{\forall k_1, k_2, k_1 \neq k_2} P(S_{ij}^{k_1} \cap S_{ij}^{k_2}) + \cdots + (-1)^{m-1} P(S_{ij}^1 \cap S_{ij}^2 \cap \cdots \cap S_{ij}^m)$$

式中　$P\left(\bigcup_{k=1}^m S_{ij}^k\right)$——至少有一条路径存在的概率;

　　$P(S_{ij}^k)$——路径 $S_{ij}^k$ 存在的概率;

　　$P(S_{ij}^{k_1} \cap S_{ij}^{k_2})$——路径 $S_{ij}^{k_1}, S_{ij}^{k_2}$ 同时存在的概率;

　　其他可类似理解。

2) $k$ 端可靠度。

$k$ 端可靠度是指网络保持 $k$ 个端点之间连通的能力,即网络中任意给定的节点子集 $k$ 中各节点均处于工作状态,且各节点之间均至少存在一条路径的概率。

3) 全端可靠度。

全端可靠度是指网络在故障情况下的生存能力,即网络中所有的节点均处于工作状态,节

点集 **V** 中各节点之间均至少存在一条路径的概率。

生成树法是由 Aggrawal 提出的计算网络全端可靠度的一种算法。所谓生成树是从某一节点出发,遍历连通图中所有节点(必须且只能一次)加上经过的边所构成的图。它是使原图中各节点均相互连通的最小连通子图。

生成树法的基本原理是依据生成树是使节点均相互连通的最小连通子图可知,如果网络中各节点均相互连通,即全端可靠,则网络中至少有一棵生成树的所有边均处于工作状态。

**3. 网络系统可靠性的有关问题**

上面所讲的节点不失效的可靠性模型分析和节点可失效的可靠性模型分析都是网络可靠性的共性技术,节点不失效的可靠性模型已经比较成熟,而节点可失效的可靠性模型尚处于发展之中,还没有非 NP 问题的求解算法。另外,上述模型只考虑了网络元素的可靠性,仍不能表示出元素因维修等原因导致的状态转移等。

目前网络可靠性模型研究的方向大体有以下两个方面。

1) 对于节点可失效的可靠性模型,在分析网络可靠性时与具体的业务相结合,这样能够使其在具体的应用背景下得到进一步的研究发展。在这方面,网络可靠性模型和通信相结合,发展比较迅速,已经形成了一整套测度指标体系:抗毁性、生存性、可用性、完成性和完整性等。

2) 能够体现网络拓扑及其元素状态动态变化的可靠性模型研究。这方面的许多研究都致力于挖掘 Petri 网方面。Petri 网是 1962 年由德国的 C. A. Petri 在他的博士论文中提出的,经过多年的发展,其衍生模型已经成为能够处理具有复杂系统动态行为的一种图形工具,基于 Petri 网的可靠性模型显示出它在研究复杂网络可靠性方面的潜力。当然,该模型在其他方面也有所发展。如英国 Item 公司的 SimuAV＋是典型的基于可靠性框图描述系统可靠性的分析工具,并且 SimuAV＋能够考虑维修和定期维护行为。

# 本章小结

本章主要介绍了典型系统可靠性模型的特点及一些特征量的计算方法,同时还介绍了一些处理网络系统的常用方法。在学习本章后,应具备处理系统可靠性的能力,在熟悉每个方法后,对于每个问题能够找出最优的解决方法。

# 习题 4

1. 试比较分析下列四个系统的可靠度。设各单元的可靠度相同,均为 $R_0 = 0.99$。

1) 四个单元构成的串联系统;

2) 四个单元构成的并联系统;

3) 串—并联系统($m = 2, n = 2$);

4) 并—串联系统$(m=2,n=2)$。

2. 已知某产品可靠性的表达式为 $R(t)=e^{-\lambda t}$，当 $\lambda=5\times10^{-4}$ $h^{-1}$，求 $t=100$ h，$t=1\,000$ h，$t=2\,000$ h 内的可靠度，并求该产品的 MTTF。

3. 求如图 4-24 所示的系统的可靠度值，各单元互相独立。$A_1,A_2,A_3,A_4,A_5$ 五个单元的可靠度分别为 $R_1=R_2=0.7,R_3=R_4=0.8,R_5=R_6=0.9$。

4. 三个相同部件组成的 $2/3(G)$ 系统的可靠度函数 $R(t)$。

5. 试概述全概率分解法的基本思想。

6. 简单求解网络可靠度的常用方法有哪几种？（至少写出 4 种）

7. 求如图 4-25 所示的系统的可靠度函数 $h(p)$，已知组成系统的各部件是相互独立的，$p\{X_i=1\}=p_i,i=1,2,3,4,5$。

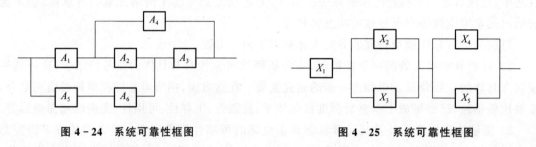

图 4-24 系统可靠性框图　　　　图 4-25 系统可靠性框图

8. 用全概率分解法求解图 4-26 所示的 $A/B$ 桥式系统的可靠度 $(R_1=R_3=0.8,R_2=R_4=0.7,R_5=0.9)$。

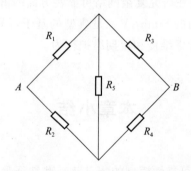

图 4-26 $A/B$ 桥式系统可靠性框图

# 第5章 系统可靠性预计与分配

## 【本章知识框架结构图】

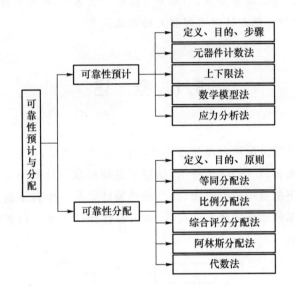

## 【知识导引】

无论是海湾战争,还是科索沃战争,之所以能够达到很高的作战效能,与其装备具有高可靠性水平是分不开的。在现代装备设计中,可靠性设计已经成为与性能同等重要的设计要求,它对武器装备的作战能力、生存能力、维修人力和使用保障费用等都有着重要的影响作用。而可靠性预计是装备可靠性设计的基础和核心。可靠性指标在很大程度上带动了武器装备可靠性工程的实施。武器装备必须开展可靠性预计、设计、评审等工作。在民用产品中,也必须尽早借助可靠性预计工作来落实产品的可靠性指标。军用、民用产品借助可靠性预计来落实产品可靠性指标在现今社会已成为一个不可逆转的趋势。

系统可靠性分配是指把系统的可靠性需求分配到每个子系统或元件的过程。在分配时,根据各单元的复杂程度,技术成熟程度,单元的运行环境,单元的重要度等进行,分配相应的可靠度。可靠性指标分配的目的就是使各级设计人员明确产品可靠性设计的要求,将产品的可靠性定量要求分配到规定的层次中去,通过定量分配,整体和部分的可靠性定量要求协调一致。

## 【本章重点及难点】

重点:掌握可靠性预计和可靠性分配的方法。

难点:上下限进行可靠性预计;阿林斯分配法与格林分配法的主要思想。

## 【本章学习目标】

可靠性预计作为可靠性设计的手段,可靠性分配的基础,在系统的设计及应用阶段起着关键的作用。在进行可靠性设计时,不同的阶段及系统所应用的可靠性预计方法是不同的。对本章进行学习后,要能够对不同系统的不同阶段选择合适的可靠性预计方法进行计算应用,了解可靠性分配的基本概念及其重要性,牢记可靠性的分配原则,熟练掌握可靠性分配的 5 种方法,能够把所学的可靠性分配方法运用到相关的领域。

# 5.1 概　述

可靠性预计和可靠性分配两者是相辅相成、相互支持的关系,在系统可靠性设计的各个阶段均要反复多次相互交替,如图 5-1 所示,描述了系统可靠性分配与预计的关系。其中可靠性分配是一个自上而下的演绎分解过程,而可靠性预计则是一个自下而上的归纳、综合过程。可靠性分配结果是可靠性预计的依据和目标,而可靠性预计相对于可靠性分配结果是可靠性分配与指标调整的基础。

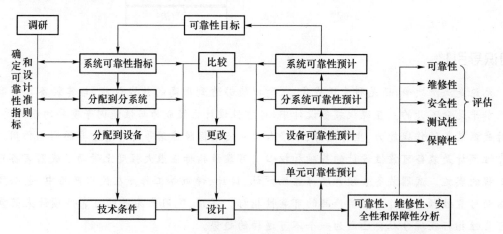

图 5-1　可靠性分配与预计关系图

# 5.2　可靠性预计

**1. 可靠性预计的定义和目的**

从理论上讲,产品可靠度应是产品大量的寿命试验结束后才能得到。然而,在工业生产中,采用测量成品可靠度的方法来保证产品的可靠度,是一种很不经济的方法,而且结果太晚,特别是一些称为系统的大型昂贵的复杂产品,根本不可能采用这种方法。这是因为,一方面,由于大型复杂系统同类产品的成败记录数据很少,而其中又包括了许多有特殊原因的失效,不属于随机失效,因此很难根据少量的数据来推断其可靠性,即要对全系统的试验结果进行统计推断很困难;另一方面,大型复杂系统的可靠性要求极高,如大型导弹、人造卫星、运载火箭或载人飞行器等,不可能只根据很少的试验数据就统计推断出很高的可靠性。因此,在产品制造之前就要控制其可靠性,即在产品的设计阶段进行可靠性预计。

（1）可靠性预计的定义

可靠性预计是一种预测方法,是在产品可靠性结构模型的基础上,根据同类产品研制过程及使用中所得到的失效数据和有关资料,预测产品及其单元在今后的实际使用中所能达到的可靠性水平,或预测产品在特定的应用中符合规定功能的概率。可靠性预计是一个由局部到整体、由小到大、由下到上的综合过程。

可靠性预计是产品可靠性从定性考虑转为定量考虑的关键,也是实施可靠性工程的基础。在方案研究和工程设计阶段,产品可靠性指标的确定,产品所包含的子系统、组件及元器件的可靠性指标的分配,以及如何改进设备使之达到指标要求的可靠性水平等工作,都必须反复进行可靠性预计。

（2）可靠性预计的目的

1）在确定任务和方案论证阶段,可靠性预计是判断论证方案的可靠性指标是否合理、是否可以实现的重要手段,也是优选满足可靠性要求总体设计方案的依据;

2）在技术设计阶段,设计人员可以从可靠性观点出发,发现工程设计中的薄弱环节及存在的问题,及时采取改进措施,提高可靠性水平;

3）可靠性预计可以避免系统设计的盲目性。

**2. 可靠性预计的步骤**

1）熟悉系统工艺流程,分析元件之间的物理关系和功能;

2）根据系统和子系统、子系统和元件的功能关系,画出逻辑框图;

3）确定元件的失效率或者不可靠度;

4）建立数学模型;

5）按元器件、子系统、系统的顺序进行可靠性预计;

6）列出可靠性预计的参考数据;

7）得出预计结论。

### 3．可靠性预计方法

（1）元器件计数法

元器件计数法是指把设备的可靠性作为设备内所包含的各种元器件数目的函数来估算，其优点是可以快速进行预计，以便从可靠性观点来判断设计方案是否可行。元器件计数法不要求了解每个元器件的详细应力和设计数据，因此它适用于方案论证和早期设计阶段。

元器件计数法的具体做法。

1）先统计设备中各种型号和各种类型的元器件数目；

2）然后再乘以相应型号或相应类型元器件的基本故障率；

3）最后把各乘积累加起来，即可得到部件、系统的故障率。

这种方法的优点是只使用现有的工程信息，不需要详尽地了解每个元器件的应力及它们之间的逻辑关系，就可以迅速地估算出该系统的故障率。其数学表达式为

$$\lambda_S = \sum_{i=1}^{n} N_i (\lambda_{Gi} \pi_{Qi}) \qquad (5-2-1)$$

式中 $\lambda_S$——系统总的失效率；

$\lambda_{Gi}$——第 $i$ 种元器件的失效率；

$\pi_{Qi}$——第 $i$ 种元器件的质量系数；

$N_i$——第 $i$ 种元器件的数量；

$n$——系统所用元器件的种类数。

使用元器件计数法预计系统失效率时，需要考虑以下几方面内容。

1）系统所用元器件的种类及每种元器件的数量。

2）各类元器件的质量等级。所谓质量等级是指元器件装机使用之前，在制造、检验及筛选过程中质量的控制等级，不同质量等级的元器件的失效率差异程度用质量系数 $\pi_Q$ 来表示。

3）设备应用的环境类别。元器件的应用环境不同，其失效率也不同，环境越恶劣失效率越高。因此在确定通用失效率时，应确定其环境类别。

【例 5.1】 用元器件计数法预计某电子产品 MTBF，该产品所使用的元器件类型，数量及故障率如表 5-1 所示。

表 5-1 某电子产品使用的元器件及故障率

| 元器件类型 | 数量 | 故障率/($\times 10^{-8}$ h$^{-1}$) | 总故障率/($\times 10^{-5}$ h$^{-1}$) |
|---|---|---|---|
| 集成电路 | 2 146 | 3.1 | 6.65 |
| 晶体管 | 507 | 2.4 | 1.22 |
| 二极管 | 1 268 | 0.84 | 1.07 |
| 电容 | 416 | 1.2 | 0.49 |
| 电阻 | 2 063 | 0.04 | 0.083 |
| 总和 | | | 9.513 |

**解**：取 $d = 1.2$（修正系数）

$$\lambda_S = d\sum_{i=1}^{n} n_i\lambda_i = 1.2 \times 9.513 \times 10^{-5}$$

$$= 1.142 \times 10^{-4} \text{ h}^{-1}$$

MTBF 为

$$\text{MTBF} = \frac{1}{\lambda_S} = 8\ 757 \text{ h}$$

（2）上下限法

对于一些很复杂的系统，可采用直接推导的办法，即忽略一些次要因素，用近似数值来逼近系统可靠度真值，从而使繁琐的过程变得简单，这就是上下限法的基本思想。它用于初步设计阶段复杂系统的可靠性预计。美国已经将这种方法用在像阿波罗飞船这样复杂系统的可靠性预计上，并且它的预测精度已被实践所证实。

顾名思义，这种方法要求先给出系统可靠度的上下限值。首先，假定系统中非串联部分的可靠度为 1，从而忽略了它的影响，这样算出的系统可靠度显然是最高的，这就是第一次简化的上限值，然后假设非串联单元不起冗余作用，全部作为串联单元处理，这样处理系统的方法最为简单，所计算的可靠度肯定是最低的，即第一次简化的下限值。接下来，考虑一些非串联单元同时失效对可靠度上限的影响，并以此来修正上述的上限值，则上限值会更逼近真值。同理，若考虑某些非串联单元失效不引起系统失效的情况，则又会使系统的可靠度下限值提高而接近真值。考虑的因素越多，上下限值越接近真值，最后通过综合公式得到近似的系统可靠度。上下限法可用图 5-2 的图解表示。若用 $R_{\text{上限}}^{(m)}$ 代表第 $m$ 次简化的系统可靠度上限值，$R_{\text{下限}}^{(n)}$ 代表第 $n$ 次简化的系统可靠度下限值，则图中 $R_{\text{上限}}^{(1)}$ 和 $R_{\text{上限}}^{(2)}$ 分别代表第 1 次和第 2 次简化的系统可靠度上限值，$R_{\text{下限}}^{(1)}$，$R_{\text{下限}}^{(2)}$ 和 $R_{\text{下限}}^{(3)}$ 分别代表第 1 次、第 2 次和第 3 次简化的系统可靠度下限值；由于每次简化都是在前 1 次简化的基础上进行，因此选定的 $m$ 值和 $n$ 值越大，得出的系统可靠度上限值和下限值就越逼近其可靠度真值。

上下限法的优点在于不要求单元之间是否相互独立，且各种冗余系统都可使用，也适用于多种目的和阶段工作的系统可靠性预计。

下面以图 5-3 的系统为例，来说明如何利用上下限预计法预计系统的可靠性。图 5-3 中有 8 个单元，为了叙述方便，在规定的时间内，单元 $A,B,\cdots,H$ 正常工作分别用 $A,B,\cdots,H$ 表示，若单元 A，B，$\cdots$，H 发生故障分别用 $\overline{A},\overline{B},\cdots,\overline{H}$ 表示，并假设各单元是相互独立的。

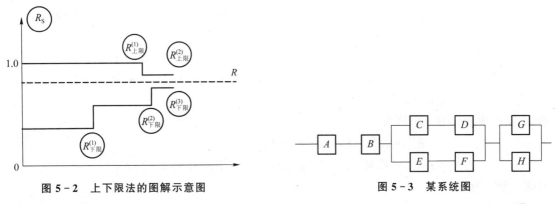

图 5-2　上下限法的图解示意图　　　　　图 5-3　某系统图

1) 上限 $R_上$ 的预计。

第一次预计只考虑所有串联单元中至少有一个故障的故障状态。串联单元中有一个单元发生故障,将会引起系统故障,这是最容易发生的故障状态,其他有关联的冗余系统,它们的可靠度一般都较高,因此作为第一次预计,只考虑串联单元。既然至少有一个串联单元发生故障,那么,那些并联单元中无论哪一个处于故障或正常状态,整个系统仍处于故障状态。因此,计算串联单元引起的故障概率时,不需考虑并联单元。实际上,从概率的计算结果可知,在计算串联单元故障时,将所有并联单元的各种状态都考虑进去后,并联单元的各种状态概率之和为1,其结果和只计算串联单元的故障概率是相等的。

考虑单元 $A,B$ 中引起系统故障的状态 $\overline{A}B,A\overline{B},\overline{A}\ \overline{B}$,因此,系统故障的概率 $F_1$ 为

$$F_1 = P(\overline{A}B) + P(A\overline{B}) + P(\overline{A}\ \overline{B}) = F_A R_B + R_A F_B + F_A F_B$$
$$= R_B(1-R_A) + R_A(1-R_B) + (1-R_A)(1-R_B)$$
$$= 1 - R_A R_B \tag{5-2-2}$$

式中  $R_A,R_B$——单元 $A,B$ 的可靠度;

  $F_A,F_B$——单元 $A,B$ 的不可靠度。

因此,第一次预计 $R_上^{(1)}$ 为

$$R_上^{(1)} = 1 - F_1 = R_A R_B$$

其一般式为

$$F_1 = 1 - \prod_{i=1}^{m} R_i \tag{5-2-3}$$

式中  $m$——串联的单元数。

$$R_上^{(1)} = \prod_{i=1}^{m} R_i \tag{5-2-4}$$

一般来说,第一次预计已能给出比较满意的上限值,但并联系统的可靠度不是很高的情况下,它的不可靠度的程度不能忽略,否则,仅考虑串联单元将使 $R_上$ 估计值偏高。所以还需做第二次预计。

第二次预计考虑当串联单元必须是正常时,同一并联单元中两个元件同时发生故障所引起系统故障的情况。这里考虑的状态数可根据具体情况分析得到,本例共有 5 种:

$$AB\overline{C}\ \overline{E}, AB\overline{D}\ \overline{F}, AB\overline{C}\ \overline{F}, AB\overline{D}\ \overline{F}, AB\overline{G}\ \overline{H}$$

以上情况是为了简化问题、能使我们抓住故障的主要分量。实际上,在单元 $C,D$ 发生故障时,单元 $D,F$ 不一定同时处于正常工作状态,而且,单元 $G,H$ 也不一定都未发生故障。

第二次预计的故障概率为

$$F_2 = P(AB\overline{C}\ \overline{E}) + P(AB\overline{D}\ \overline{E}) + P(AB\overline{C}\ \overline{F}) + P(AB\overline{G}\ \overline{H}) + P(AB\overline{D}\ \overline{F})$$
$$= R_A R_B F_C F_E + R_A R_B F_D F_E + R_A R_B F_C F_F + R_A R_B F_G F_H + R_A R_B F_D F_F$$
$$= R_A R_B(F_C F_E + F_D F_E + F_C F_F + F_G F_H + F_D F_F)$$

所以,第二次预计的上限值为

$$R_上^{(2)} = R_上^{(1)} - F_2 = 1 - F_1 - F_2$$
$$= R_A R_B[1 - F_C F_E + F_D F_E + F_C F_F + F_G F_H + F_D F_F]$$

写成一般式为

$$F_2 = \prod_{i=1}^{m} R_i \sum_{KK'=1}^{x} (F_K F_{K'}) \tag{5-2-5}$$

$$R_{\text{上}}^{(2)} = \prod_{i=1}^{m} R_i \Big[ 1 - \sum_{KK'=1}^{x} (F_K F_{K'}) \Big] \tag{5-2-6}$$

式中　　$m$——串联的单元数；

　　　　$x$——同一并联单元中 2 个元件同时故障引起系统故障的状态数,此例 $x=5$；

　　　　$F_K, F_K'$——引起系统故障的同一并联单元中 2 个故障元件的故障概率。

2) 下限 $R_{\text{下}}$ 的预计。

下限为正常工作状态的概率之和。

第一次预计只考虑没有单元故障时,系统处于正常工作状态的情况。对于任何系统,只涉及一个状态。本例为

$$ABCDEFGH$$

其概率为

$$R_{\text{下}}^{(1)} = P(ABCDEFGH) = R_A R_B R_C R_D R_E R_F R_G R_H$$

一般式为

$$R_{\text{下}}^{(1)} = \prod_{i=1}^{n} R_i \tag{5-2-7}$$

式中　　$n$——整个系统的单元数。

第二次预计考虑并联单元中只有一个元件故障时,系统处于正常工作状态的情况。本例共有 6 种这样的状态：

$AB\overline{C}DEFGH, ABC\overline{D}EFGH, ABCD\overline{E}FGH, ABCDE\overline{F}GH, ABCDEF\overline{G}H, ABCDEFG\overline{H}$

此时,系统正常工作的概率为

$$R_2 = P(AB\overline{C}DEFGH + \cdots + ABCDEFG\overline{H})$$

$$= R_A R_B R_C R_D R_E R_F R_G R_H \Big( \frac{F_C}{R_C} + \frac{F_D}{R_D} + \cdots + \frac{F_H}{R_H} \Big)$$

其一般式为

$$R_2 = \prod_{i=1}^{n} R_i \Big( \sum_{j=1}^{q} \frac{F_j}{R_j} \Big) \tag{5-2-8}$$

式中　　$n$——系统单元数；

　　　　$q$——并联单元中一个元件故障发生后系统能正常工作的概率,此例 $q=6$；

　　　　$F_j, R_j$——并联单元中一个故障元件的故障率和可靠度。

所以,第二次下限预计值为

$$R_{\text{下}}^{(2)} = \prod_{i=1}^{n} R_i \Big( 1 + \sum_{j=1}^{q} \frac{F_j}{R_j} \Big) \tag{5-2-9}$$

第三次预计考虑处于同一并联单元中,有两个元件发生故障时,系统正常工作状态的情况。

本例有两种这样的状态：

$$AB\overline{C}\,\overline{D}EFGH, ABCD\overline{E}\,\overline{F}GH$$

此时,系统正常工作的概率为

$$R_3 = R_A R_B R_C R_D R_E R_F R_G R_H \Big( \frac{F_C}{R_C} \times \frac{F_D}{R_D} + \frac{F_E}{R_E} \times \frac{F_F}{R_F} \Big)$$

其一般式为

$$R_3 = \prod_{i=1}^{n} R_i \left( \sum_{K,L=1}^{P} \frac{F_K}{R_K} \frac{F_L}{R_L} \right) \tag{5-2-10}$$

式中　$F_K, F_L$——并联单元中 2 个故障元件的故障概率；

　　　　$R_K, R_L$——并联单元中 2 个故障元件的可靠度；

　　　　$P$——并联单元中 2 个元件故障后系统能正常工作的状态数，本例 $P=2$。

由此得

$$R_{\text{下}}^{(3)} = R_{\text{下}}^{(1)} + R_2 + R_3 = \prod_{i=1}^{n} R_i \left( 1 + \sum_{j=1}^{q} \frac{F_j}{R_j} + \sum_{K,L=1}^{P} \frac{F_K}{R_K} \frac{F_L}{R_L} \right)$$

经验证明，把预计的 $R_\text{上}$，$R_\text{下}$，用几何平均可求得较为实用的系统可靠度的预计值。

$$R_S = 1 - \left[ (1 - R_{\text{上}}^{(1)})(1 - R_{\text{下}}^{(2)}) \right]^{1/2}$$

或　　　　　　　　$$R_S = 1 - \left[ (1 - R_{\text{上}}^{(2)})(1 - R_{\text{下}}^{(3)}) \right]^{1/2} \tag{5-2-11}$$

最后应当注意：为了使预计值在真值附近并逐渐逼近它，在计算上下限时，立足点一定要相同。即上限值和下限值数量级要相当。具体地说，如果上限只考虑一个单元发生故障引起系统出现故障的情况，下限也必须只考虑没有单元故障和并联单元中一个单元发生故障时，系统正常工作的情况。如果上限只考虑一个单元发生故障及同一并联单元中 2 个单元同时发生故障的情况，则下限须考虑没有单元故障，并联单元中一个元件发生故障及同一并联单元中两个元件发生故障时，系统正常工作的情况。

【例 5.2】　系统可靠性逻辑框图如图 5-4 所示，其中 7 个组成单元的可靠度分别为 $R_1=0.8$，$R_2=0.7$，$R_3=0.8$，$R_4=0.7$，$R_5=0.9$，$R_6=0.7$，$R_7=0.8$ 试用上下限法求系统的可靠度。

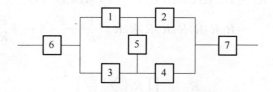

图 5-4　系统可靠性逻辑框图

**解**：用上下限法求系统的可靠度。

由题意分别求出 $F_1=1-R_1=0.2$，$F_2=1-R_2=0.3$，$F_3=1-R_3=0.2$，$F_4=1-R_4=0.3$，$F_5=1-R_5=0.1$，$F_6=1-R_6=0.3$，$F_7=1-R_7=0.2$。由图 5-4 可知，系统中共有两个串联单元 6 和 7，另外有 5 个非串联单元 1，2，3，4，5。可以判断在非串联单元中，任意 2 个同时失效导致系统失效的情况有 2 种，即 (1,3)、(2,4)；任意 3 个同时失效导致系统失效的情况有 8 种，即 (1,2,3)、(1,2,4)、(1,3,4)、(1,3,5)、(1,4,5)、(2,3,4)、(2,3,5)、(2,4,5)；任意 4 个同时失效导致系统失效的情况有 5 种，即 (1,2,3,4)、(1,2,3,5)、(1,2,4,5)、(1,3,4,5)、(2,3,4,5)；5 个单元同时失效导致系统失效的情况有 1 种，即 (1,2,3,4,5)。显然 $m$ 值可取 2、3、4、5。同样可判断在非串联单元中，1 个单元失效系统仍工作的情况有 5 种，即 (1)、(2)、(3)、(4)、(5)；2 个单同时失效系统仍工作的情况有 8 种，即 (1,2)、(1,4)、(1,5)、(2,3)、(2,5)、(3,4)、(3,5)、(4,5)；3 个单元同时失效系统仍工作的情况有 2 种，即 (1,2,5)、(3,4,5)；4 个单元同时

失效系统仍工作的情况,对于该非串联部分不存在。

由上限预计得

$$R_{上}^{(2)} = R_6 R_7 \left[ 1 - R_1 R_2 R_3 R_4 R_5 \left( \frac{F_1 F_3}{R_1 R_3} + \frac{F_2 F_4}{R_2 R_4} \right) \right] = 0.521\ 091\ 2$$

同理

$$R_{上}^{(3)} = 0.490\ 022\ 4$$
$$R_{上}^{(4)} = 0.485\ 654\ 4$$
$$R_{上}^{(5)} = 0.485\ 452\ 8$$

下限预计得

$$R_{下}^{(2)} = R_1 R_2 R_3 R_4 R_5 R_6 R_7 \left[ 1 + \left( \frac{F_1}{R_1} + \frac{F_2}{R_2} + \frac{F_3}{R_3} + \frac{F_4}{R_4} + \frac{F_5}{R_5} \right) \right] = 0.390\ 118\ 4$$

同理

$$R_{下}^{(3)} = 0.481\ 689\ 5$$
$$R_{下}^{(4)} = 0.485\ 452\ 8$$

令 $m=2,n=3$,系统的可靠度数值如下:

$$R_S = 1 - \sqrt{(1 - R_{上}^{(2)})(1 - R_{下}^{(2)})} = 0.501\ 779\ 7$$

(3) 数学模型法

所谓数学模型法就是根据组成系统各单元间的可靠性数学模型,按概率运算法则,预计系统可靠度的方法,数学模型法是一种经典的方法。

工程上的具体计算步骤是建立系统的可靠性逻辑框图及可靠性数学模型,并利用相应的公式,依据已知条件求出系统的可靠度。典型模型为

$$R_a(t) = \prod_{i=1}^{n} R_i(t)$$
$$A_S(t) = \prod_{i=1}^{n} A_i(t)$$

式中　$R_i(t)$——第 $i$ 个单元可靠度,$i=1,2\cdots,n$;

　　　$A_i(t)$——第 $i$ 个单元有效度,$i=1,2\cdots,n$。

单元若是设备或装置的某一分系统,最好能有分系统的可靠性数据,否则需要将其分解成更小的单元,直到最基本的零件、元件。关于单元的可靠性数据可以运用以往积累的资料进行预计。资料来源于国家或企业的数据库、标准规范、参考资料、文献、外购件厂商数据、用户的调查、专门试验等。在设计中期和后期,则可按设计的详细资料对主要零部件或性能参数进行预计计算。

现以某控制系统可靠性预计为例,对数学模型法进行讲解。

1) 对系统功能和任务的说明。

① 系统由检测发控、姿控、制导和电源 4 个分系统组成;

② 系统要完成地面检测和飞行两个方面的任务;

③ 相同 2 套电源并联使用,地面检查时都要合格,飞行中允许 1 套失效;

④ 相同的 3 套制导系统并联使用,地面检查时都要正常,飞行中允许 1 套失效;

⑤ 4 个分系统必须同时合格才能完成发射和飞行两个方面的任务;

⑥ 发射必须在规定时间内完成,检测失败,也算任务失败;

⑦ 地面检测为 12 h,通电工作为 2 h,飞行时间为 0.5 h;

⑧ 地面环境系数 $\pi_{E1}$ 取 0.5,飞行环境系数 $\pi_{E2}$ 取为 50;

⑨ 各分系统失效率已知。

2)建立可靠性模型。

① 地面检查阶段可靠性框图如图 5-5 所示。

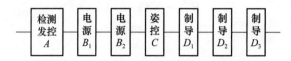

图 5-5　地面检查阶段可靠性框图

② 飞行阶段可靠性框图如图 5-6 所示。

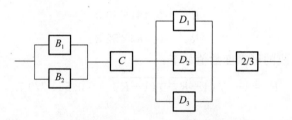

图 5-6　飞行阶段可靠性框图

③ 建立系统的可靠性数字模型。

地面检查阶段:

系统是一个全串联结构,系统可靠性等于各分系统可靠性之积。

$$R_{S_1} = \prod_{i=1}^{n} R_i$$
$$= R_A R_{B_1} R_{B_2} R_C R_{D_1} R_{D_2} R_{D_3}$$
$$= R_A R_B^2 R_C R_D^3$$

飞行阶段:

电源是简单并联系统,且 $R_{B_1} = R_{B_2}$

$$R_{电源} = 2R_B - R_B^2$$

制导分系统是"2/3"表决系统,且 $R_D = R_{D_1} = R_{D_2} = R_{D_3}$

$$R_{制导} = 3R_D^2 - 2R_D^2$$

系统可靠性是电源、姿控和制导三个分系统可靠性的乘积

$$R_{S_2} = (2R_B - R_B^2) R_C (3R_D^2 - 2R_D^3)$$

系统的可靠性

$$R_S = R_{S_1} R_{S_2}$$

3)确定各分系统的任务失效率。

$$F = \pi_E \lambda_b \tau$$

分系统的任务失效率如表 5-2 所示。

**表 5－2　分系统的任务失效率**

| 分系统名称 | 任务方面 | 工作方式 | 失效率 $\lambda_b/$ ($\times10^{-3}$ h$^{-1}$) | 环境系数 $\pi_E$ | 任务时间/h | 任务失效率 $F$ | $R=e^{-F}$ |
|---|---|---|---|---|---|---|---|
| 电源 | 地面 | 工作 | 3.00 | 5 | 2 | $3\times10^{-2}$ | 0.970 |
|  |  | 不工作 | 0.04 | 5 | 10 | $0.2\times10^{-2}$ | 0.998 |
|  | 飞行 | 工作 | 3.00 | 50 | 0.4 | $6\times10^{-2}$ | 0.940 |
| 姿控 | 地面 | 工作 | 0.10 | 5 | 2 | $0.1\times10^{-2}$ | 0.999 |
|  |  | 不工作 | 0.01 | 5 | 10 | $0.5\times10^{-2}$ | 0.995 |
|  | 飞行 | 工作 | 0.10 | 50 | 0.4 | $0.2\times10^{-2}$ | 0.998 |
| 制导 | 地面 | 工作 | 1.00 | 5 | 2 | $1\times10^{-2}$ | 0.990 |
|  |  | 不工作 | 0.10 | 5 | 10 | $0.5\times10^{-2}$ | 0.995 |
|  | 飞行 | 工作 | 1.00 | 50 | 0.4 | $2\times10^{-2}$ | 0.98 |
| 测控 | 地面 | 工作 | 0.40 | 5 | 2 | $0.4\times10^{-2}$ | 0.996 |
|  |  | 不工作 | 0.02 | 5 | 10 | $0.1\times10^{-2}$ | 0.999 |

4）求各分系统在各任务阶段的可靠性。

假定失效分布如负指数分布。

$$R=e^{-\pi_E\lambda_b\tau}$$

根据预计的任务失效率表 5－2 求出各分系统在各任务阶段的可靠性。各分系统可靠性等于工作状态可靠性与不工作状态可靠性之积。

地面阶段

$$R_B=0.970\times0.998=0.968$$
$$R_C=0.999\times0.995=0.994$$
$$R_D=0.990\times0.995=0.985$$
$$R_A=0.996\times0.999=0.995$$

飞行阶段

$$R_B=0.940$$
$$R_C=0.998$$
$$R_D=0.980$$

5）利用系统可靠性数学模型求出系统可靠性的预测值。

地面阶段：

$$R_{S_1}=R_AR_B^2R_CR_D^3$$
$$=0.995\times0.968^2\times0.994\times0.985^3$$
$$=0.886$$

飞行阶段：

$$R_{S_2}=(2R_B-R_B^2)R_C(3R_D^2-2R_D^3)$$
$$=(2\times0.940-0.940^2)\times0.998\times(3\times0.980^2-2\times0.980^3)$$
$$=0.993$$

系统总可靠性
$$R_\text{S} = R_{\text{S}_1} R_{\text{S}_2} = 0.886 \times 0.993 = 0.880$$

（4）应力分析法

元器件应力分析法是应用元器件失效率模型，对设计选用的元器件承受各种应力的情况，进行仔细地分析，根据过去的经验数据确定模型中各种修正系数，从而推算出元器件在具体使用中的失效率。

元器件失效率模型是描述失效规律的一个数学表达式。一般情况下可以把实际使用条件下的工作失效率 $\lambda_\text{p}$，看成与元件类型有关的基本失效率 $\lambda_\text{b}$ 和具体应用有关的修正系数 $K$ 之积。

$$\lambda_\text{p} = \lambda_\text{b} K \tag{5-2-12}$$

进行元器件失效率预计的基本方法是先查基本失效率 $\lambda_\text{b}$，然后考虑实际使用条件下的影响因素而引入相应的修正系数 $K$（称为 $\pi$ 系数），对其基本失效率进行修正。考虑的影响因素越周到，越符合实际情况，失效率的预计就越准确。

一个半导体分立元器件基本失效率的模型如下（在工程应用中元器件的基本失效模型只需查表，而对不成熟的新元器件需进行试验）：

$$\lambda_\text{b} = A e^x \tag{5-2-13}$$

式中 $x = \left( \dfrac{N_T}{273 + T + \Delta TS} \right) + \left( \dfrac{273 + T + \Delta TS}{T_\text{M}} \right)^P$；

　　　$A$——失效率水平调整参数（常数）；

　　　$e$——自然对数的底，2.718；

　　　$T$——工作环境温度或带散热片功率器件的管壳温度，单位为℃；

　　　$T_\text{M}$——无结电流或功率时的最高允许温度，即最高允许结温；

　　　$\Delta T$——$T_\text{M}$ 与满额时最高允许温度（$T_\text{S}$）的差值；

　　　$S$——工作电应力与额定电应力之比；

　　　$N_T, P$——形状参数。

这些基本失效率参数也可从手册中查得。

对于不同材料的分立半导体器件，计算工作电应力与额定电应力之比 $S$ 的公式也不同。

对于一个外壳中仅有一个晶体管的器件：

硅管 　　　　　　　　　　　$S = (P_\text{OP}/P_\text{M})C$

锗管 　　　　　　　　　　　$S = P_\text{OP}/P_\text{M}$

式中　$P_\text{OP}$——使用功率；

　　　$P_\text{M}$——$T_\text{S}$ 时的额定功率；

　　　$C$——硅器件的电应力调整系数。

对于一个外壳中装有两个晶体管的器件：

$$S = \left[ P_1/P_\text{S} + P_2 \left( \frac{2P_\text{S} - P_T}{P_T P_\text{S}} \right) \right] C$$

式中　$S$——所要计算的单管的电应力比；

　　　$P_1$——所要计算的单管的使用功率；

　　　$P_2$——另一单管的使用功率；

$P_S$——两管中一个不工作，另一个在 $T_S$ 时的额定功率值（单管额定值）；

$P_T$——两管都工作，在 $T_S$ 时的额定功率值（单管额定值）。

在式(5-2-13)中，除 $T$ 和 $S$ 外，其余均为常数。因此，根据环境温度或管壳温度 $T$ 和电应力比 $S$，就可以计算出基本失效率。表 5-3 列出了一个特例，国产硅 NPN 晶体管基本失效率 $\lambda_b$ 的数据，从表 5-3 中可以看出，随着电应力比 $S$ 和温度 $T$ 的增加，基本失效率 $\lambda_b$ 也增大。因此，降低电应力和温升，将使失效率降低，有利于增加它的寿命。

表 5-3　硅 NPN 晶体管基本失效率 $\lambda_b (10^{-6}\ h^{-1})$

$A=20, N_T=-1\ 043, P=12, T_M=448, \Delta T=150$

| $T/℃$ | $S$ | | | | | | | | | |
|---|---|---|---|---|---|---|---|---|---|---|
| | 1 | 2 | 3 | 4 | 5 | 6 | 7 | 8 | 9 | 10 |
| 0 | 0.54 | 0.65 | 0.77 | 0.90 | 1.05 | 1.22 | 1.44 | 1.73 | 2.15 | 2.81 |
| 10 | 0.61 | 0.72 | 0.85 | 1.00 | 1.16 | 1.36 | 1.63 | 1.99 | 2.55 | 3.50 |
| 20 | 0.68 | 0.81 | 0.95 | 1.10 | 1.29 | 1.53 | 1.85 | 2.33 | 3.12 | 4.55 |
| 25 | 0.72 | 0.85 | 1.00 | 1.16 | 1.36 | 1.63 | 1.99 | 2.55 | 3.50 | 5.30 |
| 30 | 0.77 | 0.90 | 1.05 | 1.22 | 1.44 | 1.73 | 2.15 | 2.81 | 3.96 | |
| 35 | 0.81 | 0.95 | 1.10 | 1.29 | 1.53 | 1.85 | 2.33 | 3.12 | 4.55 | |
| 40 | 0.85 | 1.00 | 1.16 | 1.36 | 1.63 | 1.99 | 2.55 | 3.50 | 5.30 | |
| 45 | 0.90 | 1.05 | 1.22 | 1.44 | 1.73 | 2.15 | 2.81 | 3.96 | | |
| 50 | 0.95 | 1.10 | 1.29 | 1.53 | 1.85 | 2.33 | 3.12 | 4.55 | | |
| 55 | 1.00 | 1.16 | 1.36 | 1.63 | 1.99 | 2.55 | 3.50 | 5.30 | | |
| 60 | 1.05 | 1.22 | 1.44 | 1.73 | 2.15 | 2.81 | 3.96 | | | |
| 65 | 1.10 | 1.29 | 1.53 | 1.85 | 2.33 | 3.12 | 4.55 | | | |
| 70 | 1.16 | 1.36 | 1.63 | 1.99 | 2.55 | 3.50 | 5.30 | | | |
| 75 | 1.22 | 1.44 | 1.73 | 2.15 | 2.81 | 3.96 | | | | |
| 80 | 1.29 | 1.53 | 1.85 | 2.33 | 3.12 | 4.55 | | | | |
| 85 | 1.36 | 1.63 | 1.99 | 2.55 | 3.50 | 5.30 | | | | |
| 90 | 1.44 | 1.73 | 2.15 | 2.81 | 3.96 | | | | | |
| 95 | 1.53 | 1.85 | 2.33 | 3.12 | 4.55 | | | | | |
| 100 | 1.63 | 1.99 | 2.55 | 3.50 | 5.30 | | | | | |
| 105 | 1.73 | 2.15 | 2.81 | 3.96 | | | | | | |
| 110 | 1.85 | 2.33 | 3.12 | 4.55 | | | | | | |
| 115 | 1.99 | 2.55 | 3.50 | 5.30 | | | | | | |
| 120 | 2.15 | 2.81 | 3.96 | | | | | | | |
| 125 | 2.33 | 3.12 | 4.55 | | | | | | | |
| 130 | 2.55 | 3.50 | 5.30 | | | | | | | |
| 135 | 2.81 | 3.96 | | | | | | | | |
| 140 | 3.12 | 4.55 | | | | | | | | |
| 145 | 3.50 | 5.30 | | | | | | | | |
| 150 | 3.96 | | | | | | | | | |
| 155 | 4.55 | | | | | | | | | |
| 160 | 5.30 | | | | | | | | | |

为了对电子元器件的工作失效率 $\lambda_p$ 进行预计，该元器件的基本失效率 $\lambda_b$ 确定以后，还必

须考虑应用场合的实际应力情况,如电压功率及环境温度等,即引入各种 $\pi$ 修正系数。

以分立半导体器件中的晶体管及二极管为例,它们的工作失效率模型为

$$\lambda_p = \lambda_b (\pi_E \pi_Q \pi_A \pi_{S_2} \pi_R \pi_C) \tag{5-2-14}$$

式中　$\lambda_p$——工作失效率;

　　　$\lambda_b$——基本失效率;

　　　$\pi_E$——环境系数;

　　　$\pi_Q$——质量系数;

　　　$\pi_A$——应用系数;

　　　$\pi_{S_2}$——电应力系数;

　　　$\pi_R$——额定系数;

　　　$\pi_C$——种类系数或结构系数。

微电子器件中单片电路工作失效率模型为

$$\lambda_p = \pi_Q [C_1 \cdot \pi_T \cdot \pi_V + (C_2 + C_3)\pi_E]\pi_L \cdot \lambda_b \tag{5-2-15}$$

式中　$\pi_Q$——质量系数;

　　　$\pi_T$——温度加速系数,其值取决于电路的工艺;

　　　$\pi_V$——电压减额应力系数;

　　　$\pi_E$——环境系数;

　　　$\pi_L$——元器件成熟系数;

　　　$C_1, C_2$——电路复杂度失效率;

　　　$C_3$——封装复杂度失效率;

　　　$\lambda_b$——基本失效率。

对于在大量电子设备中广泛应用的固定电阻器,包括金属膜电阻器、碳膜电阻器、功率薄膜电阻器、精密线绕电阻器以及热敏电阻器,它们的工作失效率模型为

$$\lambda_p = \lambda_b (\pi_E \pi_Q \pi_R) \tag{5-2-16}$$

式中　$\lambda_b$——基本失效率;

　　　$\pi_Q$——质量系数;

　　　$\pi_E$——环境系数;

　　　$\pi_R$——阻值系数。

电容器的工作失效率模型为

$$\lambda_p = \lambda_b (\pi_E \pi_Q \pi_{CV} \pi_{SR} \pi_C) \tag{5-2-17}$$

式中　$\lambda_b$——基本失效率;

　　　$\pi_E$——环境系数;

　　　$\pi_Q$——质量系数;

　　　$\pi_{CV}$——电容量系数;

　　　$\pi_{SR}$——串联电阻系数;

　　　$\pi_C$——电容器种类系数。

式中的系数根据实际使用条件,在手册中均可查到。

由上述可以看出,利用元器件应力分析法进行预计需要很多详细的信息。只有到了设计后期,电路设计基本完成,才能对各种应力有较详细地了解。因此,元器件应力分析预计法更

适用于设计后期阶段。

**【例 5.3】**　已知按部标准(二类)生产的硅 NPN 晶体管(单管)在一般地面固定设备的线性电路中使用,使用功耗是额定功耗($0.7$ W)的 $0.4$ 倍,工作环境温度为 $40\ ^\circ\text{C}$,$T_\text{S}=25\ ^\circ\text{C}$,$T_\text{M}=175\ ^\circ\text{C}$,外加电压 $V_\text{CE}$ 是额定电压的 $60\%$,试计算其工作失效率。

**解:**依据《电子设备可靠性预计手册》有

第一步:对于 $T_\text{S}=25\ ^\circ\text{C}$,$T_\text{M}=175\ ^\circ\text{C}$ 的硅器件,其电应力调整系数 $C=1$,因为 $P_\text{OP}/P_\text{M}=0.4$,故应力比 $S=(P_\text{OP}/P_\text{M})C=0.4\times1=0.4$;

第二步:由 $T=40\ ^\circ\text{C}$,$S=0.4$,查手册有关的表得 $\lambda_\text{b}=1.36$;

第三步:已知硅器件在一般地面固定环境使用,查手册有关的表得 $\pi_\text{E}=1.5$;

第四步:已知硅器件在线性电路中使用,查手册有关的表得 $\pi_\text{A}=1.5$;

第五步:已知硅器件是部标二类品,查手册有关的表得 $\pi_\text{Q}=1$;

第六步:已知 $P_\text{M}=0.7$ W,查手册有关的表得 $\pi_\text{R}=1$;

第七步:已知 $S_2=60\%$,查手册有关的表得 $\pi_{\text{S}_2}=0.88$;

第八步:已知硅器件是单管,查手册有关的表得 $\pi_\text{C}=1$;

第九步:根据(5-2-14)工作失效率 $\lambda_\text{p}$

$$\begin{aligned}
\lambda_\text{p} &= \lambda_\text{b}(\pi_\text{E}\pi_\text{Q}\pi_\text{A}\pi_{\text{S}_2}\pi_\text{R}\pi_\text{C})\\
&= 1.36\times1.5\times1\times1.5\times0.88\times1\times1\\
&= 2.69(\times10^{-6}\ \text{h}^{-1})
\end{aligned}$$

我国现在尚无元器件的基本失效率和各种修正系数的完整数据。在进行元器件应用失效率预计时,可以利用收集到的各种元件实际使用的失效率数据进行修正后使用。由于失效率预计是提供的相对度量值,所以也可以使用国外的一些失效率数据手册,结合我国具体情况对系数进行修正后使用。

**4. 可靠性预计的局限性**

可靠性预计本身就是根据已有数据、资料,对产品可靠性的一种预测。因此,可靠性预计值会与用户测得的现场可靠性有一定差值。但这并不否定可靠性预计在可靠性工程中的价值,而是提示在进行可靠性预计时,灵活地使用各行业可靠性手册中所提供的数据和资料,使得预测结果接近实际可靠度。可靠性预计具有局限性的原因包括两方面。

1) 数据的收集方面。元器件的失效率模型是根据有限数据进行的点估计,因此失效率模型适用于获得数据时所处的条件,虽然失效率模型对所覆盖的元器件进行了某些外推,但也不能满足新元器件、新工艺的发展需要。由于数据积累的速度比技术发展的速度要慢,因此数据永远也达不到有效的程度,这正是可靠性预计的局限性。

2) 预计技术的复杂性方面。预计的方法简单,就会忽略细微的差别,预计就不会准确。但预计的方法太细微,又可能使预计工作花费很长的时间和很高的费用,甚至可能延误主要硬件的研制工作。而且在早期的设计阶段,有许多细节不可能获得,所以在不同的阶段,应采用不同的预计方法。

可靠性预计的主要价值在于,它可以作为设计手段,为设计决策提供依据。因此,要求预计工作具有及时性,即要求在决策之前做出预计,提供有用的信息。否则可靠性预计就会失去应有的意义。为了达到预计的及时性,在设计的不同阶段及系统的不同级别上采取的预计方法是不同的。

# 5.3 可靠性分配

## 1. 可靠性分配的定义和目的

可靠性指标分配是指根据系统设计任务书中规定的可靠性指标(经过论证和确定的可靠性指标),按照一定的分配原则和分配方法,合理地分配给组成该系统的各分系统、设备、单元和元器件,并将它们写入相应的设计任务书或经济技术合同中。

可靠性分配的目的如下。

1) 帮助设计者了解元器件、部件或子系统的可靠度与整机的可靠度之间的关系,分析整机可靠性指标是否能够得到保证。

2) 在保证整机可靠度的前提下,明确对子系统、部件、元器件的可靠性要求。

3) 促使设计者全面考虑诸如重量、费用和性能等因素,以期获得合理的设计。

4) 暴露系统的薄弱环节,为改进设计提供依据。

通过可靠性分配还可以论证所确定的产品可靠性指标是否合理。通过分配,如果发现各单元均难以达到所分配的可靠性指标,则说明确定的可靠性指标过高,需做适当降低;反之则可以略为提高。如果可靠性指标必须达到,则应重新改进系统及各部件的设计,以满足要求。

可靠性分配后,用各单元、组件及元器件的分配值计算可靠度,并与要求的可靠度进行比较。如能满足要求,则可靠性分配工作到此结束。否则,需要改进设计,对可靠性进行再预计,再分配,直至满足指标要求为止。因此,可以说系统的可靠性设计过程,也是可靠性预计和可靠性分配反复进行的过程。

可靠性指标分配的目的就是使各级设计人员明确产品可靠性设计的要求,将产品的可靠性定量要求分配到规定的层次中去,通过定量分配,使整体和部分的可靠性定量要求协调一致。并把设计指标落实到产品相应层次的设计人员身上,用这种定量分配的可靠性来估计所需的人力、时间和资源,以保证可靠性指标的实现。即这种定量分配的可靠性是一个由整体到局部、由上到下的分解过程。简而言之,就是明确要求,落实任务,研究达到要求和实现任务的可能性及方法。

## 2. 可靠性分配的原则

可靠性分配的关键在于求解下面的基本不等式:

$$f(R_1,R_2,\cdots,R_n)\geqslant R_S^* \tag{5-3-1}$$

式中 $R_S^*$——系统的可靠性指标;

$R_1,R_2,\cdots,R_n$——分配给第 $1,2,\cdots,n$ 个分系统的可靠性指标;

$f(R_i)$——分系统的可靠性和系统的可靠性之间的函数关系。

对于简单串联系统而言,式(5-3-1)就成为

$$R_1(t)R_2(t)\cdots R_n(t)\geqslant R_S^* \tag{5-3-2}$$

如果对分配没有任何约束条件的话,式(5-3-1)有无数个解,因此,问题在于要确定方

法,通过该方法能得到合理的可靠性分配值的唯一解或有限个解。在进行可靠性分配时需遵循下面几条原则。

1) 技术水平。技术成熟的单元,能够保证实现较高的可靠性,或预期投入使用时可靠性有把握增长到较高水平,则可分配给较高的可靠度。

2) 复杂程度。较简单的单元,组成该单元的零部件数量少,容易保证质量,则可分配给较高的可靠度。

3) 任务情况。整个任务时间内均需连续工作,工作条件严酷,难以保证很高可靠性的单元,则应分配给较低的可靠度。

4) 重要程度。重要的单元,该单元失效将产生严重的后果,则应分配给较高的可靠度。

此外,还应该考虑费用、重量、尺寸,时间等因素,最终以最小的代价达到系统的可靠性要求。

为了简化问题,一般均假设各单元的故障是相互独立的。根据不同的情况,可靠性分配将系统的可靠度 $R$ 分配给各单元,也可将系统的不可靠度 $F$,分配给各单元,或将系统的失效率 $\lambda$ 分配给各单元。

**3. 可靠性分配方法**

要进行可靠性指标分配,必须首先明确设计目标、限制条件、系统下属各级定义的清晰程度及有关信息(如类似产品可靠性数据等)的多少。由于具体情况不同,可靠性指标的分配方法也不同。例如,有的是在设计的早期阶段,产品的定义并不十分清晰的情况下进行初步可靠性分配;有的是在假设各分系统串联条件下进行可靠性分配;有的是以某些可靠性指标作为限制条件,规定它的最低值,在这一限制条件下,要求费用、重量、体积等系统的其他参数尽可能小;有的是给出最低费用的限制,在这一限制条件下,要求其可靠性高。

可靠性指标分配的方法很多,但无论采用哪一种分配方法,都是从失效率、重要度和复杂性等方面考虑。至于具体选用哪一种分配方法,应根据设计者所掌握的数据、资料和信息,从实用、简便、经济等方面综合考虑,选择最佳的可靠性分配方法。下面将简单介绍几种不同的可靠性指标分配方法。

(1) 等同分配法

在设计初期,各单元可靠性资料掌握得很少,在可靠性分配时假定各单元条件相同。为了使系统达到规定的可靠度,不考虑各单元的重要度等因素而给所有的单元分配相等的可靠度,这种分配方法,称为"等同分配法"或"等分配法"(Equal Apportionment Technique)。

这一方法简单易行,但在进行可靠度分配时,未考虑组成系统的各分机、整部件的特殊工作条件及复杂程度。因此,分配不太合理,但在系统简单、各分系统的复杂程度应用条件相似,且要求又不太高的情况下,又是一个粗略简便的方法,有时也被采用。

1) 串联系统可靠度分配。

设系统由 $n$ 个单元串联而成,则系统的预计可靠度为

$$R_S = \prod_{i=1}^{n} R_i$$

式中　$R_i$——第 $i$ 单元原预计的可靠度。

若系统按要求的可靠度已知为 $R_S' = R_S$,则按等同分配法分配给各单元的可靠度为

$$R_i = \sqrt[n]{R_S'} \qquad\qquad (5-3-3)$$

式中　$R_i$——第 $i$ 单元的可靠度分配值。

2）并联系统可靠度分配。

当系统的可靠度指标要求很高而选用已有的单元又不能满足要求时，则可选用 $n$ 个相同单元的并联系统，这时单元的可靠度 $R_i$ 可大大低于系统的可靠度 $R_S$。

$$R_S = 1 - (1 - R_i)^n$$

故单元的可靠度应分配为

$$R_i = 1 - (1 - R_S)^{1/n} \tag{5-3-4}$$

3）串并联系统可靠度分配。

如利用等同分配法对串并联系统进行可靠度分配时，可先将串并联系统简化为"等效串联系统"和"等效单元"，再给同级等效单元分配以相同的可靠度。

例如，对于图 5-7(a) 所示的串并联系统做两步简化后，则可先从最后的等效串联系统（图 5-7(c)）开始按等效分配法对各单元分配可靠：

$$R_1 = R_{S_{234}} = R_S^{1/2}$$

再由图 5-6(b) 分配得

$$R_2 = R_{S_{34}} = 1 - (1 - R_{S_{234}})^{1/2}$$

然后再求图 5-6(a) 中的 $R_3$ 及 $R_4$

$$R_3 = R_4 = R_{S_{34}}^{1/2}$$

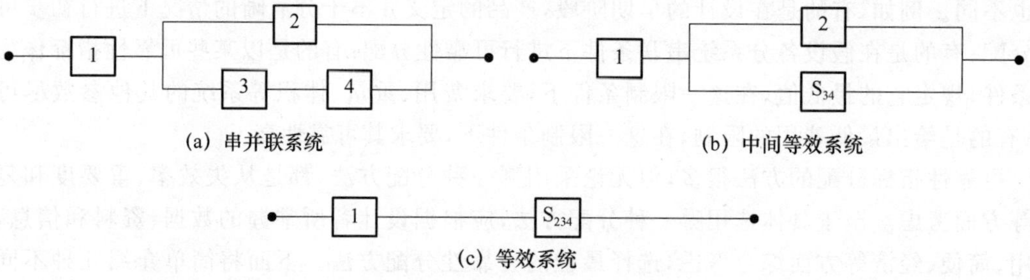

(a) 串并联系统　　　　　　(b) 中间等效系统

(c) 等效系统

图 5-7　串并联系统的可靠性分配

这种分配方法很简单，但不甚合理，因为它没考虑各单元的重要度，没考虑各单元的复杂程度，也没考虑各单元现有工艺水平和可靠性水平。因此，在各单元可靠度大致相同，复杂程度也差不多时采用这种分配方法。

（2）比例分配法

本方法用于新设计的系统与原有系统基本相同。已知原有系统各单元可靠度的预测值 $R'_i$ 或故障率预测值 $\lambda'_i$，但是对新设计的系统规定了新的可靠性要求；或者根据已掌握的可靠性资料，已能预测得到新设计系统各单元的 $R'_i$ 或 $\lambda'_i$，但仍未满足新设计系统可靠性的要求。对串联系统，取新系统分配给各单元的可靠度 $R_i$ 与相应单元的可靠度预测值 $R'_i$ 成正比；对并联系统，取新系统分配给各单元的可靠度 $F_i$ 与相应单元的不可靠度预测值 $F'_i$ 成正比。

对于串联系统，比例分配法的公式为

$$R_i = \left( \frac{R_S}{\prod\limits_{i=1}^{n} R'_i} \right)^{\frac{1}{n}} R'_i \tag{5-3-5}$$

对于并联系统,比例分配法的公式为

$$F_i = \left( \frac{F_\mathrm{S}}{\prod\limits_{i=1}^{n} F'_i} \right)^{\frac{1}{n}} F'_i \qquad (5-3-6)$$

当各单元的寿命服从指数分布时,将 $R_i(t_i) = \mathrm{e}^{-\lambda_i t_i}$ 代入式(5-3-5)可得串联系统故障率的分配方法为

$$\lambda_i = \lambda'_i + \frac{1}{n t_i} \left\{ \lambda_\mathrm{S} t - \sum_{i=1}^{n} \lambda'_i t_i \right\} \qquad (5-3-7)$$

当 $t_i \equiv t$ 时,式(5-3-7)可化简为

$$\lambda_i = \lambda'_i + \frac{1}{n} \left\{ \lambda_\mathrm{S} - \sum_{i=1}^{n} \lambda'_i \right\} \qquad (5-3-8)$$

对于串联系统,目前广泛采取的可靠度分配方法不是式(5-3-8)而是下面将要给出的式(5-3-9)

$$F_i = \frac{F_\mathrm{S} F'_i}{\sum\limits_{i=1}^{n} F'_i} \qquad (5-3-9)$$

由式(5-3-9)可以推出

$$\sum_{i=1}^{n} F_i = F_\mathrm{S} \qquad (5-3-10)$$

对于串联系统,式(5-3-10)不是一个严格的等式。即由式(5-3-9)给出的分配方案不满足自洽条件。式(5-3-10)近似成立的前提条件是组成串联系统各单元的可靠度 $R_i$ 十分接近于 1;换句话说,$F_i$ 均十分小。

当各单元的寿命服从指数分布时,串联系统的分配方式也可以采用式(5-3-11)

$$\lambda_i = \frac{\lambda_\mathrm{S} t}{\sum\limits_{i=1}^{n} \lambda'_i t_i} \lambda'_i \qquad (5-3-11)$$

由式(5-3-11)可以推出

$$\sum_{i=1}^{n} \lambda_i t_i = \lambda_\mathrm{S} t \qquad (5-3-12)$$

因此,式(5-3-11)的分配方法与式(5-3-7)一样也满足自洽条件,尽管它们各自的分配结果存在一些差异。

当 $F_i$ 较小且各单元的故障率服从指数分布时,$F_i \approx \lambda_i t_i$,将其代入式(5-3-11)得

$$F_i = \frac{F_\mathrm{S} F'_i}{\sum\limits_{i=1}^{n} F'_i}$$

即为式(5-3-9)。

综上所述,无论从哪个角度进行分析,本文给出的串联系统可靠度分配方法都较目前广泛采用的分配方法更为合理。

当各单元的寿命服从指数分布且失效率 $F_i$ 较小时,将 $F_i \approx \lambda_i t_i$ 代入式(5-3-6)可得

$$\lambda_i = \left( \frac{F_\mathrm{S}}{\sum\limits_{i=1}^{n} \lambda'_i t_i} \right)^{\frac{1}{n}} \lambda'_i \qquad (5-3-13)$$

令 $t_i \equiv t$,则式(5-3-13)可改写为

$$\lambda_i = \left(\frac{F_S}{\sum_{i=1}^{n} \lambda'_i}\right)^{\frac{1}{n}} \frac{\lambda_i}{t} \qquad (5-3-14)$$

式(5-3-14)即为目前广泛采用的基于故障率并联系统可靠度分配方法。从推导过程不难看出它只是一个近似算式。

(3)综合评分分配法

综合评分分配法是指在可靠性数据非常缺乏的情况下,通过有经验的设计人员或专家对影响可靠性的几种因素评分,对评分进行综合分析而获得各单元产品之间的可靠性相对比值,根据评分情况给每个分系统或设备分配可靠性指标。

1)评分因素:复杂度、技术水平、工作时间、环境条件。

2)评分原则有如下几方面。

① 复杂度:最复杂的评 10 分,最简单的评 1 分。

② 技术水平(成熟程度):水平最低的评 10 分,水平最高的评 1 分。

③ 工作时间:单元工作时间最长的评 10 分,最短的评 1 分。

④ 环境条件:单元工作过程中会经受极其恶劣且严酷环境条件的评 10 分,环境条件最好的评 1 分。

3)评分分配法原理:系统可靠性的分配,评分分配法的原理主要有以下几个公式。

$$\omega_i = \prod_{j=1}^{4} r_{ij}$$

$$\omega = \sum_{i}^{n} \omega_i$$

$$C_i = \omega_i / \omega$$

$$\lambda_i^* = C_i \lambda_S^*$$

4)分配步骤如下。

① 确定系统的基本可靠性指标,对系统进行分析,确定评分因素。

② 确定该系统中"货架"产品或已单独给定可靠性指标的产品。

③ 聘请评分专家,专家人数不宜过少(至少 5 人)。

④ 产品设计人员向评分专家介绍产品及其组成部分的构成、工作原理、功能流程、任务时间、工作环境条件、研制生产水平等情况;或专家通过查阅相关技术文件获得相关信息。

⑤ 评分。首先由专家按照评分原则给各单元打分,填写评分表格。再由负责可靠性分配的人员,将各专家对产品的各项评分总和,即每个单元的 4 个因素评分为各专家评分的平均值,填写表格。

⑥ 按公式分配各单元可靠性指标。

(4)阿林斯分配法

阿林斯分配法是基于这样的考虑:因为每个单元的容许失效率与预计失效率成正比,因此,预计失效率越大,分配给它的失效率也越大。

假设系统由 $n$ 个单元串联而成。已知系统和各单元的失效率均为常数,系统的容许失效率为 $\lambda_S'$,则分配给各单元的失效率 $\lambda_i'$ 应满足:

$$\lambda_1' + \lambda_2' + \cdots + \lambda_n' \leqslant \lambda_S' \tag{5-3-15}$$

这种分配方法的步骤如下。

1) 根据过去观察或估计的资料或手册来确定各单元的预计失效率 $\lambda_i$（固有或者基本失效率）。

2) 根据所确定的 $\lambda_i$ 赋予每个单元加权因子 $W_i$。

$W_i$ 的计算公式如下（按预计值取加权因子）：

$$W_i = \frac{\lambda_i}{\sum\limits_{i=1}^{n} \lambda_i}, \quad i = 1, 2, \cdots, n \tag{5-3-16}$$

各单元权数之和应有

$$\sum_{i=1}^{n} W_i = 1$$

3) 计算分配给各单元的容许失效率 $\lambda_i'$。

$$\lambda_i' = W_i \lambda_S \tag{5-3-17}$$

**【例 5.4】**　设有一个由三个单元串联组成的系统，各单元的预计失效率分别为 $\lambda_1 = 0.004\ \text{h}^{-1}$，$\lambda_2 = 0.002\ \text{h}^{-1}$，$\lambda_3 = 0.001\ \text{h}^{-1}$。系统的工作时间为 30 h，要求系统的可靠度为 0.95。试按阿林斯法求各单元的可靠度分配值是否满足要求。

**解：**1) 根据已知条件：

$$\lambda_1 = 0.004\ \text{h}^{-1}$$
$$\lambda_2 = 0.002\ \text{h}^{-1}$$
$$\lambda_3 = 0.001\ \text{h}^{-1}$$

2) 根据式(5-3-16)计算各单元的加权因子：

$$W_1 = 0.004/(0.004 + 0.002 + 0.001) = 0.571$$
$$W_2 = 0.002/(0.004 + 0.002 + 0.001) = 0.286$$
$$W_3 = 0.001/(0.004 + 0.002 + 0.001) = 0.143$$

3) 由题意可知系统可靠度规定为 $R_S(30) = 0.95$，设系统的失效率 $\lambda_S$ 为常数，则有

$$R_S(30) = \exp[-\lambda_S \times 30] = 0.95$$

得

$$\lambda_S = 0.001\ 71\ \text{h}^{-1}$$

根据式(5-3-17)可求出分配给各单元的容许失效率 $\lambda_i'$：

$$\lambda_1' = 0.571 \times 0.001\ 71 = 0.000\ 976\ \text{h}^{-1}$$
$$\lambda_2' = 0.286 \times 0.001\ 71 = 0.000\ 489\ \text{h}^{-1}$$
$$\lambda_3' = 0.143 \times 0.001\ 71 = 0.000\ 245\ \text{h}^{-1}$$

4) 校核。

$$\lambda_1' + \lambda_2' + \lambda_3' = 0.000\ 976 + 0.000\ 489 + 0.000\ 245 = 0.001\ 71\ \text{h}^{-1}$$
$$\lambda_1' + \lambda_2' + \lambda_3' = \lambda_S$$

上述所求各单元的可靠度分配值能满足要求。

阿林斯分配法消除了等同分配法的缺点，又比较简单，因此常被采用。其缺点是加权因子仅根据预计失效率而定，不够全面。

（5）代数法

系统可靠度分配的代数法是由美国电子设备可靠性顾问组（AGREE）提出的，因而又称AGREE 法。这种方法既考虑到组成系统的各个子系统的重要程度，又考虑到各子系统的复杂程度，所以它既适用于串联系统，也适用于并联和串联同时存在的混联系统。

应用代数法进行系统可靠性分配的关键，是要分析各子系统的重要程度和复杂程度，要熟悉和掌握组成系统的各子系统结构和功能，从而确定各子系统的重要性因子和复杂性因子。系统可靠度分配的代数法先分别考虑各子系统的重要程度和复杂程度对分配的影响；然后，综合考虑各子系统的重要程度和复杂程度对可靠度分配的影响，从而得出系统可靠度分配代数法的普遍关系式。

1）子系统重要程度对可靠性分配的影响。

设系统 $A$ 由 $n$ 个子系统 $A_1, A_2, \cdots, A_n$ 组成，要求系统 $A$ 的故障率为 $\lambda$，要求分配给各子系统的故障率为 $\lambda_1, \lambda_2, \cdots, \lambda_n$。若系统 $A$ 和子系统的故障服从指数分布，则在不考虑各子系统的重要程度时，第 $i$ 个子系统应达到的可靠度为

$$R_i' = \mathrm{e}^{-\lambda_i t_i} \tag{5-3-18}$$

式中　$t_i$——第 $i$ 个子系统的实际工作时间。

事实上，由于子系统的功能不同，因而在系统中的作用不一样，即各子系统在系统中的重要程度不一样，在代数法中将子系统出现故障对整个系统是否发生故障的作用和影响，用来描述子系统的重要程度，而引入重要性因子 $W_i$。重要性因子的定义是

$$W_i = \frac{\text{第 } i \text{ 个子系统的故障引起系统故障次数}}{\text{第 } i \text{ 个子系统的故障次数}} \tag{5-3-19}$$

$W_i$ 称为第 $i$ 个子系统的重要性因子，又称重要性系数。对于串联子系统而言，由可靠性串联结构模型知，各串联子系统中任意一个出现故障，都将引起整个系统发生故障，因而各串联系统的重要程度都是相同的，它们的重要性因子 $W_i = 1$；但是，对于并联子系统而言，并联子系统出现某些故障时，并不一定会引起整个系统发生故障，因而不同的并联子系统具有不同的重要程度，它们的重要性因子 $W_i < 1$。

由子系统重要性因子的定义式（5-3-19）可知，第 $i$ 个子系统的重要性因子 $W_i$，就是第 $i$ 个子系统的故障引起的整个系统发生故障的概率。再由式（5-3-18）知，在不考虑子系统重要程度的条件下，第 $i$ 个子系统的故障概率为

$$F_i' = 1 - \mathrm{e}^{-\lambda_i t_i}$$

显然，在不考虑子系统的重要程度时，相当于把各子系统作为串联子系统，也就是认为各子系统具有同等的重要程度。因而，$F_i'$ 就是在不考虑子系统的重要程度时，第 $i$ 个子系统的故障引起整个系统发生故障的概率。在考虑子系统的重要程度后，第 $i$ 个子系统的故障引起系统发生故障的概率为

$$F_i = W_i F_i' = W_i (1 - \mathrm{e}^{-\lambda_i t_i}) \tag{5-3-20}$$

于是得第 $i$ 个子系统的可靠度为

$$R_i = 1 - F_i = 1 - W_i (1 - \mathrm{e}^{-\lambda_i t_i}) \tag{5-3-21}$$

在考虑到子系统的重要程度后，系统的可靠度为

$$R = \prod_{i=1}^{n} R_i = \prod_{i=1}^{n} [1 - W_i (1 - \mathrm{e}^{-\lambda_i t_i})] \tag{5-3-22}$$

当 $\lambda_i t_i$ 很小，例如 $\lambda_i t_i < 0.01$ 时有

$$R_i = 1 - W_i \lambda_i t_i = \exp(-W_i \lambda_i t_i) \qquad (5-3-23)$$

所以　　　　$$R = \prod_{i=1}^{n} R_i = \prod_{i=1}^{n} \exp(-W_i \lambda_i t_i) = \exp\left(-\sum_{i=1}^{n} W_i \lambda_i t_i\right) \qquad (5-3-24)$$

式(5-3-24)给出了在考虑子系统重要程度时，系统的可靠度与子系统的故障率 $\lambda_i$ 和重要性因子之间的关系。

2) 子系统复杂程度对系统可靠性分配的影响。

在系统可靠性分配的代数法中，除考虑子系统的重要程度之外，还要考虑系统和各子系统的复杂程度。系统和各子系统的复杂程度与系统的结构和各子系统的结构密切相关。对于电子设备而言，由于晶体管和电子管是电子设备的核心元件，在电子电路中每个晶体管或电子管都要配置 10 个左右的电阻器和电容器等无源元件，所以电子系统的复杂程度可以用它所包含的晶体管或电子管数 $n_i$ 来表示。而电子系统中的二极管一般要配置 5 个左右的其他元件，所以一个二极管可以折算为半个晶体管或半个电子管。对于机电设备而言，要根据设备中的运动零件数和静止零件数来确定其复杂程度。例如，一根转动的轴或丝杆，往往要配置轴承、齿轮、销子、螺钉螺帽等其他零件。所以运动零件数越多，系统的复杂程度就越高。因而对于机械系统就用它所包含的运动零件数 $n_i$ 表示它的复杂程度。

设系统 $A$ 由 $A_1, A_2, \cdots, A_n$ 子系统组成，各子系统的复杂程度分别 $n_1, n_2, \cdots, n_k$，则定义

$$N = \sum_{i=1}^{k} n_i \qquad (5-3-25)$$

为系统 $A$ 的复杂性因子，或称复杂性系数。而定义 $n_i/N$ 为第 $i$ 个子系统的相对复杂性系数。

若要求整个系统的可靠度为 $R$，则按复杂程度分配可靠度时，第 $i$ 个子系统分配到的可靠度为

$$R_i = R^{n_i/N} \qquad (5-3-26)$$

式(5-3-26)给出了考虑到子系统的复杂程度时，可靠度分配的计算公式。

3) 代数法的分配公式。

在同时考虑子系统的重要程度和复杂程度后，就可以得到系统可靠性分配的代数法分配公式。由式(5-3-23)和式(5-3-26)可得

$$\exp(-W_i \lambda_i t_i) = R^{n_i/N}$$

两端取对数后整理可得

$$\lambda_i = -\frac{n_i \ln R}{N W_i t_i} \qquad (5-3-27)$$

式(5-3-27)就是系统可靠性分配的代数法分配公式，它是在给出了整个系统可靠度 $R$ 后，要求各子系统所应分配到的故障率 $\lambda$。当系统和子系统的失效均服从指数分布时，由于 $R_i = e^{-\lambda_i t_i}$，于是 $\ln R_i = -\lambda_i t_i$，就可将式(5-3-26)变化为

$$R_i = R^{n_i/N W_i} \qquad (5-3-28)$$

这就是第 $i$ 个子系统从整个系统分配到的可靠度 $R$。

如果给出的是整个系统的故障率 $\lambda$，分配给各子系统的故障率为 $\lambda_1, \lambda_2, \cdots, \lambda_n$，则定义 $\lambda_i$ 为第 $i$ 个子系统的相对故障率。

显然，系统的复杂程度越高，发生故障的可能性越大，所以系统的故障率 $\lambda$ 应与系统的复杂性系数 $N$ 成正比；同理，各子系统所分配到的故障率 $\lambda_i$ 应与相应的子系统的复杂性系数 $n_i$

成正比。因而各系统的相对故障率 $\lambda_i/\lambda$ 应与相应的子系统的相对复杂性系数 $n_i/N$ 成正比。若同时考虑各子系统的重要程度时,则子系统的重要程度越高,它的可靠度要求越高,即要求该子系统的相对故障率就越低。因此,各子系统的相对故障率 $\lambda_i/\lambda$ 应与相应子系统的重要性系数 $W_i$ 成反比。于是可以得到

$$\frac{\lambda_i}{\lambda} = \frac{n_i}{N W_i} \qquad (5-3-29)$$

由此可以得到在要求故障率为 $\lambda$ 的系统中,第 $i$ 个子系统所分配到的故障率为

$$\lambda_i = \frac{n_i \lambda}{N W_i} \qquad (5-3-30)$$

上面的讨论得到了系统可靠性分配的代数法分配公式。它是在已知系统的可靠度 $R$ 或故障率 $\lambda$ 的条件下,按组成系统的各子系统的重要程度和复杂程度,将可靠度 $R$ 或故障率 $\lambda$ 合理分配给各子系统的普遍关系式。它不仅适用于串联系统,也适用于并联系统;它不仅适用于系统对子系统的分配,也适用于子系统对组成子系统的部件、元件群的分配。所以代数法是系统可靠性分配的一种较好方法。

2) 若系统由 $m$ 个分系统串联组成,如图 5-7 所示。

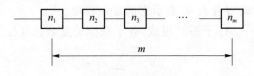

**图 5-8　$m$ 个分系统**

各分系统(单元)失效率

$$\lambda_i = -\frac{n_i \ln R}{n \omega_i t_i} \quad (i=1,2,\cdots,m) \qquad (5-3-31)$$

式中　$n$——系统中的总的组件数,$n = \sum_{i=1}^{m} n_i$。

分配给第 $i$ 个分系统的可靠度 $R_i^*(t_i)$

$$R_i^*(t_i) = e^{-\lambda_i t_i} \approx 1-\lambda_i t_i = 1-\frac{-n_i \ln R}{n \omega_i t_i}t_i = 1-\frac{-\ln R^{\frac{n_i}{n}}}{\omega_i} \qquad (5-3-32)$$

考虑 $\ln R^{n_i/n} \approx R^{n_i/n}-1$,故最后分配给第 $i$ 个分系统的可靠度为

$$R_i^*(t_i) = 1-\frac{1-R^{\frac{n_i}{n}}}{\omega_i}, \quad i=1,2,\cdots,m \qquad (5-3-33)$$

# 本章小结

本章共介绍了 4 种可靠性预计方法、可靠性分配的概念、分配原则以及 5 种分配方法。可靠性预计作为可靠性设计的手段,可靠性分配的基础,在系统的设计及应用阶段起着关键的作用,在进行可靠性设计时,不同的阶段系统所应用的可靠性预计方法是不同的。系统可靠性分配是把系统的可靠性需求分配到每个子系统或元件的过程。可靠性的分配是可靠性工作中不

可缺少的一部分,也是可靠性工程的决策性问题。它使工程技术人员明确自己所负责设计的产品应该达到的可靠性指标,并从一开始设计就应将相应的保证产品可靠性指标的措施"设计"到产品中去。

# 习题 5

1. 简述可靠性预计的步骤。

2. 一个 NPN 晶体三极管用于地面固定设备中的线性电路部分,环境温度 $T_C$ 为 30 ℃,管子最大结温 $T_w$ 为 175 ℃,最大功率 $P_M$ 为 500 mW($T_a=25$ ℃时),工作电压 $U_P$ 为 $0.6U_H$,实际使用功率 $P_w$ 为 200 mW,计算其失效率。

3. 设具有 3 台发动机的喷气飞机,这种飞机至少需要 2 台发动机正常工作才能安全飞行。假定这种飞机的事故仅由发动机引起,并设飞机起飞、降落和飞行期间的故障率均为同一常数 $\lambda=1\times10^{-3}$ $h^{-1}$,试计算飞机工作 1 h 的可靠度以及飞机的平均寿命为多少。

4. 用元器件计数法预计某地面搜索雷达的 MTBF 及工作 100 h 的可靠度。该搜索雷达使用的元器件类型、数量及故障率如表 5-4 所示。

表 5-4　某雷达使用的元器件及其故障率

| 元器件类型 | 数量 | 故障率/($\times10^{-6}$ h$^{-1}$) | 总故障率/($\times10^{-6}$ h$^{-1}$) |
|---|---|---|---|
| 电子管、接收管 | 96 | 6 | 576.00 |
| 电子管、发射管(功率四极管) | 12 | 40 | 480.00 |
| 电子管、磁控管 | 1 | 200 | 200.00 |
| 电子管、阴极射线管 | 1 | 15 | 15.00 |
| 晶体二极管 | 7 | 2.98 | 20.86 |
| 高 K 陶瓷固定电容器 | 59 | 0.18 | 10.62 |
| 钽箔固定电容器 | 2 | 0.45 | 0.90 |
| 云母膜制电容器 | 89 | 0.018 | 1.30 |
| 固定纸介电容器 | 108 | 0.01 | 1.08 |
| 碳合成固定电容器 | 467 | 0.020 7 | 9.67 |
| 功率型薄膜固定电容器 | 2 | 1.6 | 3.20 |
| 固定线绕电阻器 | 22 | 0.39 | 8.58 |
| 功率变压器和滤波变压器 | 31 | 0.062 5 | 1.94 |
| 可变合成电阻器 | 38 | 7.0 | 266 |
| 可变线绕电阻器 | 12 | 3.5 | 42.00 |
| 同轴连接器 | 17 | 13.31 | 226.47 |
| 电感器 | 42 | 0.938 | 39.40 |
| 电器仪表 | 1 | 1.36 | 1.36 |
| 鼓风机 | 3 | 630 | 1 890.00 |

| 元器件类型 | 数量 | 故障率/($\times10^{-6}$ h$^{-1}$) | 总故障率/($\times10^{-6}$ h$^{-1}$) |
|---|---|---|---|
| 同步电动机 | 13 | 0.8 | 10.40 |
| 晶体管继电器 | 4 | 21.28 | 85.12 |
| 接触器 | 14 | 1.01 | 14.14 |
| 拨动开关 | 24 | 0.57 | 13.66 |
| 旋转开关 | 5 | 1.75 | 8.75 |
| 总和 | | | 3 926.57 |

5. 求如图 5-9 所示的可靠度值，各个单元相互独立。$A_1,A_2,A_3,A_4,A_5,A_6$ 七个单元的可靠度分别为 $R_1=R_2=0.7,R_3=R_4=0.8,R_5=R_6=0.9$。

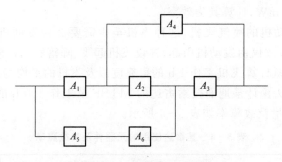

图 5-9　系统可靠性框图

6. 某空间科学探测卫星的任务可靠性框图如图 5-10 所示，各分系统的基本故障率 $\lambda_b$、工作时间 $t$、环境因子 $\pi_E$ 及 $\lambda_b t$ 如表 5-5 所示，试用上下限法求其任务可靠度。

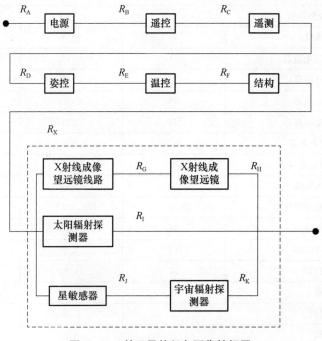

图 5-10　某卫星的任务可靠性框图

表 5 - 5　卫星各分系统故障率

| 分系统 | 阶段 | 工作/未工作 | 1 000 h 基本故障率 $\lambda_b$ | 时间 $t$ | $\pi_E$ | $\lambda_b t$ |
|---|---|---|---|---|---|---|
| 电源 A | 地面 | 工作 | 0.02 | 18 | 5 | 0.018 |
| | 地面 | 未工作 | 0.000 2 | 6 | 5 | 0.000 006 |
| | 发射 | 工作 | 0.02 | 0.1 | 400 | 0.000 8 |
| | 入轨 | 工作 | 0.02 | 8 640 | 1 | 0.172 8 |
| 遥控 B | 地面 | 工作 | 0.02 | 10 | 5 | 0.001 |
| | 地面 | 未工作 | 0.000 2 | 14 | 5 | 0.000 014 |
| | 发射 | 工作 | 0.02 | 0.1 | 400 | 0.000 8 |
| | 入轨 | 工作 | 0.02 | 818 | 1 | 0.016 36 |
| 遥测 C | 地面 | 工作 | 0.04 | 10 | 5 | 0.002 |
| | 地面 | 未工作 | 0.000 4 | 14 | 5 | 0.000 028 |
| | 发射 | 工作 | 0.04 | 0.1 | 400 | 0.001 6 |
| | 入轨 | 工作 | 0.04 | 1 728 | 1 | 0.069 12 |
| 姿控 D | 地面 | 工作 | 0.03 | 10 | 5 | 0.001 5 |
| | 地面 | 未工作 | 0.000 3 | 14 | 5 | 0.000 021 |
| | 发射 | 工作 | 0.03 | 0.1 | 400 | 0.001 2 |
| | 入轨 | 工作 | 0.03 | 4 320 | 1 | 0.129 6 |
| 温控 E | 地面 | 工作 | 0.04 | 6 | 5 | 0.001 2 |
| | 地面 | 未工作 | 0.000 4 | 18 | 5 | 0.000 036 |
| | 发射 | 工作 | 0.04 | 0.1 | 400 | 0.001 6 |
| | 入轨 | 工作 | 0.04 | 5 000 | 1 | $0.20t$ |
| 结构 F | 发射 | 工作 | 0.01 | 0.1 | 2 000 | 0.002 |
| | 入轨 | 工作 | 0.01 | 8 640 | 0.1 | 0.008 64 |
| X 射线成像望远镜 G | 地面 | 工作 | 0.005 | 10 | 5 | 0.000 25 |
| | 地面 | 未工作 | 0.000 1 | 14 | 5 | 0.000 007 |
| | 发射 | 未工作 | 0.000 1 | 0.1 | 400 | 0.000 004 |
| | 入轨 | 工作 | 0.005 | 8 640 | 1 | 0.043 2 |
| X 射线成像望远镜 H | 地面 | 工作 | 0.01 | 10 | 5 | 0.000 5 |
| | 地面 | 未工作 | 0.000 5 | 14 | 5 | 0.000 035 |
| | 发射 | 未工作 | 0.000 5 | 0.1 | 400 | 0.000 02 |
| | 入轨 | 工作 | 0.01 | 8 640 | 1 | 0.086 4 |
| 太阳辐射探测器 I | 地面 | 工作 | 0.02 | 10 | 5 | 0.001 |
| | 地面 | 未工作 | 0.001 | 14 | 5 | 0.000 07 |
| | 发射 | 未工作 | 0.001 | 0.1 | 400 | 0.000 04 |
| | 入轨 | 工作 | 0.02 | 8 640 | 1 | 0.172 8 |
| 星敏感器 J | 地面 | 工作 | 0.02 | 10 | 5 | 0.001 |
| | 地面 | 未工作 | 0.000 2 | 14 | 5 | 0.000 014 |
| | 发射 | 未工作 | 0.000 2 | 0.1 | 400 | 0.000 008 |
| | 入轨 | 工作 | 0.02 | 8 640 | 1 | 0.172 8 |
| 宇宙探测器 K | 地面 | 工作 | 0.02 | 10 | 5 | 0.001 |
| | 地面 | 未工作 | 0.001 | 14 | 5 | 0.000 07 |
| | 发射 | 未工作 | 0.001 | 0.1 | 400 | 0.000 04 |
| | 入轨 | 工作 | 0.02 | 8 640 | 1 | 0.172 8 |

7. 什么是可靠性指标分配？

8. 可靠性指标分配的目的是什么？

9. 等同分配法的缺点是什么？

10. 阿林斯分配法的优缺点是什么？

11. 按等同分配法，并联系统可靠度怎么分配（假设系统由 $n$ 个单元组成，系统的预计可靠度为 $R_S$，$R_i$ 为第 $i$ 单元原预计的可靠度）？

12. 设由 3 个单元组成的系统，3 个单元的预计故障率分别是 $\lambda_1 = 0.003\ h^{-1}$，$\lambda_2 = 0.001\ h^{-1}$，$\lambda_3 = 0.004\ h^{-1}$，该系统的任务时间是 20 h，系统规定的可靠度是 0.9，试求出 3 个单元所分配的可靠度。

13. 当要求系统的可靠度 $R_s = 0.850$，选择 3 个复杂程度相似的元件串联工作和并联工作时，每个元件的可靠度应是多少？

# 第6章 系统可靠性设计

## 【本章知识框架结构图】

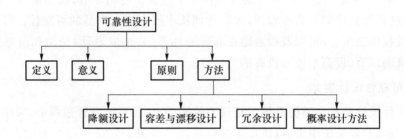

## 【知识导引】

　　盛装液体的木桶是由许多块木板箍成的,如图6-1所示,盛装量也是由这些木板共同决定的。若其中一块木板很短(发生失效),则此木桶的盛装量就被短板所限制。这块短板就成了这个木桶盛装量的"限制因子"(或称"短板效应")。若要使此木桶盛装量增加,只有更换短板或将短板加长才能实现,人们把这一规律总结为"木桶原理",又称"短板理论"。

　　系统的可靠性设计,也遵循"木桶原理",在设计过程中挖掘、分析系统和设备的"短板"(薄弱环节和隐患),采取设计和预防措施,以消除"短板",提高系统和设备的可靠性。因此,系统可靠性是设计出来的。

图6-1 木桶效应

## 【本章重点及难点】

　　重点:掌握常用可靠性设计方法及原理。
　　难点:基于应力—强度干涉模型的工程概率设计方法。

**【本章学习目标】**

通过对本章的学习,应达到以下目标:

◇ 了解可靠性设计的基本概念及其重要性;

◇ 熟悉系统可靠性设计的主要内容和基本思想,并能掌握其中几种常用的设计方法;

◇ 尝试结合具体系统进行可靠性设计的应用。

# 6.1 概　述

"产品的可靠性是设计出来的,生产出来的,管理出来的"。定量计算和定性分析(例如 FMEA、FTA 等)主要是评价产品现有的可靠性水平或找出薄弱环节,而要提高产品的固有可靠性,只有通过各种具体的可靠性设计,才能达到从本质上提高产品的可靠性。可靠性设计是为了在设计过程中挖掘、分析以及确定隐患和薄弱环节,并采取设计、预防和改进措施有效地消除隐患和薄弱环节,提高系统和设备的可靠性。

**1. 系统可靠性设计定义**

**系统可靠性设计是指在遵循系统工程规范的基础上,在系统设计过程中,采用一些专门技术,将可靠性"设计"到系统中去,以满足系统可靠性的要求**。它是根据产品的需要和可能,在考虑产品可靠性诸因素基础上的一种事先设计方法。

**2. 系统可靠性设计意义**

根据相关文献统计,因设计原因而导致的故障占产品总故障数的 $40\%\sim50\%$,足以说明系统可靠性设计的重要性。

系统可靠性设计是系统总体工程设计的重要组成部分,它是通过工程设计与结构设计等方法,为保证系统的可靠性而进行的一系列分析与设计技术。其重要性体现在以下 5 个方面。

1) 设计规定了系统的固有可靠性。系统的固有可靠性是系统的内在特性之一。系统一旦完成设计,其固有可靠性就被确定了。制造过程的主要任务是实现设计过程所形成的潜在可靠性,使用和维护过程是维持已获得的固有可靠性,而对系统可靠性起决定性作用的是设计过程。因此,在设计阶段把可靠性工程设计作为首要任务是理所当然的。如果在设计过程没有慎重考虑其可靠性如材料、元器件选择不当;安全系数太低;检查、调整、维修不便等问题,在以后的制造或使用、维护过程中无论采取怎样的控制措施,也将难以实现系统的可靠性要求。

2) 可靠性贯穿于产品的整个寿命周期。从产品的设计、生产、制造到安装、使用、维护等阶段都涉及可靠性问题。"预防为主、早期投入",就是要从头抓起,从产品的设计阶段开始进行可靠性设计,把不可靠因素消除在设计过程中。反之,一个忽视可靠性设计的产品,必然是"先天不足,后患无穷"。在使用过程中难免会暴露一系列不可靠问题,从而导致事故的发生。据统计,由于设计不当而影响产品可靠性占各种影响产品可靠性因素的首位。因此,在进行性能指标设计前,绝对不可忽视可靠性的设计。

3) 随着科学技术和经济的进步与发展,各类机电产品日益向多功能、小型化、高可靠性方向发展。功能的复杂化,使设备使用的元器件越来越多,每一个元器件的失效,都可能导致设备或系统发生故障。所以,必须加强可靠性设计,通过正确选用元器件并采用降额、"三防设计"、冗余设计等技术,提高元器件的固有可靠性,保证系统的可靠性。

4)各种机电产品、设备或系统广泛应用于各种场所,会遇到各种复杂的环境因素,如高温、高湿、低气压、有害气体、霉菌、冲击、振动、辐射、电磁干扰……这些环境因素的存在,都将大大影响产品的可靠性。只有通过可靠性设计,充分考虑产品在使用过程中可能遇到的各种环境条件,采取耐环境设计等各项措施,才能保证产品在规定环境条件下的可靠性。

5)设计阶段采取措施提高产品可靠性投入成本费用最少,效果显著。图 6-2 表示了产品不同时期可靠性设计和产品总费用的关系。可以看出,产品在草图设计阶段考虑可靠性,产品投入的总耗费明显要少(曲线 1),同时产品质量很高;产品在设计阶段考虑可靠性技术(曲线 2),总费用相对曲线 1 要高,同时生产过程查出的废品费用占的比例较高;交付生产阶段产品质量控制考虑可靠性(曲线 3),产品总耗费不仅超过预定拨总额,而且还要追加附加的返工费;如无可靠性设计,直接产品出厂(曲线 4),产品总费用明显要高出其他阶段考虑可靠性的总费用。

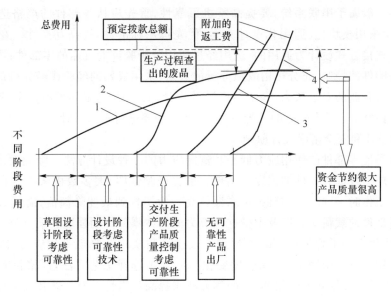

**图 6-2　产品不同设计时期可靠性设计和产品总费用关系图**

综上所述,可靠性设计在总体工程设计中占有十分重要的地位,必须遵循"预防为主"的思想把可靠性工程的重点放在设计阶段,在设计阶段采取提高可靠性的措施,尽可能把不可靠的因素消除在产品设计过程的早期。

**3. 系统可靠性设计原则**

系统可靠性设计原则是指在进行产品设计时工程设计人员应该遵循的规章、原则,它是进行产品设计的重要依据,也是保证产品可靠性的重要前提条件。在进行产品设计时,如果工程设计人员遵循了可靠性的设计准则,就能保证产品的可靠性;否则,就达不到产品的可靠性要求,甚至造成严重后果。

系统可靠性设计可分为定性可靠性设计和定量可靠性设计。所谓定性可靠性设计就是在进行故障模式影响及危害性分析的基础上,有针对性地应用成功的设计经验使所设计的产品达到可靠的目的。所谓定量可靠性设计就是在充分掌握所设计零件的强度分布和应力分布以及各种设计参数的随机性基础上,通过建立隐式极限状态函数或显式极限状态函数的关系设计出满足规定可靠性要求的产品。

定量可靠性设计虽然可以按照可靠性指标设计出满足要求的零件,但目前由于材料的强度分布和载荷分布的具体数据还很缺乏,加之要考虑的因素很多,因此限制了其推广应用,一般只在关键或重要的零部件的设计时被采用。

系统定性可靠性设计原则主要包括以下方面。

(1) 简单化设计原则

在满足预定功能的情况下,机械设计应力求简单、零部件的数量应尽可能减少,越简单越可靠是可靠性设计的一个基本原则,也是减少故障提高可靠性的最有效方法。但不能因为减少零件而使其他零件执行超常功能或在高应力的条件下工作;否则,简单化设计将达不到提高可靠性的目的。

(2) 模块化、组件化、标准化设计原则

机械产品一般属于串联系统,要提高整机可靠性,首先应从零部件的严格选择和控制做起。例如,尽量采用模块化、通用化设计方案;优先选用标准件,提高互换性。在通用化设计时,应将接口、连接方式设计为通用的;选用经过使用分析验证的可靠的零部件;严格进行标准件的选择及外购件的控制;充分运用故障分析的成果,采用成熟的经验或经分析试验验证后的方案。日本一些企业的专家认为:一个新产品的设计,其80%是采用原有产品或相似产品的设计经验,只有20%是因为产品的功能、性能的变化需要进行重新设计。

(3) 降额设计和安全裕度设计原则

降额设计是使零部件的使用应力低于其额定应力的一种设计方法。降额设计可以通过降低零件承受的应力或提高零件的强度来实现。工程经验证明,大多数机械零件在低于额定承载应力条件下工作时,其故障率较低,可靠性较高。为了找到最佳降额值,需做大量的试验研究。当机械零部件的载荷应力以及承受这些应力的具体零部件的强度在某一范围内呈不确定分布时,可以采用提高平均强度(如,通过加大安全系数实现),降低平均应力,减少应力变化(如,通过对使用条件的限制实现)和强度变化(如,合理选择工艺方法,严格控制整个加工过程,或通过检验或试验剔除不合格的零件)等方法来提高可靠性。对于涉及安全性的重要零部件,还可以采用极限设计方法,以保证在最恶劣的极限状态下该零件也不会发生故障。

(4) 合理选材原则

在机械可靠性的影响因素中,零部件材料的影响程度占总体可靠性的30%,在齿轮、轴类零件、轴承、弹簧等基础性零部件中,其失效模式在很大程度上取决于材料的选择。众所周知的美国"挑战者"号航天飞机爆炸事故,就是由于燃料箱密封装置材料在低温下失效而引起的,可见材料的性能在可靠性设计中占有非常重要的地位。因此,合理选择零部件的材料是机械可靠性设计必须遵循的准则之一。机械零部件原材料的选择按如下原则进行。

1) 选用的零部件原材料除满足结构尺寸、重量、强度、刚度要求外,还应满足使用环境和寿命要求。

2) 压缩零部件原材料的种类和规格,优先采用符合军标、国标和专业标准的通用件和标准件。

（5）冗余设计原则

冗余设计（余度设计）是对完成规定功能的部件设置重复的结构、备件等的设计，以防备局部发生失效时，整机或系统不至于丧失规定功能。当某部分可靠性要求很高，但目前的技术水平很难满足，如采用降额设计、简化设计等可靠性设计方法，还不能达到可靠性要求。或者用于提高零部件可靠性的改进费用比重复配置费用还高时，冗余设计可能成为唯一或较好的一种设计方法，如采用双泵或双发动机配置的机械系统。但应该注意，冗余设计往往使整机的体积、重量、费用均相应增加。冗余设计虽然提高了机械系统的任务可靠性，但基本可靠性相应降低了，因此采用冗余设计时要慎重。

（6）耐环境设计原则

耐环境设计是指在设计时就考虑产品在整个寿命周期内可能遇到的各种环境影响，例如，装配、运输时的冲击，振动影响，贮存时的温度、湿度、霉菌等影响，使用时的气候、沙尘振动等影响。因此，必须慎重选择设计方案，采取必要的保护措施，减少或消除有害环境的影响。具体地讲，可以从认识环境、控制环境和适应环境三方面加以考虑。认识环境指不应只注意产品的工作环境和维修环境，还应了解产品的安装、贮存、运输环境。在设计和试验过程中必须同时考虑单一环境和组合环境两种环境条件；不应只关心产品所处的自然环境，还要考虑使用过程所诱发出的环境。控制环境指在条件允许时，应在小范围内为所设计的零部件创造一个良好的工作环境条件，或人为改变对产品可靠性不利的环境因素。适应环境指在无法对所有环境条件进行人为控制时，在设计方案、材料选择、表面处理、涂层防护等方面采取措施，以提高机械零部件本身耐环境的能力。

（7）失效安全设计原则

将系统某一部分发生故障的影响限制在一定范围内，不致影响整个系统的功能。如传动系统中的安全剪切销、扭矩轴等。

（8）防错设计原则

进行防差错设计，采用不同的安全保护装置，如灯光、音响等报警装置，监视装置、保护性开关、防误插定位卡、定位销等，并有符合国家标准的醒目的识别标志、防差错或危险标志；防止误动作引起重大事故，主要用于产品或设备的操作系统设计。

（9）维修性设计原则

进行产品或设备的结构设计应充分考虑其维修性能的优劣。例如，采煤机底托架燕尾槽结构、滚筒的连接等。

（10）人机工程设计原则

人机工程设计的目的是为减少使用中人的差错，发挥人和机器各自的特点以提高机械产品的可靠性。当然，人为差错除了人自身的原因外，操纵台、控制及操纵环境等也与人的误操作有密切的关系。因此，人机工程设计是要保证系统向人传达的信息的可靠性。例如，指示系统不仅要有显示器，其显示的方式，显示器的配置都应便于人正确接受；控制、操纵系统可靠，不仅仪器及机械有满意的精度，而且适合人的使用习惯，便于识别操作，不易出错。与安全有关的部件，更应具有防误操作的功能；设计的操作环境尽量适合人的工作需要，减少引起疲劳、干扰操作的因素，如温度、湿度、气压、光线、色彩、噪声、振动、沙尘、空间等。当然，机械可靠性设计的方法绝不能离开传统的机械设计和其他的一些优化设计方法，如机械计算机辅助设计、有限元分析等。

# 6.2　降额设计

**1. 元器件的选择**

众所周知,元器件是系统的基本组成单元。因此,设计中最关键的一步就是选择、规定和控制用于该系统的元器件。

据试验分析,在电子元器件应用过程中所发生的元器件失效问题,约有一半是元器件本身质量问题造成的,而另一半则是由于使用不当引起的。使用不当引起的元器件失效称为人为失效。为保证电子设备的可靠性,除了要求元器件本身具有相应等级的固有可靠性外,还应正确选用元器件并合理使用。

元器件在选用时至少应遵循下列原则。

1) 尽量选用高可靠性的元器件。在选用元器件时,首先考虑的是元器件的质量等级能否满足整机产品的性能及可靠性要求。我国电子元器件质量级别大致分为三级,即军标级器件、工业级器件及民用级器件。有的厂家又将每一级分为正品和副品。军标级元器件的不合格率小于或等于 4.5%,工业级元器件的不合格率小于或等于 30%,民用级元器件的不合格率则大于 30%。因此,在选择元器件时应尽量选用军标级元器件或正品元器件。

2) 要选择正规厂家生产的优质产品。元器件的质量好坏和生产过程的诸多因素有关,如原材料、生产设备、生产工艺、技术管理、质量管理以及产品检验等。正规生产厂家在这些方面优势显著,其生产的元器件也多为优质产品,可保证使用的可靠性。

3) 选用集成电路时,应选择陶瓷封装器件。

4) 尽量用大、中规模集成电路代替由分立元件组成的电路,这样可以大大降低元器件的失效率。

5) 选用微功耗元器件,以减少元器件的温升,提高系统工作的可靠性。

6) 应尽量不使用可调元器件,因为可调元器件的可靠性低于固定元器件。

**2. 降额设计**

元器件的可靠性试验表明,元器件的失效率将随着工作电压、环境温度的增加而成倍地增加。降额设计就是指使元器件或设备、系统工作时所承受的工作应力适当低于元器件或设备、系统规定的应力(电、热和机械等应力)额定值,从而达到降低基本故障率,提高使用可靠性的目的。

因此,在元器件水平还不是很高的情况下,进行元器件的降额设计,是提高系统可靠性的重要方法。

(1) 降额设计的机理

**所谓降额设计,就是有意识地降低元器件或设备、系统所承受的应力。**影响元器件或设备、系统的应力包括电应力(电压、电流、功率和频率),温度应力(温度、湿度),机械应力(振动、冲击等),其中温度应力和机械应力统称环境应力。当工作应力高于额定应力时失效率就增加。通常认为,元器件的失效率与其工作温度、电压、机械应力有着密切的关系。工作温度每升高 10 ℃,元器件的退化速度增高一倍,这就是著名的 10 ℃法则。例如,金属膜电阻温度不变(70 ℃)时,当功率降低一半,其效率就降低两个数量级;云母电容器的环境温度降低一半,电压降低 30％,其失效率降低三个数量级。工作在静电场内的元器件,电压应力对元器件的失效率和寿命有着重要影响。如电容器的电压应力直接影响着电容器的寿命。因此,降额使用不仅应包括电压、电流和功率等电应力方面的降额,还应当包括温度、振动、冲击等环境应力的降额。实践表明,合理的降额是提高元器件和设备以及系统可靠性行之有效的方法。

另外,有时元器件的工作环境温度过高,当超过降额起始温度 $T_s$ 时,则必须考虑元器件工作特性的要求而需降额使用。当然,这是为了保证元器件正常工作的另一种类型的降额。例如,对于一般的晶体管,当管壳温度超过 75 ℃时,则必须按图 6-3 所示的功率降额使用。

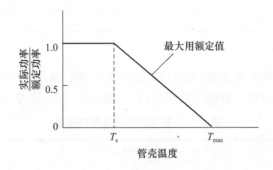

图 6-3  晶体管典型降额图

在设计电路时,不仅要考虑直流稳态的电性能指标,还要考虑脉冲状态及电路在环境突然变化时引起的电源电压波动、浪涌电流等的影响。即使在这种情况下,其瞬时值也不应超过额定值,从而可以达到降低故障率、提高可靠性的目的。有时还要考虑元器件可靠性参数的分布情况即要考虑批量生产的元器件中有一部分产品的安全工作参数低于额定参数。此时,必须使元器件工作在安全参数范围之内,以确保产品批量生产时仍能满足可靠性指标的要求。

各类电子元器件都有其最佳的降额范围。在此范围内工作应力的变化对元器件有明显的影响,在设计上比较容易实现,不会在设备的体积、重量、成本方面付出较大的代价。例如,金属膜电阻器的故障率随工作应力的变化如图 6-4 所示,其中 $s$ 表示单位电应力。

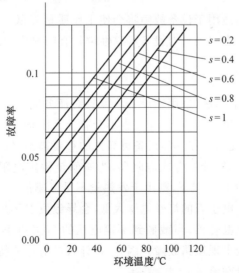

图 6-4  金属膜电阻器基本故障曲线图

可以看出,坐标图上显示电阻器的基本故障率是随温度应力和电应力线性变化的,即其基本故障率随温度应力和电应力的增加而增加。在工作温度为 40 ℃时,基本故障率随电应力的变化如表 6-1 所示。从表中可以看出,在同样的降额数量下,所获得的故障率降低幅度是递减的。因此,过度降额并无益处,还会使元器件的特性发生变化或导致元器件数量不必要地增加或无法找到适合的元器件,反而不利于设备的正常工作和设备的可靠性。

表 6-1 基本故障率随工作电应力的变化

| 电应力 | 1 | 0.8 | 0.6 | 0.4 | 0.2 |
|---|---|---|---|---|---|
| 基本故障率/($\times 10^{-6}$ $h^{-1}$) | 0.102 | 0.088 | 0.075 | 0.065 | 0.056 |
| 故障率降低幅度/($\times 10^{-6}$ $h^{-1}$) | | 0.014 | 0.013 | 0.010 | 0.009 |

(2)降额等级

元器件在各种不同的使用场合,究竟应采用什么程度的降额,必然涉及许多需由设计人员做出判断的特殊问题。根据工程使用的经验,在一般情况下,可推荐选用表 6-2 中的降额值。

表 6-2 常见元器件推荐降额值

| 种类 | 电阻器 | | 电容器 | | 电感元件 | | 半导体元器件 | | 继电器 | 接插件 | 电子管 | | 电动机 |
|---|---|---|---|---|---|---|---|---|---|---|---|---|---|
| 内容 | T | P | T | V | T | I | P | V | I | I | $U_{灯丝}$ | P | P |
| 范围 | <45 | 0.2~0.6 | <50 | <0.6 | <130 | 0.6~0.7 | <0.5 | <0.7 | 灯≤0.15 电感≤0.3 | 灯≤0.15 电感≤0.3 | 0.95 | <0.7 | 0.3~0.8 |

注:T 为工作环境温度(℃);P 为功耗减额系数;V 为电压减额系数;I 为触点电流减额系数。

在最佳降额范围内,一般又分 3 个降额等级。

1)Ⅰ级降额。

Ⅰ级降额是最大的降额,适用于设备的故障将会危及安全、导致任务失败和造成严重经济损失情况时的降额设计,它是保证设备可靠性所必须的最大降额。若采用比它还大的降额,不但设备的可靠性不再会提高多少,而且设计上也是难以接受的。

2)Ⅱ级降额。

Ⅱ级降额是中等降额,适用于设备故障将会使工作质量降低和发生不合理的维修费用的情况,这级降额仍在降低工作应力可对设备可靠性增长有明显作用的范围内,它比Ⅰ级降额易于实现。

3)Ⅲ级降额。

Ⅲ级降额是最小等级的降额,适用于设备故障只对任务完成有微小影响和易于修复的情况,这级降额可靠性增长效果最大,在设计上也不会有什么困难。

虽然降额使用是一个提高元器件和设备可靠性的重要措施,但和任何其他方法一样,其本身也具有一定的局限性。例如碳质合成电阻器,当减额至额定电阻的 50% 时,寿命将大大延长,如果减额至额定电阻的 10% 以下,则由于发热量不足以驱散吸进的湿气,从而加快化学变化,对寿命产生不利影响。电子管的灯丝电压太低,会导致发射不足并影响阴极寿命。有的实验还表明,对于金属化纸介电容器,当减额到额定电压的 30% 以下时,会影响其自愈特性,导致绝缘电阻下降,甚至可能出现短路故障。因此,设计人员对这些特殊的问题必须作全面的分析,以决定选取最适当的降额值。

# 6.3　容差与漂移设计

在实际工作中,电子元器件由于容差和漂移的积累往往会使电路、设备或系统的输出超出规定值而无法使用。在这种情况下,用故障隔离法无法指出某个元器件是否有故障,或输入是否正常。为了消除这种现象,应进行元器件的容差和漂移设计,以便在设计阶段及早采取措施加以纠正。

系统性能参数的变化主要表现为性能不稳定、参数漂移、退化等。引起系统性能参数变化的原因有三种:一是元器件参数实际存在公差,忽略公差会使元器件参数产生偏差;二是环境变化的条件(如温度的升高或降低、电应力及材质变异等),会使电子元器件参数发生漂移;三是退化效应,随着时间的积累,电子元器件参数往往会发生变化。

**1. 容差与漂移设计的概念**

(1) 容差设计的概念

**所谓容差,即产品的制造公差**。它是由于生产中不可避免的离散性造成的。元器件的参数也有规定的标称值及容差范围。在出厂测试时,若超出规定的范围就是不合格品,不合格品占总产品的比例即为不合格率。电子元器件、机械零件的尺寸和参数等都对其标准值有一定的散布和容差,有不同的容差和精密等级。

一项设计应该具有容许其组成单元或元器件的参数有一定的公差范围的能力,即设计的容差能力。

**容差能力的设计就是容差设计**。由给定的性能合格范围,选取合理的电路方案,确定各主设计参数、容许公差,使设计满足性能要求。

由有公差的元器件组成的电路、部件、整机和系统的性能参数必然有相应的范围。如果这个范围超出其合格的规定范围,那么电路、部件、整机和系统就不能完成规定的功能,或者说不能满足其性能要求。这个规定范围就是设计容限。由于元器件的公差所导致电路、部件、整机或系统结构以及性能参数的相应范围,取决于元器件公差的大小、所设计电路的结构以及性能参数对元器件公差的敏感程度。

容差设计的目的,就是按性能容许的合格范围要求,选取的参数值与性能值相适应,并且选取参数的散度在性能要求的范围之内。参数标称值 $h_i$ 在不同散度时的情况如图 6-5 所示。

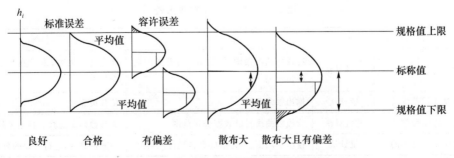

图 6-5　标称值在不同散度下的情况图

如果参数分布散度过大;标称值有偏差或既有散度过大、又有标称值偏差时,都可能使性能超出合格范围。

(2)漂移设计的概念

容差设计是在不考虑元器件、零部件参数受环境变化影响的情况下进行的。如果元器件、零部件受环境条件变化的影响而产生参数漂移时,会使系统的性能取值发生变化。环境条件包括温度、湿度、工作时间等。若性能超出所规定的合格范围就会造成漂移失效。漂移失效主要是由于元器件公差、温度系数变化、材料变质、电应力负荷改变、外界电源电压波动、工艺不良以及老化试验等原因导致的。它们是电路失效的重要因素。为使产品在寿命期内和规定的条件下一直处于正常工作状态,在设计时必须采取适应元器件参数漂移的措施。**容许设计参数在一定的范围内漂移的设计措施就称为漂移设计。**

参数漂移有因温度、湿度、负荷等影响而发生的标称值漂移和参数分布的变化,如图 6-6 所示。元器件参数公差和漂移都将影响电子线路整机或系统输出性能参数的变化,严重时将导致功能失效。

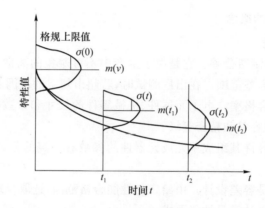

图 6-6　参数标称值及散度随时间变化的曲线图

**2. 容差与漂移设计方法**

容差和漂移设计就是选择元器件的精度等级,使电路(系统)的技术性能和稳定性达到最佳而成本控制在最低。容差和漂移设计在每个零部件上选用最优参数配方并兼顾最经济的材料,使得产品在制造和使用期间成本最低。

容差和漂移设计的方法,主要有最坏值法、蒙特卡罗法、参数变化法以及概率统计法等。这些设计方法的比较如表 6-3 所示。

表 6-3　常见设计方法比较

| 设计方法 | 模式类型 | 分类 | 输出结果 | 目标 |
|---|---|---|---|---|
| 最坏值法 | 数学的 | 非统计法 | 在最坏情况极限时,输出所有参数的最坏情况值 | 确定是否失效,以及在什么情况下会失效 |
| 蒙特卡罗法 | 数学的 | 统计法 | 输出频率曲线 | 估算可靠性 |
| 参数变化法 | 数学的 | 非统计法 | 为施模曲线提供数据变化范围 | 为参数确定逼真的容差极限 |
| 概率统计法 | 数学的 | 统计法 | 输出平均值、变化指标和再设计的信息 | 估算可靠性,进行必要的再设计 |

# 6.4　冗余设计

冗余设计是提高系统可靠性的有效途径,因此在复杂和重要系统中,往往采用冗余设计技术,来进一步提高系统的可靠性。但是冗余设计会增加设备的数量、体积、重量、费用以及复杂度。因此,除了重要的关键设备,对于一般产品不轻易采用冗余设计。

**1. 概述**

所谓"冗余设计",就是为完成规定功能,采用额外的冗余方式来弥补故障造成的影响,使得系统中即使有一部分出现故障,但整个系统仍能正常工作,从而提高了整个系统可靠性的设计方法。

冗余设计的方法很多,在实际产品设计时,最简单的是并联装置。此外,冗余的方法还有旁联、表决、串并联或并串联混合装置、等待装置等连接方式,以满足系统可靠性要求。在这里我们仅讨论最常用的三种冗余设计:并联冗余模型、表决冗余模型、旁联冗余模型。

**2. 并联冗余设计**

(1) 并联冗余的概念

接插件采用双触点,高压锅采取双保险,计算机运用双机系统等,这些就是一些简单的并联冗余模型。由3个可靠度为0.9的开关构成的并联开关组,其可靠度为99.9%;由4个可靠度为0.9的开关构成的并联开关组,其可靠度可达99.99%,显然并联的重数越多,系统的可靠性就提高得越多。

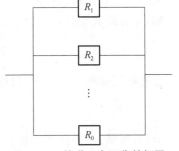

图 6 - 7　并联冗余可靠性框图

采用这种连接方式,只有系统中所有单元都发生故障时,系统才会发生故障。并联冗余可靠性框图如图6-7所示。

对应的数学模型为

$$R_S = 1 - \prod_{i=1}^{n}[1 - R_i] \qquad (6-4-1)$$

式中　　$R_S$——系统的可靠度;

$R_i$——第 $i$ 个单元的可靠度;

$n$——组成系统的单元数。

当 $n$ 个单元可靠度相同(均为 $R_0$)时,式(6-4-1)简化为

$$R_S = 1 - (1 - R_0)^n \qquad (6-4-2)$$

根据式(6-4-2),在给定可靠性目标和已知基本单元可靠性数据的前提下,可以按如下公式来选择冗余重数。

$$n = \frac{\lg(1 - R_S)}{\lg(1 - R_0)} \qquad (6-4-3)$$

**【例6.1】**　某设备主振器的可靠度 $R_0$ 只有30%,整机设计中要求主振器的设计目标 $R_S$ 为60%,请问在整机设计时,需要并联几个相同的主振器才能满足设计要求。

**解**：由式(6-4-3)可得

$$n=\frac{\lg(1-R_{\mathrm{S}})}{\lg(1-R_0)}=\frac{\lg 0.4}{\lg 0.7}=2.57$$

可以知道,需要再备份两个主振器才能达到目标。此时主振器系统的可靠度为

$$R_{\mathrm{S}}=1-(1-R_0)^3=1-0.7^3=65.7\%>60\%$$

由以上计算结果可以看出,系统再备份两个主振器后能满足可靠度的要求。

(2) 并联冗余分类

并联冗余备份有两种方式:热备份和冷备份。**备份单元和基本单元同时处于工作状态的并联方式,称为热备份。备份单元处于待机状态,当基本单元出现故障后再进入工作状态的备份方式,称为冷备份。**

假定系统有 $n$ 重冗余,在热备份的情况下,系统的平均故障间隔 MTBF 为

$$\mathrm{MTBF}=\sum_{K=1}^{n}\frac{1}{K\lambda_0}=\sum_{K=1}^{n}\frac{\mathrm{MTBF}_0}{K} \tag{6-4-4}$$

在 $n$ 重冷备份的情况下有

$$\mathrm{MTBF}=\frac{n}{\lambda_0}=n(\mathrm{MTBF}_0) \tag{6-4-5}$$

式中　$\lambda_0$——每个单元的失效率;

　　　$\mathrm{MTBF}_0$——每个单元的平均故障时间。

**【例 6.2】**　某频率合成器的晶体振荡器,其失效率为 $10^{-4}\ \mathrm{h}^{-1}$,分别计算其采取并联冗余设计的热备份和冷备份后的平均无故障工作时间。

**解**：在并联冗余的热备份下,根据式(6-4-4),可求得其平均无故障工作时间为

$$\mathrm{MTBF}_{热}=\frac{1}{\lambda_0}+\frac{1}{2\lambda_0}=15\,000\ \mathrm{h}$$

在并联冗余的冷备份下,根据式(6-4-5),可求得其平均无故障工作时间为

$$\mathrm{MTBF}_{冷}=\frac{2}{\lambda_0}=20\,000\ \mathrm{h}$$

分析:显然,冷备份比热备份更为有效。但是,在工程实践中,究竟采用热备份还是冷备份,要视具体情况而定。例如,接插件可以采用双触点的热备份,高压锅可以采取双保险热备份;而计算机的双机系统、飞机发动机的并联系统却可以采用冷备份方式。

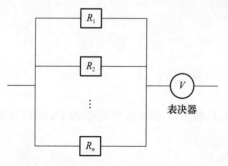

**图 6-8　表决冗余可靠性框图**

**3. 表决冗余设计**

机电产品,特别是数字电路中,经常采用多数表决逻辑结构。3 中取 2 系统、4 中取 3 系统、5 中取 4 或 5 中取 3 系统等,就是表决冗余模型。

采用这种连接方式,系统由 $n$ 个单元及一个表决器组成,当表决器正常时,正常的单元数小于 $r(1\leqslant r\leqslant n)$,系统就不会故障。表决冗余可靠性框图如图 6-8 所示。

对应的数学模型为

$$R_S = R_m \sum_{i=1}^{n} C_n^i R\ (t)^i\ (1 - R(t))^{n-i} \tag{6-4-6}$$

式中   $R_S$——系统的可靠度；

      $R(t)$——系统组成单元的可靠度；

      $R_m$——表决器的可靠度。

对于表决冗余度模型，可靠度高的单元，系统可靠度也比较高；表决器的可靠性，对系统可靠性的高低有直接影响；系统可靠度随着冗余单元数量的增多而提高，但上升的速度逐渐变缓。

1）对于 $n$ 中取 $n-1$ 的表决系统而言，如果 $n$ 个基本单元的可靠度都为 $R_0$，则系统的可靠度为

$$R\tfrac{(n-1)}{n} = nR_0^{n-1} - (n-1)R_0^n \tag{6-4-7}$$

【例 6.3】 一个工厂的 3 个车间之间共有 3 条相互连接的报警电话线，由于 3 个车间之间至少要有 2 条电话线正常，才能相互连通，因此它是一个 3 中取 2 系统。如果每条电话线的可靠度 $R_0$ 都为 0.85，求其在发生紧急情况下 3 个工厂之间相互正常通话的可靠度。

**解：** 按式（6-4-7），求 3 中取 2 系统的可靠度为

$$R_{2/3} = 3R^2 - 2R^3 = 3 \times (0.85)^2 - 2 \times (0.85)^3 = 93.93\%$$

2）对于 $n$ 中取 $k$ 的表决系统而言，通常可以利用逻辑图法或布尔真值表枚举法来计算其可靠度。例如对由 A，B，C，D，E 五个基本单元组成的 5 中取 3 系统而言，在 5 个单元可靠度都相等的情况下，可以列出其逻辑表，如表 6-4 所示。

表 6-4　5 中取 3 表决系统逻辑表

| AB | CDE | | | | | | | |
|---|---|---|---|---|---|---|---|---|
|  | 000 | 001 | 010 | 011 | 100 | 101 | 110 | 111 |
| 00 |  |  |  |  |  |  |  | $R^3F^2$ |
| 01 |  |  |  | $R^3F^2$ |  | $R^3F^2$ | $R^3F^2$ | $R^4F$ |
| 10 |  |  |  | $R^3F^2$ |  | $R^3F^2$ | $R^3F^2$ | $R^4F$ |
| 11 |  | $R^3F^2$ | $R^3F^2$ | $R^4F$ | $R^3F^2$ | $R^4F$ | $R^4F$ | $R^5$ |

由表可以得到，5 中取 3 系统的可靠度为

$$R_{3/5} = 10R^3\ (1-R)^2 + 5R^4(1-R) + R^5$$

$$R_{3/5} = 10R^3 - 15R^4 + 6R^5$$

由此，对于 $n$ 中取 $k$ 的表决系统，可以按照此方法计算其可靠度。

【例 6.4】 一个由 5 个主要关键零件组成的整机系统，忽略其他次要零件对该系统的影响，要求这 5 个零件中超过半数正常时该系统才能正常工作，假定每个零件失效的概率都为 0.05，试求该系统能正常工作的概率。

**解：** 因为 5 个零件中至少要有 3 个未发生失效时该系统才能正常，所以是一个 5 中取 3 系

统,因此该系统能正常工作的概率为

$$R_{3/5} = 10R^3 - 15R^4 + 6R^5 = 99.88\%$$

### 4. 旁联冗余设计

为了提高系统的可靠度,除了多设置一些单元(并联)外,还可以储备一些单元,当组成系统的 $n$ 个单元有一个单元故障时,通常监测与转换装置立即转接到另一个单元继续工作,直到所有单元都发生故障时,系统才会失效。可靠性框图如图 6-9 所示,对应的数学模型为

$$R_s = R_1 + [(1-R_1)R_2 + (1-R_1)(1-R_2)R_3 + \cdots + (1-R_1)(1-R_2)\cdots(1-R_{n-1})R_n]R_w \quad (6-4-8)$$

式中　$R_1$——工作单元的可靠度;

$R_2, \cdots, R_n$——冷储单元的可靠度;

$R_w$——故障检测及转换装置的可靠度。

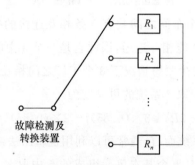

图 6-9　旁联冗余可靠性框图

当 $n$ 个单元可靠度相同,均为 $R_0$ 时,式(6-4-8)可简化为

$$R_s = R_0 + [(1-R_0)R_0 + (1-R_0)^2 R_0 + \cdots + (1-R_0)^{n-1}R_0]R_w \quad (6-4-9)$$

**【例 6.5】**　某两台发电机构成旁联模型,发电机故障率 $\lambda = 0.001\ h^{-1}$,切换开关成功的概率为 0.98,分别求运行 100 h 和 1 000 h 后的可靠度。

**解:** 由公式 $R_0(t) = e^{-\lambda t}$ 可知,运行 100 h 后单元的可靠度为

$$R_0(100) = e^{-\lambda t} = e^{-0.001 \times 100} \approx 0.904\ 8$$

由公式 $R_0(t) = e^{-\lambda t}$ 可知,运行 1 000 h 后单元的可靠度为

$$R_0(1\ 000) = e^{-\lambda t} = e^{-0.001 \times 1\ 000} \approx 0.367\ 9$$

由式(6-4-9)可得:

当运行了 100 h 后,该系统的可靠度

$$R_0(100) = R_0 + (1-R_0)R_0 R_w$$
$$= 0.904\ 8 + (1-0.904\ 8) \times 0.904\ 8 \times 0.98$$
$$\approx 0.989\ 2$$

当运行了 1 000 h 后,该系统的可靠度

$$R_0(1\ 000) = R_0 + (1-R_0)R_0 R_w$$
$$= 0.367\ 9 + (1-0.367\ 9) \times 0.367\ 9 \times 0.98$$
$$\approx 0.595\ 8$$

# 6.5　概率设计方法

## 1. 概述

传统的工程设计方法是安全系数法或称许用应力法。它的基本思想是结构在承受外载荷后,由计算得到的应力应小于该结构材料的许用应力,即

$$\sigma_{计算} < \sigma_{许用} \qquad\qquad (6-5-1)$$

$$y = \frac{\sigma_{许用}}{\sigma_{极限}} \approx \frac{\delta}{S} \qquad\qquad (6-5-2)$$

式中　$y$——安全系数(有时也用 $n$ 表示),由工程人员经验确定;

　　　$\sigma_{极限}$——极限应力,可从手册中查到;

　　　$\delta$——材料的强度;

　　　$S$——材料所受的外界应力。

一般用以下的方法选取 $\sigma_{极限}$。

计算静强度时　　　　　塑性材料 $\sigma_{极限} = \sigma_a$(屈服极限)

　　　　　　　　　　　脆性材料 $\sigma_{极限} = \sigma_b$(强度极限)

计算疲劳强度时　　　　　$\sigma_{极限} = \sigma_{-1}$(疲劳极限)

式(6-5-1)及式(6-5-2)就是保证结构危险截面上最大实际工作应力小于或等于材料所能承受的应力,并留有一定的安全裕度。

这种计算方法的主要有以下几个缺点。

1) 事实上材料、单元等部件强度都不是一个确定的值,它有一定的随机性。如果为了保证安全,把安全系数取得很大,势必造成材料浪费、重量增加和成本提高。安全系数取得较小,则易危及安全。

2) 这种计算方法不能回答机械结构的可靠性究竟是多少。

为此,逐渐形成了概率设计方法(又称机械结构可靠性设计方法)。

机械结构承受的载荷是多种多样的,如容器中的内压,结构承受的静载荷、振动、风载、地震载荷等,它们都是服从某一分布的统计量。材料的强度由于加工制造等原因,也是具有一定分布的统计量。这就决定了结构的故障也具有统计性质。

实践经验证明:静载荷、静强度以及结构的几何尺寸公差,都能较好的服从正态分布。对于静载荷和静强度都服从正态分布的结构,对应有服从正态分布的应力概率密度函数 $f(x)$ 和强度概率密度函数 $g(y)$。

## 2. 应力—强度干涉模型

所谓零件的可靠度,实质上是零件在给定的设计和运行条件下对抗失效的能力。或者说,设计的基本目标应是在一定的可靠度下,保证零件危险断面上的最小强度不低于最大应力,否则,零件将由于不满足可靠度要求而导致失效。这里的应力和强度都不是确定的值,而是由若干随机变量组成的多元随机函数(随机变量),它们都具有一定的分布规律。

在机械设计中,强度与应力具有相同的量纲,因此可以将它们的概率密度曲线表示在同一坐标系中。通常要求零件的强度高于其工作应力,但由于零件的强度值与应力值的离散性,使应力—强度两条概率密度函数曲线在一定的条件下可能相交,这个相交的区域如图 6 - 10 的右图所示(图中的阴影线部分),就是产品或零件可能出现故障的区域,称为干涉区。

如果在机械设计中使零件的强度大大地高于其工作应力,而使两种分布曲线不相交,如图 6 - 10 的左图所示,则该零件在工作初期正常的工作条件下,强度总是大于工作应力,零件是不会发生故障的。但是随着时间的推移,由于环境、使用条件等因素的影响,材料强度退化,可能会由图 6 - 10 中的位置 a 沿着衰减退化曲线移到位置 b,而使应力、强度分布曲线发生干涉。即由于强度的降低导致工作应力超过强度而产生不可靠的问题。

由图 6 - 10 还可以看出:当零件的强度和工作应力的离散程度大时,干涉部分就会加大,零件的不可靠度也就增大;当材质性能好、工作应力稳定而使应力与强度分布的离散度小时,干涉部分会相应地减小,零件的可靠度就会增大。另外,由该图也可以看出,即使在强度大于应力(意味着安全系数大于 1)的情况下,仍然会存在一定的不可靠度。所以,以往按传统的机械设计方法只进行安全系数的计算是不够的,还需要进行可靠度的计算,这正是可靠性设计有别于传统的常规设计最重要的特点。机械可靠性设计,就是要搞清楚零件的工作应力及其强度的分布规律,严格控制零件发生故障的概率,以满足设计要求。

从应力—强度干涉模型可知,就统计数学的观点而言,由于干涉的存在,任何设计都存在着故障或失效的概率。设计者能够做到的仅仅是将故障或失效概率限制在某一可以接受的范围内而已。

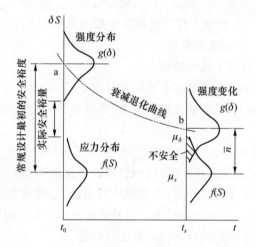

**图 6 - 10  应力—强度分布曲线的相互关系**

由上述对应力—强度干涉模型的分析还可知,机械零件的可靠度主要取决于应力—强度分布曲线干涉的程度。如果应力与强度的概率分布曲线已知,就可以根据其干涉模型计算该零件的可靠度。例如,图 6 - 10 中的左图所表示的那样,应力与强度概率分布曲线不发生干涉,且最大可能的工作应力都要小于最小可能的极限应力(即强度的下限值)。这时,工作应力大于零件强度是不可能事件。即工作应力大于零件强度的概率等于零。即

$$P(S > \delta) = 0 \qquad\qquad (6 - 5 - 3)$$

式中　$S$——工作应力;

$\delta$——材料的强度。

具有这样的应力—强度模型的机械零件是安全的，不会发生故障。

当工作应力与强度的概率分布曲线发生干涉时，虽然工作应力的平均值 $\mu_S$ 仍远小于极限应力（强度）的平均值 $\mu_\delta$，但不能绝对保证工作应力在任何情况下都不大于极限应力，即工作应力大于零件强度的概率大于零：

$$P(S>\delta)>0 \tag{6-5-4}$$

当工作应力超过强度时，将产生故障或失效。工作应力大于强度的全部概率则为失效概率——不可靠度，由式(6-5-5)表示：

$$F=P(S>\delta)=P[(\delta-S<0)] \tag{6-5-5}$$

当工作应力小于强度时，则不发生故障或失效。工作应力小于强度的全部概率即为可靠度，用式(6-5-6)表示：

$$F=P(S<\delta)=P[(\delta-S>0)] \tag{6-5-6}$$

由于零件的强度 $\delta$ 及工作应力 $S$ 均为随机变量，它们的差 $Z=\delta-S$ 也是随机变量，称为干涉随机变量。由于 $Z$ 的大小直接关系到安全的程度，因而在实际应用时随机变量 $Z$ 有时又称**安全储备**。

**3. 应力—强度干涉模型可靠度计算**

（1）正态分布类型

当应力和强度均为正态分布，根据正态分布的差仍为正态分布的性质，安全储备也为正态分布。

$$f(Z)=\frac{1}{\sqrt{2\pi}\sigma_Z}e^{-\frac{1}{2}\left(\frac{Z-\mu_z}{\sigma_z}\right)^2} \tag{6-5-7}$$

式中　$\mu_Z=\mu_\delta-\mu_S$；

　　　$\sigma_Z=(\sigma_\delta^2+\sigma_S^2)^{\frac{1}{2}}$。

则可靠度为

$$R=P(Z>0)=\int_0^\infty \frac{1}{\sqrt{2\pi}\sigma_Z}e^{-\frac{1}{2}\left(\frac{Z-\mu_z}{\sigma_z}\right)^2}\mathrm{d}Z \tag{6-5-8}$$

将式(6-5-8)化为标准正态分布形式

$$R=\int_0^\infty f(Z)\mathrm{d}Z=\int_{z_0}^\infty \varphi(z)\mathrm{d}z=1-\Phi(z_0) \tag{6-5-9}$$

式中　$\varphi(z)=\frac{1}{\sqrt{2\pi}}e^{-\frac{1}{2}z^2}$；

　　　$z=\frac{Z-\mu_Z}{\sigma_Z}$；

　　　$z_0=-\frac{\mu_Z}{\sigma_Z}=-\frac{\mu_\delta-\mu_S}{(\sigma_\delta^2+\sigma_S^2)^{\frac{1}{2}}}$。

从式(6-5-9)可知，当已知应力和强度的分布参数后，就可算得，从正态分布表就可查得可靠度。因此，式(6-5-9)把应力分布参数、强度分布参数和可靠度直接联系起来，称之为"联结方程"，是可靠性设计的基本公式。

令

$$\beta=\frac{\mu_Z}{\sigma_Z}=\frac{\mu_\delta-\mu_S}{(\sigma_\delta^2+\sigma_S^2)^{\frac{1}{2}}}$$

式中　$\beta$——可靠性系数或可靠度指标(指数)。

根据式(6-5-8)和式(6-5-9)得

$$R = \int_0^\infty f(Z)\mathrm{d}Z = \Phi(\beta) \qquad (6-5-10)$$

式(6-5-10)即强度与应力都是正态分布时,可靠度的计算公式。

【例6.6】　已知汽车某零件的工作应力及材料强度均为正态分布,且应力的均值 $\mu_S =$ 380 MPa,标准差为 $\sigma_S = 42$ MPa,材料强度的均值为 850 MPa,标准差为 81 MPa。试确定零件的可靠度。另一批零件由于热处理不佳及环境温度的变化较大,使零件强度的标准差增大至 120 MPa,问其可靠度如何?

**解**:计算可靠度可利用联结方程:

$$Z_0 = -\frac{\mu_\delta - \mu_S}{\sqrt{\sigma_\delta^2 + \sigma_S^2}} = -\frac{850 - 380}{\sqrt{42^2 + 81^2}} = -\frac{470}{91.241\,4} = -5.151\,2$$

$$R = 1 - \Phi(z_0) = 1 - \Phi(-5.151\,2) = \Phi(\beta) = \Phi(5.151\,2)$$

查附表1的标准正态分布表,得 $R = 0.999\,99$。

当强度的标准差增大至 120 MPa 时

$$Z_0 = -\frac{\mu_\delta - \mu_S}{\sqrt{\sigma_\delta^2 + \sigma_S^2}} = -\frac{850 - 380}{\sqrt{42^2 + 120^2}} = -\frac{470}{127.137\,7} = -3.696\,8$$

查附表1的标准正态分布表,得 $R = 0.999\,89$。

【例6.7】　拟设计某一汽车的一种新零件,根据应力分析,得知该零件的工作应力为拉应力且为正态分布,其均值 $\mu_{SL} = 352$ MPa,标准差 $\sigma_{SL} = 40.2$ MPa。为了提高其疲劳寿命,制造时使其产生残余压应力,也为正态分布,其均值 $\mu_{SY} = 100$ MPa,标准差 $\sigma_{SY} = 16$ MPa。零件的强度分析认为其强度也为正态分布,均值 $\mu_S = 502$ MPa,但各种强度因素影响产生的偏差尚不清楚,为了确保零件的可靠度不低于 0.999,问强度的标准差的最大值是多少?

**解**:已知拉应力与残余压应力分别服从正态分布:

$$S_L \sim (352, 40.2) \text{ MPa}$$

$$S_Y \sim (100, 16) \text{ MPa}$$

则有效应力的均值 $\mu_S$ 及标准差 $\sigma_S$ 可分别求出。

$$\mu_S = 352 - 100 = 252 \text{ MPa}$$

$$\sigma_S = \sqrt{\sigma_{S_L}^2 + \sigma_Y^2} = \sqrt{40.2^2 + 16^2} = 43.267\,1 \text{ MPa}$$

因给定 $R = 0.999$,由标准正态分布表查得相应的 $z$ 值为 $-3.1$,代入联结方程

$$-3.1 = -\frac{\mu_\delta - \mu_S}{\sqrt{\sigma_{S_L}^2 + \sigma_S^2}} = -\frac{502 - 252}{\sqrt{\sigma_\delta^2 + (43.267\,1)^2}}$$

反求 $\sigma_\delta$,得

$$\sigma_\delta = 68.056 \text{ MPa}$$

由以上分析计算可得,强度标准差的最大值为 68.056 MPa。

(2) 其他分布类型

常用概率分布的可靠度计算公式如表6-5所示。

**表 6 - 5　常用概率分布的可靠度计算表**

| 序号 | 应力 | 强度 | 可靠度计算公式 |
|---|---|---|---|
| 1 | 正态分布<br>$N(\mu_S, \sigma_S^2)$ | 正态分布<br>$N(\mu_\delta, \sigma_\delta^2)$ | $R = 1 - \Phi(z_0), Z_0 = -\dfrac{\mu_\delta - \mu_s}{\sqrt{\sigma_\delta^2 + \sigma_s^2}}$ |
| 2 | 对数正态分布<br>$N(\mu_{\ln S}, \sigma_{\ln S}^2)$ | 对数正态分布<br>$N(\mu_{\ln\delta}, \sigma_{\ln\delta}^2)$ | $R = 1 - \Phi(z_0),$<br>$Z_0 = -\dfrac{\mu_{\ln\delta} - \mu_{\ln S}}{(\sigma_{\ln\delta}^2 + \sigma_{\ln S}^2)^{\frac{1}{2}}}$ |
| 3 | 指数分布<br>$e(\lambda_S)$ | 指数分布<br>$e(\lambda_\delta)$ | $R = \dfrac{\lambda_S}{\lambda_S + \lambda_\delta}$ |
| 4 | 正态分布<br>$N(\mu_S, \sigma_S^2)$ | 指数分布<br>$e(\lambda_\delta)$ | $R \approx \exp\left[-\dfrac{1}{2}(2\mu_S\lambda_\delta - \lambda_\delta^2\sigma_S^2)\right]$ |
| 5 | 指数分布<br>$e(\lambda_S)$ | 正态分布<br>$N(\mu_S, \sigma_\delta^2)$ | $R \approx 1 - \exp\left[-\dfrac{1}{2}(2\mu_\delta\lambda_S - \lambda_S^2\sigma_\delta^2)\right]$ |
| 6 | 指数分布<br>$e(\lambda_S)$ | $\Gamma$ 分布<br>$\Gamma(\alpha_\delta, \beta_\delta)$ | $R = 1 - \left(\dfrac{\beta_\delta}{\beta_\delta + \lambda_S}\right)^{a_\delta}$ |
| 7 | $\Gamma$ 分布<br>$\Gamma(\alpha_\delta, \beta_\delta)$ | 指数分布<br>$e(\lambda_\delta)$ | $R = \left(\dfrac{\beta_\delta}{\beta_S + \lambda_\delta}\right)^{a_S}$ |

# 本章小结

　　本章主要介绍了系统的可靠性设计。可靠性设计是系统总体工程设计的重要组成部分，其最终目的就是在设计过程中挖掘、分析和确定元器件、设备以及系统中的薄弱环节或隐患，通过正确选择元器件，对元器件、设备以及系统通过合理的降额、容差、漂移，以及对高可靠性系统进行冗余设计等一系列改进措施在设计阶段提高系统的固有可靠性。

# 习题 6

　　1. 可靠性设计的定义是什么？
　　2. 电子元器件降额设计是提高元器件、设备或系统可靠性的重要措施，那么降额幅度是否越大越好？
　　3. 元器件容差和漂移设计方法有哪几种？

4. 已知某零件的剪切强度呈指数分布，$\mu = \dfrac{1}{\lambda_\delta} 172\,\text{MPa}$，而且承受的剪切应力呈正态分布，且均值 $\mu_S = 186\,\text{MPa}$，标准差为 $\sigma_S = 40\,\text{MPa}$，试计算零件的可靠度。

5. 什么叫冗余设计？结合自身的实际，举例谈谈工作中存在的冗余设计有哪些？

6. 某频率合成器的晶体振荡器的失效率为 $10^{-5}\,\text{h}^{-1}$，分别计算其采取并联冗余设计的热备份和冷备份后的平均无故障工作时间。

7. 某三台发电机构成旁联冗余模型，发电机故障率 $\lambda = 0.001\,\text{h}^{-1}$，切换开关成功概率为 0.99，求运行 100 h 后的可靠度。

8. 论述可靠性设计在实际工作中的重要性及意义。

# 第 7 章　系统可靠性分析

## 【本章知识框架结构图】

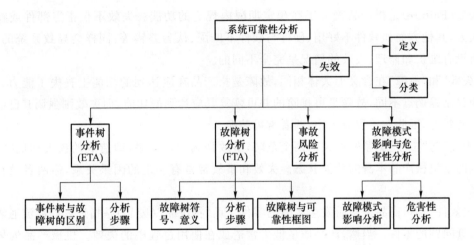

## 【知识导引】

　　随着科学技术的发展,现代机械、技术装备、交通工具等越来越复杂,功能日益完善,对可靠性的要求越来越高。若可靠性不能达到应有的标准,则系统故障的可能性愈大,造成的损失也愈大。为了提高系统的可靠性,系统可靠性的失效分析成了重要的依据和手段。构成系统的基本单元是元器件或者基本事件,所以元器件是保证系统可靠性的基础。但是选用最可靠的元器件不一定就能组装成最可靠的系统。相反,若系统的设计、组装和使用得当,用低可靠度的元器件也能组装成高可靠性的系统。所以,对系统的可靠性分析是提高系统可靠性的手段和前提。

## 【本章重点及难点】

　　重点:掌握事件树、故障树等常用系统可靠性分析方法。
　　难点:故障树的最小割集、最小径集的求法,基本事件的结构重要度和概率重度的计算。

【本章学习目标】

通过对本章内容的学习，读者应达到以下学习目标：

◇ 了解系统可靠性分析的重要性；

◇ 掌握本章介绍的系统可靠性分析方法；

◇ 学会运用系统可靠性分析方法解决一些实际问题。

# 7.1　失效的定义及分类

**1. 失效的定义**

失效（Failure）是指产品丧失了在预定期限内规定的功能。失效不仅指零部件或物体本身的失效，其他方面如软件不好用、硬件与软件不匹配、认为差错等，同样会导致系统的失效，而且有没有维护和修理，失效的情况是完全不同的。

"失效"和"故障"在含义上大体相同，故障是指产品在应达到的功能上丧失了能力。失效与故障仅是强调点不同，故障是可排除的并可恢复其应达到的功能，而失效则强调其已经进入了不正常状态，因此在工程应用中，两者常可替换。

"失效"与"事故"是紧密相关的两个范畴，事故强调的是后果，即造成的损失和危害，而失效强调的是机械产品本身的功能状态。失效和事故常常有一定的因果关系，但两者没有必然的联系。

"失效件"是指商品流通后发生故障的零件。而"报废品"（废品）是指进入商品流通领域前发生质量问题的零件。当然，产品质量低劣常造成在使用过程中的失效。机械产品的早期失效往往是在生产过程中质量控制不严的必然结果。

**2. 失效的分类**

（1）按功能分类

由失效的定义可知，失效的判断依据是看规定的功能是否丧失。因此，失效可以按功能进行分类。例如，按材料的功能可以用各种材料缺陷（包括成分、性能、组织、表面完整性、品种、规格等方面）来划分材料失效的类型。机械产品还可按照机械产品相应的功能来分类。

（2）按材料损伤机理分类

根据机械失效过程中材料发生变化的物理、化学的本质机理不同和过程特征差异，可按如图7-1所示进行分类。

（3）按机械失效的时间特征分类

1）早期失效：可分为偶然早期失效和耗损期失效；

2）突发失效：可分为渐进（渐变）失效和间歇失效。

（4）按机械失效的后果分类

1）部分失效；

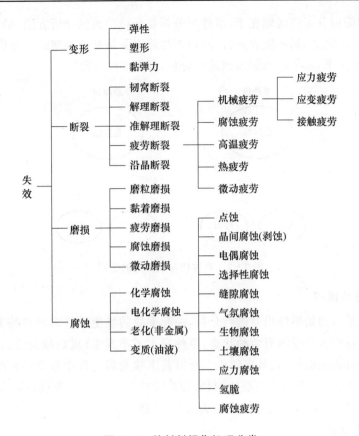

**图 7 - 1　按材料损伤机理分类**

2）完全失效；

3）轻度失效；

4）危险性（严重）失效；

5）灾难性（致命）失效。

# 7.2　事件树分析

**1. 概述**

　　事件树分析法（Event Tree Analysis, ETA）是建立在概率论和运筹学基础上的一种时序逻辑事故分析方法。它把事故按照发展顺序分成阶段，一步一步地进行分析，每一阶段都只能取两种完全对立的状态之一（成功或失败，正常或故障，安全或危险等），逐步分析出最终结果。事件树分析是一种动态分析过程，用图形表示呈树枝状。

　　事件树分析法既可以在事故发生之前预测可能导致事故的不安全因素，估计可能的事故后果；又可以在事故发生后分析事故原因。同时既可以对整个事件的动态变化过程做定性的分析，又可以定量计算出事故发展过程中各个状态的发生概率。

事件树和故障树分析的区别在于,事件树分析是一种归纳的分析方法,是从初始事件到最终事件,由下至上,从原因到危险源进行分析;而故障树分析是一种演绎的分析方法,是从事故到初始原因,由上至下,从危险源到原因进行分析,如图 7-2 所示。

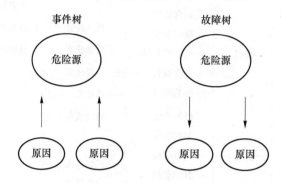

图 7-2　事件树与故障树的区别

**2. 事件树分析流程**

事件树分析是从初始事件出发进行分析,一起事故的发生是许多事件按照时间顺序相继出现的结果。而这些事件可能有两种状态:事件发生或不发生(成功或失败)。这样每一事件的发展就有两种可能的途径,且概率随机。所以若事故发展过程中包括的相继发生的事件个数为 $n$,则系统一般有 $2^n$ 条可能发展的途径,即最终有 $2^n$ 个结果。根据逻辑学,把事件正常状态记为成功,其逻辑值为 1;把失效状态记为失败,其逻辑值为 0。

ETA 的分析流程如下。

1) 熟悉系统并确定其构成因素。即明确所要分析的对象及范围,熟悉系统的组成要素,明确其功能以方便后续的分析。

2) 确定初始事件。初始事件指事件树中在一定条件下能造成事故后果的最初原因事件。可以是机器故障、人员的操作失误、能量失控等。

3) 确定与初始事件有关的环节事件。即确定出现在初始事件之后的一系列与事故发生有关的原因事件。

4) 建造事件树。把初始事件写在最左边,各个环节事件按顺序写在右边,从初始事件开始画一条水平线到第一个环节事件,在水平线的末端画一条垂直线段,垂直线段上端表示成功,下端表示失败;再从垂直线段水平向右画水平线到下一个环节事件,同样用垂直线段表示成功或失败两种状态;依次类推,直到最后一个环节事件。若某一环节事件不需要往下分析,则水平线延伸下去,不产生分支,如此便得到事件树。

5) 定量分析。根据起始事件和各个环节事件的发生概率,计算各种结果发生的概率。

**3. 实例应用**

图 7-3 是由一台泵和两个阀门串联组成的一个排水系统。水沿箭头方向顺序经过泵 A、阀门 B 和阀门 C。设泵 A、阀门 B 和阀门 C 的可靠度分别是 0.95,0.9,0.9。求系统成功的概率和失败的概率。

**解**:泵 A 可能有两种状态,正常启动开始运行或故障不能运行,同样阀门 B 和阀门 C 也有正常和失效两种状态,将正常作为上分支,失效作为下分支,理论上应该有 $2^3 = 8$ 种可能的组

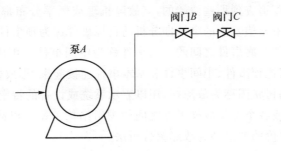

**图 7 - 3 串联排水系统**

合状态,但是显然如果泵 $A$ 失效,则整个系统也失效,此时无需再考虑阀门 $B$ 和阀门 $C$。同理即可得出串联排水系统的事件树图,如图 7 - 4 所示。

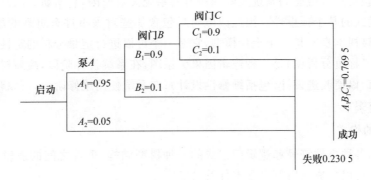

**图 7 - 4 串联排水系统事件树图**

根据事件树原理可得,系统成功的概率为 $A_1 B_1 C_1 = 0.769\ 5$,那么系统失败的概率为 $A_2 + A_1 B_2 + A_1 B_1 C_2 = 0.230\ 5$。

# 7.3 故障树分析

**1. 概述**

1962 年美国贝尔电话实验室提出了故障树分析方法,并将其首先应用于民兵式导弹发射控制系统,解决了系统的安全性和可靠性,保证了系统研究的成功。

核武器与核工业的出现,使安全问题成为人们最为关心的问题。1972 年美国三里岛核电站发生事故,引起了民众的恐慌。为此,美国政府组织了由麻省理工学院的拉斯姆逊教授牵头的十几名专家,用了两年多的时间对原子能电站的危险性进行了研究和评价。1974 年美国原子能委员会发表了关于核电站危险性评价报告,即"拉姆逊报告",报告大量、有效地应用了故障树分析方法,从而迅速推动了故障树分析方法的发展。

故障树分析(Fault Tree Analysis,FTA)技术(又称事故树分析)是分析系统可靠性和安全性的重要工具之一。故障树分析法就是以所研究系统中不希望发生的一个故障事件作为分析的目标,寻找直接导致这一故障发生的全部直接因素,再找出造成这一级事件发生的全部直接因素,重复此步骤一直追查到那些原始的,其故障机理或概率分布都是已知的,不必再深究的因素为止。通常,把不希望发生的事件即分析的目标事件称为顶事件,不必再深究的事件称为基本事件,介于顶事件与底事件之间的一切事件称为中间事件。再用相应的符号代表这些事件并用适当的逻辑门把顶事件、中间事件和基本事件连接起来,形成树状结构图。这样的从"因"到"果"分析得到的树状图称为故障树,用以表示系统或设备的特定事件(不希望发生的事件)与它的各个子系统或各个部件故障事件之间的逻辑结构关系。以故障树为工具对系统的安全性和可靠性进行评价的方法即为故障树分析法。

故障树分析包括定性分析和定量分析。**定性分析的主要目的是寻找导致与系统有关的不希望发生的事件的原因和原因的组合,即寻找导致顶事件的所有的故障模式。定量分析的主要目的是当给定所有底事件发生的概率时,求出顶事件发生的概率及其他定量指标。**由此可知,故障树并不包括所有可能的系统失效或所有的系统失效原因,它所研究的只是相应于某个特定系统失效模式的某个顶事件。因此故障树只包含那些对顶事件有贡献的故障。另外,需要指出的是,故障树本身不是一个定量模型,它是一个可以进行定量分析的定性模型。

故障树图(又称负分析树)是一种逻辑因果关系图,在系统设计阶段,故障树分析可以帮助判明潜在的故障,以便改进设计(包括维修性设计);在系统使用维修阶段,可以帮助故障诊断、改进使用维修方案。

**2. 故障树的构成**

**故障树是由各种事件符号和逻辑门组成的一种树型结构,事件之间的逻辑关系用逻辑门表示。**这些符号可以分成逻辑符号和事件符号等。

(1) 故障树的符号及意义

1) 事件符号。

① 矩形符号:代表顶事件或中间事件,如图 7-5(a)所示。这类事件是通过逻辑门作用的,由一个或多个原因而导致的故障事件。

② 圆形符号:代表基本事件,如图 7-5(b)所示。表示不要求进一步展开的,引发故障的事件。

③ 屋形符号:代表正常事件,如图 7-5(c)所示。即系统在正常状态下发挥正常功能的事件。

④ 菱形符号:代表省略事件,如图 7-5(d)所示。该事件影响不大,因而省略事件即没有进一步展开的事件。

⑤ 椭圆形符号:代表条件事件,如图 7-5(e)所示。表示施加于任何逻辑门的条件或限制的事件。

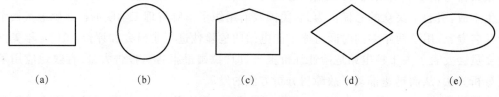

(a)　　　　(b)　　　　(c)　　　　(d)　　　　(e)

图 7-5　事件符号

2) 逻辑符号。逻辑符号是故障树中表示事件之间逻辑关系的符号,又称门,主要有以下几种。

① 或门:代表一个或多个输入事件发生,都会发生输出事件的情况。或门符号如图 7-6(a) 所示,示意图如图 7-7 所示。

表示法:$Q=A\cup B\cup C\cup\cdots$ 或 $Q=A+B+C+\cdots$

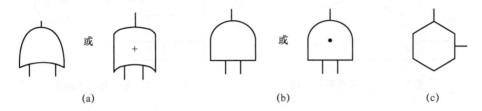

图 7-6　逻辑符号

② 与门:代表当全部输入事件发生时,输出事件才发生的逻辑关系,表现为逻辑积的关系。与门符号如图 7-6(b)所示,与门示意图如图 7-8 所示。

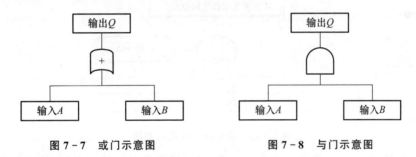

图 7-7　或门示意图　　　　　　图 7-8　与门示意图

表示法:$Q=A\cap B$ 或 $Q=A\cdot B$ 或 $Q=A\cdot B\cdot C$。

例如,冲床滑块误下行而断指事故的事故树分析,如图 7-9 所示。

③ 禁门:是与门的特殊情况。它的输出事件是由单一输入事件所引起的。但在输入造成输出之间,必须满足某种特定的条件。禁门符号如图 7-6(c)所示,禁门示意图如图 7-10 所示。

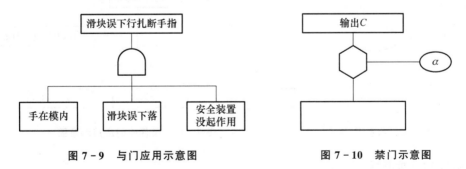

图 7-9　与门应用示意图　　　　　图 7-10　禁门示意图

表示法:$C=A\cdot\alpha$(注:$\alpha$ 取值为 1 或 0)。

例如,许多化学反应只有在催化剂存在的情况下才能反应完全,催化剂不参加反应,但它的存在是必要的。这种逻辑如图 7-11 所示。

④ 条件与门:表示多输入事件不仅同时发生,而且还必须满足 $\alpha$ 条件,才会有输出事件发

生,如图 7-12 所示。

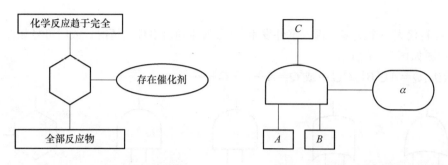

图 7-11  禁门应用示意图　　　　　图 7-12  条件与门示意图

表示法:$C = A \cdot B \cdot \alpha$($\alpha$ 表示输出事件 $C$ 发生的条件,而不是事件,例如,某系统发生低压触电死亡事件,条件与门 $\alpha$ 为 $It > 50$ mAs。表示触电时,动作电流与动作时间(包括开关跳闸时间)的乘积,$t$ 指动作时间,单位为秒(s),应用示意图如图 7-13 所示。

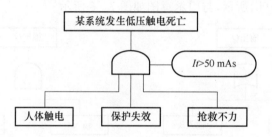

图 7-13  条件与门应用示意图

⑤ 条件或门:表示输入事件至少发生一个,且在满足条件 $\alpha$ 的情况下,输出事件发生。如图 7-14 所示。

表示法:$C = (A + B) \cdot \alpha$。

例如,氧气瓶超压爆炸故障分析,如图 7-15 所示。

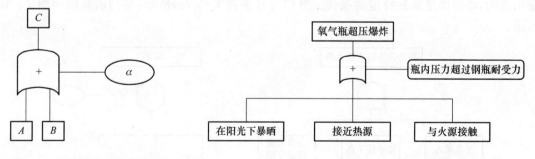

图 7-14  条件或门示意图　　　　　图 7-15  条件或门应用示意图

### 3. 故障树分析流程

(1) 准备阶段

1) 确定要分析的系统,并合理地确定系统边界条件。

2) 熟悉所分析的系统。

收集系统的有关数据和资料,包括系统性能、结构、运行情况、事故类型等。

3）调查系统发生的事故。

收集、调查所分析系统曾经发生的和未来可能发生的故障,同时应调查本单位及外单位、国内与国外同类系统曾发生的所有事故。

（2）编制事故树

1）确定故障树的顶事件。

2）调查与顶事件有关的事故原因。

3）编制故障树。

按照建树原则,从顶事件起,层层分析各自的直接原因事件,根据逻辑关系,用逻辑门连接上下层事件,形成反映事件之间因果关系的逻辑树形图,即故障树图。

（3）故障树定性分析

分析该类事故的发生规律及特点,求最小割集（或最小径集）以及基本事件的结构重要度,以便按轻重缓急分别采取对策。

（4）故障树定量分析

根据各基本事件发生的概率,求顶事件发生的概率,计算基本事件的概率重要度和临界重要度。

（5）结果的总结与应用

对故障树的分析结果进行评价总结,提出改进意见,为系统的安全性评价和安全性设计提供依据。

**4. 故障树定性分析**

故障树定性分析的目的是根据故障树的结构查明顶事件的发生途径,确定其发生模式、原因及影响程度,为改善系统安全提供措施。这里主要介绍定性分析中的最小割集和最小径集的求法。

（1）最小割集的求法

**割集**:指故障树中某些基本事件的集合,且当集合中的基本事件都发生时,顶事件必然发生。

**最小割集**:指使顶事件发生所需的最低限度的割集。

下面用布尔代数化简法求最小割集。当事故树化简得到若干交集的并集时,每个交集就是一个最小割集。

【**例 7.1**】　如图 7-16 所示为一故障树图,试用布尔代数化简法求最小割集。

**解**:
$$T = A_1 + A_2$$
$$= X_1 X_2 A_3 + X_4 A_4$$
$$= X_1 X_2 (X_1 + X_3) + X_4 (X_5 + X_6)$$
$$= X_1 X_2 X_1 + X_1 X_2 X_3 + X_4 (X_5 + X_6)$$
$$= X_1 X_2 + X_1 X_2 X_3 + X_4 (X_5 + X_6)$$
$$= X_1 X_2 (1 + X_3) + X_4 (X_5 + X_6)$$
$$= X_1 X_2 + X_4 X_5 + X_4 X_6$$

所以此故障树的最小割集分别为 $L_1 = \{X_1, X_2\}$,$L_2 = \{X_4, X_5\}$,$L_3 = \{X_4, X_6\}$。用最小割集表示的故障树等效图如图 7-17 所示。

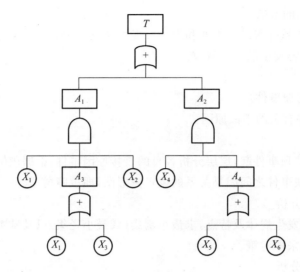

图 7 - 16  故障树

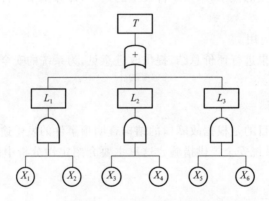

图 7 - 17  故障树等效图

（2）最小径集的求法

**径集**：如果故障树中某些基本事件不发生，则顶事件就不发生，这些基本事件构成的集合称为径集。

**最小径集**：指使顶事件不发生所需的最低限度的径集。

求最小径集是利用它与最小割集的对偶性，首先做与故障树对偶的成功树，即把原本故障树的与门换成或门，而或门换成与门，各类事件发生换成不发生，然后求出成功树的最小割集，即可根据其转换得到原故障树的最小径集。

**【例 7.2】**  求例 7.1 中故障树的最小径集。

**解**：先做与故障树对偶的成功树，用 $T'$，$A_1'$，$A_2'$，$A_3'$，$A_4'$，$X_1'$，$X_2'$，$X_3'$，$X_4'$，$X_5'$，$X_6'$ 表示事件 $T$，$A_1$，$A_2$，$A_3$，$A_4$，$X_1$，$X_2$，$X_3$，$X_4$，$X_5$，$X_6$ 的补事件，即成功事件；与门换成或门，而或门换成与门，如图 7-18 所示。

用布尔代数化简法，成功树的最小割集是

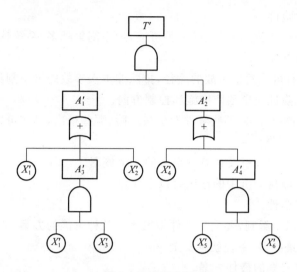

图 7 - 18　成功树

$$T' = A_1' \cdot A_2$$
$$= (X_1' + A_3' + X_2')(X_4' + A_4')$$
$$= (X_1' + X_2' + X_1' X_3')(X_4' + X_5' X_6')$$
$$= (X_1' + X_2')(X_4' + X_5' X_6')$$
$$= X_1' X_4' + X_1' X_5' X_6' + X_2' X_4' + X_2' X_5' X_6'$$

所以成功树的最小割集分别为 $\{X_1' X_4'\}$，$\{X_1' X_5' X_6'\}$，$\{X_2' X_4'\}$，$\{X_2' X_5' X_6'\}$，则故障树的最小径集为

$$P_1 = \{X_1, X_4\} \qquad\qquad P_2 = \{X_1, X_5, X_6\}$$
$$P_3 = \{X_2, X_4\} \qquad\qquad P_4 = \{X_2, X_5, X_6\}$$

如将成功树用布尔代数化简的最后结果变换为故障树结构，则表达式为

$$T = (X_1 + X_4)(X_1 + X_5 + X_6)(X_2 + X_4)(X_2 + X_5 + X_6)$$

形成了 4 个并集的交集，如用最小径集表示故障树则如 7 - 19 所示。

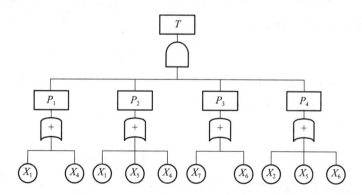

图 7 - 19　故障树的等效图(用最小径集表示)

（3）最小割集和最小径集在故障树分析中的作用

1）最小割集在故障树分析中的作用有以下几点。

① 表示系统的危险性。

每个最小割集都表示顶事件发生的一种可能,最小割集越多,系统越危险。

② 表示导致顶事件发生的原因。

可以方便知道所有可能发生事故的途径,排除非本次事故的最小割集。

③ 为降低系统危险性提出预防措施和控制方向。

从最小割集能直观地看出,哪些事件发生最危险,哪些稍次,哪些可以忽略,以及如何采取措施,使事故发生概率下降。

④ 进行结构重要度的分析及计算顶事件的发生概率。

2) 最小径集在故障树分析中的作用有以下几点。

① 表示系统的安全性。

求出最小径集可以了解到,要使顶事件不发生有几种可能的方案,从而为控制事故提供依据。故障树中最小径集越多,系统就越安全。

② 选取确保系统安全的最佳方案。

只要控制一个最小径集不发生,顶事件就不发生,所以可以根据最小径集选择控制事故的最佳方案。一般地说,对事件较少的最小径集加以控制较为有利。

③ 最小径集同样可以进行结构重要度的分析及计算顶事件发生的概率。

### 5. 故障树定量分析

故障树定量分析的任务是在求出各基本事件发生概率的情况下,计算或估算系统顶事件发生的概率以及系统的有关可靠性特征,并以此为依据,综合考虑事故(顶事件)的损失严重程度,并与预定的目标进行比较。如果得到的结果超过了允许目标,则必须采取相应的改进措施,使其降至允许值以下。

在进行定量分析时,应满足几个条件:①各基本事件的故障参数或故障率已知,而且数据可靠,否则计算结果误差大;②在故障树中应完全包括主要故障模式;③对全部事件用布尔代数做出正确的描述。

(1) 故障树顶事件发生概率

1) 分布算法。

① 与门结构发生的概率计算公式

$$P(X) = \bigcap_{i=1}^{n} P(X_i) = \prod_{i=1}^{n} P(X_i) \tag{7-3-1}$$

式中　$P(X)$——顶事件的发生概率;

　　　$P(X_i)$——基本事件 $X_i$ 发生的概率。

② 或门结构发生的概率计算公式

$$P(X) = \bigcup_{i=1}^{n} P(X_i) = 1 - \prod_{i=1}^{n} [1 - p(X_i)] \tag{7-3-2}$$

式中　$P(X)$——顶事件的发生概率;

　　　$P(X_i)$——基本事件 $X_i$ 发生的概率。

直接分布算法适用于故障树规模不大,而且故障树中基本事件无重复的情况。它是从底部的基本事件算起,逐次向上推移,得出顶事件发生的概率,直至顶事件。

2) 最小割集计算顶事件发生的概率。

顶事件与最小割集的逻辑连接为或门,而每个最小割集与其包含的基本事件的逻辑连接为与门。

① 最小割集中彼此没有重复的基本事件,则可先求各个最小割集发生的概率,然后求所有最小割集的并集的发生概率,即得顶事件的发生概率。可按式(7-3-3)计算顶事件的发生概率。

$$g = \bigcup_{r=1}^{N_G} \prod_{X_i \in G_r} P_i \qquad (7-3-3)$$

式中 $N_G$——系统中最小割集数;

$r$——最小割集序数;

$i$——基本事件序数;

$X_i \in G_r$——第 $i$ 个基本事件属于第 $r$ 最小割集;

$P_i$——第 $i$ 个基本事件的概率。

② 若最小割集中有重复的基本事件,必须将式(7-3-3)展开,用布尔代数消除每个概率积中的重复事件得

$$g = \sum_{r=1}^{N_G} \prod_{X_i \in G_r} P_i - \sum_{1 \leqslant r < s \leqslant N_G} \prod_{X_i \in G_r \cup G_s} P_i + \cdots + (-1)^{N_G-1} \prod_{r=1}^{N_G} P_i \qquad (7-3-4)$$

式中 $r,s$——最小割集序数;

$\sum_{r=1}^{N_G}$——$N_G$ 项代数和;

$\sum_{1 \leqslant r < s \leqslant N_G} \prod_{X_i \in G_r \cup G_s}$——属于任意两个不同最小割集的基本事件的概率和的代数和;

$X_i \in G_r \cup G_s$——第 $i$ 个基本事件或属于第 $r$ 最小割集,或属于第 $s$ 最小割集;

$1 \leqslant r \leqslant s \leqslant N_G$——任意两个最小割集的组合顺序。

(2) 基本事件的概率重要度

若考虑各个基本事件发生概率的变化会给顶事件概率带来多大的影响,就必须研究基本事件的概率重要度。

基本事件的概率重要度指顶事件发生概率对该基本事件发生概率的变化率。

$$I_P(i) = \frac{\partial g}{\partial q_i} = \frac{\partial [P(q_1, q_2, \cdots, q_n)]}{\partial q_i} \qquad (7-3-5)$$

式中 $I_P(i)$——第 $i$ 个基本事件的概率重要度系数;

$P(q_1, q_2, \cdots, q_n)$——顶事件发生概率;

$P_i$——第 $i$ 个基本事件发生的概率。

**6. 故障树与可靠性框图**

(1) 可靠性框图与故障树关系

可靠性框图是从可靠性角度出发研究系统与部件之间的逻辑图,这种图依靠方框和连线的布置,绘制出系统的各个部分发生故障时对系统功能特性的影响。可靠性框图只反映各个部件之间的串并联关系,与部件之间的顺序无关。功能框图反映了系统的流程,物质从一个部件按顺序流经到各个部件。可靠性框图以功能框图为基础,但是不反映顺序,仅仅从可靠性角度考虑各个部件之间的关系。

可靠性框图(RBD)和故障树图(FTD)最基本的区别在于,可靠性框图(RBD)是从系统工作

角度分析,即工作在"成功的区间",是系统成功的集合,而故障树图(FTD)工作在"故障空间",是系统故障的集合。传统上,故障树框图已经习惯使用固定概率(组成树的每一个事件都有一个发生的固定概率),然而可靠性框图对于成功(可靠度公式)来说可以包括以时间而变化的分布。

可靠性框图表明系统与单元间的功能关系,其终端事件为系统的成功状态,各个基本事件是成功事件,因此系统可靠性框图相当于系统的"成功树",它也是一种用与门和或门来反映事件之间逻辑关系的方法。

下面举几种典型系统的可靠性框图和故障树图相互转换的例子。

1) 串联系统可靠性。

用可靠性框图描述串联系统,如图 7 - 20 所示。

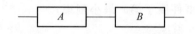

图 7 - 20　串联系统可靠性框图

则系统可靠度为　　　　　　$R = P(A \bigcap B) = P(A)P(B) = R_A R_B$

系统不可靠度为

$$F = 1 - R = 1 - R_A R_B = 1 - (1 - F_A)(1 - F_B) = F_A + F_B - F_A F_B$$

串联系统用故障树图描述等价于或门的逻辑关系,如图 7 - 21 所示。

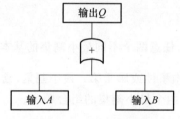

图 7 - 21　串联系统故障树图

根据本章内容,可知系统顶事件发生概率为

$$F = P(\overline{A} \bigcup \overline{B}) = P(\overline{A}) + P(\overline{B}) - P(\overline{A})P(\overline{B}) = F_A + F_B - F_A F_B$$

2) 并联系统可靠性。

用可靠性框图描述并联系统,如图 7 - 22 所示。

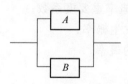

图 7 - 22　并联系统可靠性框图

计算该并联系统可靠度为

$$R = R_A + R_B - R_A R_B$$

系统不可靠度为

$$F = 1 - R = 1 - (R_A + R_B - R_A R_B) = F_A F_B$$

并联系统用故障树图等价描述,如图 7 - 23 所示。

根据内容,可知系统顶事件发生概率为

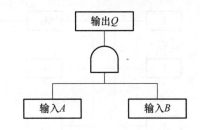

**图 7 - 23　并联系统故障树图**

$$F = P(\overline{A} \bigcap \overline{B}) = P(\overline{A})P(\overline{B}) = F_A F_B$$

3）混合系统可靠性。

① 串—并联系统可靠性。

用可靠性框图描述串—并联系统，如 7 - 24 所示。

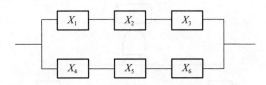

**图 7 - 24　串—并联系统可靠性框图**

该系统位于图 7 - 2 中上下两行的两个子系统的可靠度分别为

$$R_{G_1} = R_1 R_2 R_3, \qquad R_{G_2} = R_4 R_5 R_6$$

用并联系统计算系统可靠度为

$$R = R_{G_1} + R_{G_2} - R_{G_1} R_{G_2} = R_1 R_2 R_3 = R_4 R_5 R_6 - R_1 R_2 R_3 R_4 R_5 R_6$$

串—并联系统用故障树图等价描述，如图 7 - 25 所示。

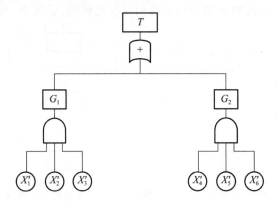

**图 7 - 25　串—并联系统故障树图**

② 串—并联系统可靠性。

用可靠性框图描述串—并联系统，如图 7 - 26 所示。

图 7 - 26 中该系统左右两个子系统的可靠度分别为

$$R_{G_1} = 1 - \prod_{i=1}^{3} [1 - R_i], \quad R_{G_2} = 1 - \prod_{i=4}^{6} [1 - R_i]$$

用串联系统计算公式计算得串—并联系统的可靠度为

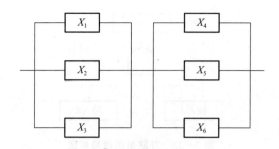

图 7-26　串—并联系统可靠性框图

$$R = R_{G_1} R_{G_2} = \left\{ 1 - \prod_{i=1}^{3} [1 - R_i] \right\} \left\{ 1 - \prod_{i=4}^{6} [1 - R_i] \right\}$$

串—并联系统用故障树图等价描述，如图 7-27 所示。

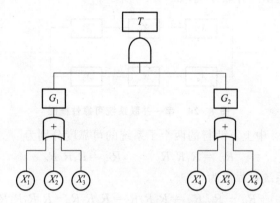

图 7-27　串—并联系统故障树图

4）一个带有表决门的故障树图和相等价的可靠性框图，如图 7-28 和图 7-29 所示。

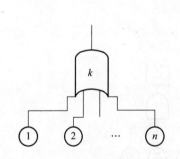

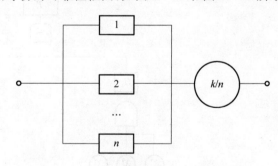

图 7-28　带有表决门的故障树图　　　　图 7-29　相等价的带有表决门的可靠性框图

5）复杂可靠性框图与故障树图的转换。

"桥路"是一种复杂的可靠性框图，图 7-30 表示这样的桥路。

用故障树表示"桥路"，需要利用复制事件，因为门能表示元件的串联、并联方式。该系统发生下列任何模式，将会引起整个系统故障：

① 元件 1 和 2 发生故障；

② 元件 3 和 4 发生故障；

③ 元件 1,5 和 4 发生故障；

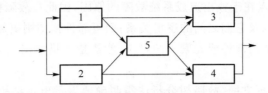

图 7 - 30　复杂可靠性框图——"桥路"

④ 元件 2,5 和 3 发生故障。

这些事件的集合称为最小割集。在图 7 - 31 的故障树中,通过包含以上事件集合来组成故障树图。

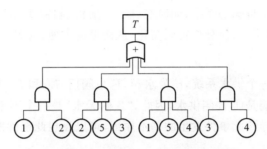

图 7 - 31　桥路等价的故障树图

把图 7 - 31 的故障树转化为等价的可靠性框图,如图 7 - 32 所示。

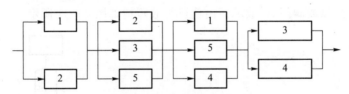

图 7 - 32　桥路等价的可靠性框图

(2) 可靠性框图法和故障树计算结果的讨论

用可靠性框图和故障树分析出的结果并不相同,但两者满足相加和为 1 的关系(即满足互补关系)。

通过上述分析,可见故障树分析法和可靠性框图分析法都可用来分析系统的可靠性,并且两者的结果是互补的,但也存在比较大的区别。

1) 故障树分析法是以系统故障为导向,以不可靠度为分析对象;而可靠性框图分析法是以系统正常为导向,以可靠度为分析对象。

2) 故障树分析法不仅可以分析硬件而且还可以分析人为因素、环境以及软件的影响;而可靠性框图仅限于分析硬件的影响。

3) 故障树分析法能将导致系统故障的基本原因和中间过程利用故障树清楚地表示出来;而可靠性框图分析法仅能表示系统和部件之间的联系,中间的情况难以表示。

4) 故障树分析法在故障树建模时受人为因素影响较大,不同的人建立的故障树可能会出现较大的差别,互相之间不易核对,并且容易遗漏或重复;而可靠性框图分析法按系统原理图来建模,所以不同的人建立的模型差别不会很大,易于检查核对。另外,可靠性框图与系统原理图的对应关系使得建模得到简化,且不会有遗漏。

5）故障树分析法重点在于找出造成系统故障的原因,因此在故障树中可以很清晰地表示出系统存在的故障隐患以及它们之间的逻辑关系;而可靠性框图则更侧重于反映系统的原貌,图中的元素几乎与系统中的部件或元素一一对应,能清楚地描述出大多数部件或系统之间的作用和关系。

6）在故障状态的表现方面,故障树分析法很明确地表示出各种故障状态,易于进行故障查找和分析,找出薄弱环节并加以改进;而可靠性框图分析法则很难从直观上分析系统的故障状态,可靠性框图中的符号无法表示系统的各种状态,系统的状态要通过相应的数据表示,因此不如故障树清晰明了。

综上所述,对大多数系统来说,故障树分析法和可靠性框图分析法都能进行很好地模拟,只是侧重点不同。但对于特殊的系统,如航空、航天、航海、核能等,故障树分析法有其独特的优越性,能更准确地描述系统,使分析得到简化,从而更为方便、直观。

**7. 实例应用**

如图 7-33 所示为一个供水系统,$E$ 为水箱,$F$ 为阀门,$L_1$ 和 $L_2$ 为水泵,$S_1$ 和 $S_2$ 为支路阀门。此系统的规定功能是向 $B$ 侧供水,因此,"$B$ 侧无水"是一个不希望发生的事件,即系统的故障状态。为了找到导致此事件发生的基本原因,可以设想此事件发生,再通过逻辑分析追溯原因。

**解**:由图 7-33 可知,$B$ 侧无水的原因有水箱 $E$ 无水、阀门 $F$ 关闭或泵系统故障。泵系统故障原因是 Ⅰ 支路和 Ⅱ 支路同时故障。Ⅰ 支路故障原因有泵 $L_1$ 故障或阀门 $S_1$ 故障;Ⅱ 支路故障原因有泵 $L_2$ 故障或阀门 $S_2$ 故障。由此可得故障树如图 7-34 所示。

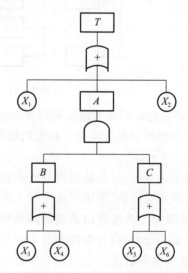

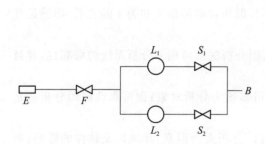

图 7-33 供水系统

图 7-34 B 侧无水故障树

$T$—$B$ 侧无水;$A$—泵系统故障;$B$—Ⅰ 支路故障;

$C$—Ⅱ 支路故障;$X_1$—$E$ 故障;$X_2$—$F$ 故障;$X_3$—$L_1$ 故障;

$X_4$—$S_1$ 故障;$X_5$—$L_2$ 故障;$X_6$—$S_2$ 故障

# 7.4　事故风险分析

## 1. 风险的概念

所谓风险,表示危险的程度,由系统中事故发生的可能性与严重性给出。即

$$F = f(q, c) = qc$$

式中　$q$——发生事故(故障)的可能性(概率);

　　　$c$——发生事故的严重性;

　　　$F$——发生事故的风险。

任何运行的系统都存在一定的风险,但达到什么程度才算是不安全呢?进行事故定量分析时必须解决这个问题。

风险涉及两个参数,如果知道事故发生的概率和造成事故的严重度,就相对容易求解出有关事故发生的风险,但是一般事故发生的概率很难求解。

在这里介绍几种工业生产系统中,如何确定事故的风险。

例如,美国每年发生的小汽车相撞事故有 1 500 万次,其中每 300 次造成一人死亡,则每年死亡人数为

$$\frac{死亡人数}{事故次数} \times \frac{事故总次数}{单位时间} = \frac{1}{300} \times \frac{15\ 000\ 000}{年} = 50\ 000\ 死亡/(人 \cdot 年)$$

美国有两亿人口,那么换算成每人每年所承担的风险,则为

$$50\ 000 / 200\ 000\ 000 = 2.5 \times 10^{-4}\ 死亡/(人 \cdot 年)$$

这个数值意味着,一个 10 万人的集体每年有 25 人因车祸死亡的风险,或 4 000 人的集体每年有一人死亡,或每人每年有 0.000 25 因车祸死亡的可能性。

另一种表示风险的单位,就是把每接触工作 1 亿 h 发生的死亡人数作为单位,称为亿时死亡率(FAFR)。这个单位用起来方便,便于比较。

上述汽车的风险率可换算为 FAFR 值(若每天用车时间为 4 h,每年 365 天,总共接触小汽车的时间为 1 460 h),则

$$2.5 \times 10^{-4} \times 1/1\ 460 = 17.1 \times 10^{-8}$$

即 FAFR 值为 17.1。

美国,英国各类工业所承担的风险率情况,如表 7-1 和表 7-2 所示。

表 7-1　美国各类工作地点死亡风险
(每年以接触 2 000 h 计)

| 工业类型 | FAFR 值 | 死亡 $\cdot$ (人 $\cdot$ 年)$^{-1}$ |
| --- | --- | --- |
| 工业 | 7.1 | $1.4 \times 10^{-4}$ |
| 商业 | 3.2 | $0.6 \times 10^{-4}$ |
| 制造业 | 4.5 | $0.9 \times 10^{-4}$ |
| 服务业 | 4.3 | $0.86 \times 10^{-4}$ |

续表 7 - 1

| 工业类型 | FAFR 值 | 死亡·(人·年)$^{-1}$ |
|---|---|---|
| 机关 | 5.7 | $1.14 \times 10^{-4}$ |
| 运输及公用事业 | 16 | $3.6 \times 10^{-4}$ |
| 农业 | 27 | $5.4 \times 10^{-4}$ |
| 建筑业 | 28 | $5.6 \times 10^{-4}$ |
| 采矿、采石业 | 31 | $6.2 \times 10^{-4}$ |

资料来源：R. L. Browning(1980)。

表 7 - 2　英国工厂的 FAFR 值

| 工业类型 | FAFR 值 |
|---|---|
| 制衣和制鞋业 | 0.15 |
| 汽车工业 | 1.3 |
| 化工 | 3.5 |
| 钢铁 | 8 |
| 农业 | 10 |
| 捕鱼 | 35 |
| 煤矿 | 40 |
| 铁路 | 45 |
| 建筑 | 67 |
| 飞机乘务员 | 250 |
| 职业拳击手 | 7000 |
| 赛车 | 50 000 |

资料来源：Sowby (1964)，Pochin (1975)，Kletz (1971,1976)。

同非工业生产的事故比较，工业生产的 FAFR 值并不算高，特别是同自然发病，自愿进行的一些运动相比，如表 7 - 3 所示。

表 7 - 3　非工业活动的 FAFR 值

| 类型 | FAFR 值 |
|---|---|
| 家中 | 3 |
| 乘下列交通工具旅行 | |
| 公共汽车 | 3 |
| 火车 | 5 |
| 小汽车 | 57 |
| 自行车 | 96 |
| 飞机 | 240 |
| 轻骑 | 260 |
| 低座摩托车 | 310 |
| 摩托车 | 660 |
| 橡皮艇 | 1 000 |
| 登山运动 | 4 000 |

资料来源：Snowby (1964)，Kletz (1971)。

由自然死亡(即因疾病死亡)统计得出的 FAFR 值如表 7-4 所示。

**表 7-4　自然死亡的 FAFR 值**

| 疾　病 | FAFR 值 | 死亡·(人·年)$^{-1}$(每年 8 760 h) |
|---|---|---|
| 死亡合计(男,女) | 133 | $9.8 \times 10^{-3}$ |
| 心脏病(男,女) | 61 | $5.3 \times 10^{-3}$ |
| 恶性肿瘤合计(男) | 23 | $2.0 \times 10^{-3}$ |
| 呼吸系统疾病(男) | 22 | $1.9 \times 10^{-3}$ |
| 肺癌(男) | 10 | $0.8 \times 10^{-3}$ |
| 胃癌(男) | 4 | $0.35 \times 10^{-3}$ |
| 男人在事故中的死亡 | 9 | |

资料来源:Kletz (1971)。

有些自愿承担的风险和非自愿承担的死亡风险(死亡·(人·年)$^{-1}$),如表 7-5 所示。

**表 7-5　自愿和非自愿承担的风险死亡率**

| 类型 | 死亡·(人·年)$^{-1}$ | 资料来源 |
|---|---|---|
| 自愿承担风险 | | |
| 足球 | $4 \times 10^{-5}$ | Pochin(1975) |
| 爬山 | $4 \times 10^{-5}$ | Pochin(1975) |
| 驾车 | $17 \times 10^{-5}$ | Roach(1970) |
| 吸烟(20 支日$^{-1}$) | $500 \times 10^{-5}$ | Pochin(1975) |
| 非自愿承担风险 | | |
| 陨石 | $6 \times 10^{-11}$ | Wall(1976) |
| 石油及化学品运输(英) | $0.2 \times 10^{-7}$ | — |
| 飞机失事(英) | $0.2 \times 10^{-7}$ | Gibson(1976) |
| 压力容器爆炸(美) | $0.5 \times 10^{-7}$ | Wall(1976) |
| 闪电雷击(英) | $1 \times 10^{-7}$ | Bulloch(1974) |
| 堤坝决口(荷) | $1 \times 10^{-7}$ | Turkenburg(1974) |
| 核电站泄漏(1 km 内)(英) | $1 \times 10^{-7}$ | — |
| 火灾(英) | $150 \times 10^{-7}$ | Melinek(BRE 1974 CP 88/74) |
| 白血病 | $800 \times 10^{-7}$ | Gibson(1976) |

从表 7-1~表 7-5 中的数据可以看出各种工业生产所承担的风险,不同的风险应该是采取安全措施的重要依据。

如风险以[死亡·(人·年)$^{-1}$]表示,则风险程度与相应采取的安全措施如下所述。

$10^{-3}$数量级操作危险特别高,相当于由生病造成死亡的自然死亡率,因而必须立即采取措施予以改进。

$10^{-4}$数量级操作系中等程度危险,遇到这种情况应该采取预防措施。

$10^{-5}$数量级和游泳淹死的事故风险率为同一数量级,人们关心此类事故,也愿采取措施加以预防。

$10^{-6}$数量级相当于地震和天灾的风险率,人们并不担心这类事故发生。

$10^{-7}\sim10^{-8}$数量级相当于陨石坠落伤人,没有人愿为这种事故投资加以预防。

应该指出,表7-1~表7-5所列的FAFR值,是根据多年统计得来的数字。如果用于设计时,则要按10~20倍的保险系数来计算,如化学工业中的FAFR值为3.5,在设计时,则要用0.35的值作为风险指标,也就是说增加了10倍的保险系数。

事故除了可能产生死亡的结果以外,大多数是负伤的情况,为了对负伤的风险进行比较,可以根据多年统计,得出负伤风险的数值,以损失日数/接触小时为单位,如表7-6所示。

表7-6 不同工作地点的负伤安全指标

| 工业类型 | 风险/(损失日数·接触小时$^{-1}$) |
|---|---|
| 全美工业 | $6.7\times10^{-4}$ |
| 汽车工业 | $1.6\times10^{-4}$ |
| 化学工业 | $3.5\times10^{-4}$ |
| 橡胶与塑料工业 | $3.6\times10^{-4}$ |
| 商业(批发与零售) | $4.7\times10^{-4}$ |
| 钢铁工业 | $6.3\times10^{-4}$ |
| 石油工业 | $6.9\times10^{-4}$ |
| 造船工业 | $8.0\times10^{-4}$ |
| 建筑业 | $1.5\times10^{-3}$ |
| 采矿采煤工业 | $5.2\times10^{-3}$ |

资料来源:Handbook of Industrial Loss Prevention, McGraw-Hill。

对于一些职业性的活动,如飞机驾驶员,汽车司机等,或者非职业性活动,如私人驾驶飞机,游泳等,或者体育比赛和运动,根据统计,也可以订出负伤安全指标,如表7-7所示。

表7-7 职业活动和非职业活动负伤安全指标

| 活动项目 | 负伤风险/(损失日数·接触小时$^{-1}$) |
|---|---|
| 汽车运输 | $6.6\times10^{-3}$ |
| 民航 | $4.1\times10^{-3}$ |
| 私人飞机 | $2.2\times10^{-1}$ |
| 摩托车 | $3.1\times10^{-2}$ |

续表 7 - 7

| 活动项目 | 负伤风险/(损失日数·接触小时$^{-1}$) |
|---|---|
| 划船 | $6.0 \times 10^{-2}$ |
| 游泳 | $7.8 \times 10^{-2}$ |
| 爬山 | $2.4 \times 10^{-1}$ |
| 拳击 | $4.2 \times 10^{-1}$ |
| 赛车 | 3.0 |
| 摔跤 | $6.0 \times 10^{-2}$ |
| 足球 | $3.7 \times 10^{-2}$ |
| 冰上曲棍球 | $3.4 \times 10^{-2}$ |
| 体操 | $3.1 \times 10^{-2}$ |
| 篮球 | $3.0 \times 10^{-2}$ |
| 潜水 | $8.4 \times 10^{-3}$ |

资料来源：R. L. Browning (1980)。

负伤事故有轻伤和重伤之分，如果经过治疗和休息后，能够完全恢复劳动力，则损失日数按实际休工日数计算。但有的重伤后造成残废，不能完全恢复劳动能力，为便于计算，应将致残受伤折合成损失日数。美国国家标准研究院(ANSI)的 Z16.1 标准，永久性伤害损失工作日计算如表 7-8 所示。

表 7-8　永久性伤害损失工作日计算表

| 人体部位 | 折算损失日数(工作日天数) |
|---|---|
| 臂 | |
| 肘部以上任一部位,包括肩关节 | 4 500 |
| 腕以上任一部位,在肘处或低于肘部 | 3 600 |
| 腿 | |
| 膝关节以上任一部位 | 4 500 |
| 踝骨以上任一部位,在膝部或低于膝关节 | 3 000 |
| 目 | |
| 一目失明,但另一目视力正常 | 1 800 |
| 一次事故中双目失明 | 6 000 |
| 耳 | |
| 一耳失聪,但另一耳听觉正常 | 600 |
| 一次事故中两耳完全丧失听力 | 3 000 |

我国企业职工伤亡事故分类标准(GB 6441—1986)损失工作日计算表规定:

1) 死亡或永久性全失能伤害定 6 000 个工作日;

2) 永久性部分失能伤害按表 7 - 9、表 7 - 10、表 7 - 11 计算;

3) 表中未规定数值的暂时失能伤害按歇工天数计算;

4) 对于永久性失能伤害不管其歇工天数多少,损失工作日均按表定数值计算;

5) 各伤害部位累计数值超过 6 000 个工作日,仍按 6 000 个工作日计算。

**表 7 - 9  截肢或完全失去机能部位损失工作日换算表**

| 部位 | 手 | | | | |
|---|---|---|---|---|---|
| | 拇指 | 食指 | 中指 | 无名指 | 小指 |
| 远端指骨 | 300 | 100 | 75 | 60 | 50 |
| 中间指骨 | — | 200 | 150 | 120 | 105 |
| 近端趾骨 | 600 | 400 | 300 | 240 | 200 |
| 掌骨 | 900 | 600 | 500 | 450 | 400 |
| 腕部截肢 | 1300 | | | | |

| | 脚 | | | | |
|---|---|---|---|---|---|
| | 拇趾 | 二趾 | 中趾 | 无名趾 | 小趾 |
| 远端趾骨 | 150 | 35 | 35 | 35 | 35 |
| 中间趾骨 | — | 75 | 75 | 75 | 75 |
| 近端趾骨 | 300 | 150 | 150 | 150 | 150 |
| 骨(包括舟骨、距骨) | 600 | 350 | 350 | 350 | 350 |
| 踝部 | 2400 | | | | |

| 上肢 | |
|---|---|
| 肘部以上任一部位(包括肩关节) | 4500 |
| 腕以上任一部位,且在肘关节或低于肘关节 | 3600 |

| 下肢 | |
|---|---|
| 膝关节以上任一部位(包括髋关节) | 4500 |
| 踝部以上且在膝关节或低于膝关节 | 3000 |

**表 7 - 10  骨折损失工作换算表**

| 骨折部位 | 损失工作日(工作日天数) | 骨折部位 | 损失工作日(工作日天数) | 骨折部位 | 损失工作日(工作日天数) |
|---|---|---|---|---|---|
| 掌、指骨 | 60 | 肱骨外科颈 | 70 | 胫、腓 | 90 |
| 挠骨下端 | 80 | 锁骨 | 70 | 股骨干 | 105 |
| 尺、挠骨干 | 90 | 胸骨 | 105 | 股粗隆间 | 100 |
| 肱骨髁上 | 60 | 跖、趾 | 70 | 股骨颈 | 160 |
| 肱骨干 | 80 | | | | |

## 表 7 - 11　功能损伤损失工作日换算表

| 名称 | 损失工作日（工作日天数） |
|---|---|
| 包括重要器官的单纯性骨损伤（头颅骨、胸骨、脊椎骨） | 105 |
| 包括重要器官的复杂性骨损伤，内部器官轻度受损，骨损伤治愈后，不遗功能障碍者 | 500 |
| 包括重要器官的复杂性骨损伤，伴有内部器官损伤，骨损伤治愈后，遗有轻度功能障碍者 | 900 |
| 接触有害气体或毒物，急性中毒症状消失后，不遗有临床症状及后遗症者 | 200 |
| 重度失血，经抢救后，未遗有造血功能障碍者 | 200 |
| 脑神经损伤导致癫痫者 | 3 000 |
| 脑神经损伤导致痴呆者 | 5 000 |
| 脑挫裂伤，颅内严重血肿，脑干损伤造成无法医治的低能 | 5 000 |
| 脑外伤致使运动系统严重障碍或失语，且不易恢复者 | 4 000 |
| 脊柱骨损伤，脊髓离断形成截瘫者 | 6 000 |
| 脊柱骨损伤，脊髓半离断，影响饮食起居者 | 6 000 |
| 脊柱骨损伤合并脊髓伤，有功能障碍不影响饮食起居者 | 4 000 |
| 单纯脊柱骨损伤，包括残留慢性腰背痛者 | 1 000 |
| 脊柱损伤，遗有脊髓压迫症双下肢功能障碍，二便失禁者 | 4 000 |
| 脊柱韧带损伤，局部血行障碍影响脊柱活动者 | 1 500 |
| 胸部骨损伤，伤及心脏，引起明显的节律不正者 | 4 000 |
| 胸部骨损伤，伤及心脏，遗有代谢功能失调者 | 4 000 |
| 胸部骨损伤，胸廓成形术后，明显影响一侧呼吸功能者 | 2 000 |
| 一侧肺功能丧失者 | 4 000 |
| 一侧肺并有另侧一个肺叶术后伤残者 | 5 000 |
| 骨盆骨损伤累及神经，导致下肢运动障碍者 | 4 000 |
| 骨盆不稳定骨折，并遗留有尿道狭窄和尿路感染者 | 3 000 |
| 腰、背部软组织严重损伤；脊柱活动明显受限者 | 2 000 |
| 四肢软组织损伤治愈后，遗有周围神经损伤，感觉运动机能障碍，影响工作及生活者 | 1 500 |
| 四肢软组织损伤治愈后，遗有周围神经损伤，运动机能障碍，但生活能自理者 | 2 000 |
| 四肢软组织损伤，治愈后由于疤瘢弯缩，严重影响运动功能，但生活能自理者 | 2 000 |
| 手肌腱受损，严重影响伸屈功能，影响工作及生活者 | 1 400 |
| 脚肌腱受损，引起机能障碍，不能自由行走者 | 1 400 |
| 眼睑断裂导致闭合不全者 | 200 |
| 眼睑损伤导致泪小管、泪腺损伤，导致溢泪，影响工作者 | 200 |
| 双目失明 | 6 000 |

| 名称 | 损失工作日（工作日天数） |
|---|---|
| 一目失明，但另一目视力正常 | 1 800 |
| 两目视力均有障碍，不易恢复者 | 1 800 |
| 一目失明，另一目视物不清，或双目视物不清者（仅能见前 2 m 以内的物体，且短期内，不易恢复者） | 3 000 |
| 两眼角膜受损，并有眼底出血或混浊，视力高度障碍者（仅能见 1 m 之物体）且根本不能恢复者 | 4 000 |
| 眼球突出不能复位，引起视障碍者 | 700 |
| 眼肌麻痹，造成斜视、复视者 | 600 |
| 一耳丧失听力，另一耳听觉正常者 | 600 |
| 听力有重大障碍者 | 300 |
| 由于损伤进行胃全切除，或肠管切除 1/3 以上者 | 3 000 |
| 由于损伤进行胃全切，或食道全切，肠腔代替食道，或肠管切除 1/3 以上者 | 6 000 |
| 一叶肝脏切除者 | 3 000 |
| 一侧肾脏切除者 | 3 000 |
| 生殖器官损伤，失去生殖机能者 | 1 800 |
| 伤及神经、膀胱及直肠，遗有大便、小便失禁，漏尿、漏屎等者 | 2 000 |
| 关节结构损伤，关节活动受限，影响运动功能者 | 1 400 |
| 伤筋伤骨，动作受限，其功能损伤严重者 | 2 000 |
| 接触高浓度有害气体，急性中毒症状消失后，遗有脑实质病变临床症状者 | 4 000 |
| 各种急性中毒严重损伤呼吸道、食道黏膜，遗有功能障碍者 | 2 000 |
| 国家规定的工业毒物轻度中毒患者 | 150 |
| 国家规定的工业毒物中度中毒患者 | 700 |
| 国家规定的工业毒物重度中毒患者 | 2 000 |

## 2. 风险定量计算

知道各个元器件的风险大小，就可以对所讨论的系统和发生顶上事件进行风险计算。如果计算结果低于要求的安全指标，则认为系统是安全的。如果超过此值，则认为系统不安全，必须采取调整措施，降低系统的风险，然后再反复计算，直到符合标准为止。

考虑不可修复系统，认为单元失效遵守指数分布，失效概率（不可靠度）为

$$q = 1 - e^{-\lambda t}$$

式中　$t$——元件运行时间；

　　　$\lambda$——元件失效率。

将 $e^{-\lambda t}$ 按无穷级数展开，略去高阶无穷小，则可近似为

$$q = 1 - e^{-\lambda t} \approx \lambda t$$

考虑比实验室条件恶劣的现场因素，适当选择严重系数 $k$（见表 7-12），对上述公式修正即 $q \approx k \cdot \lambda t$。

**表 7 - 12　严重系数 k 值**

| 使用场所 | k |
|---|---|
| 实验室 | 1 |
| 普通室 | 1.1～10 |
| 船舶 | 10～18 |
| 铁路车辆、牵引式公共汽车 | 13～30 |
| 火箭试验台 | 60 |
| 飞机 | 80～150 |
| 火箭 | 400～1 000 |

对于不可修复系统,如导弹、水雷等,风险计算步骤如下。

1) 先列出系统的事故树结构函数式。

有一个事故树,如图 7 - 35 所示,则事故树结构函数式为

$$T = ABC + AD + CD$$

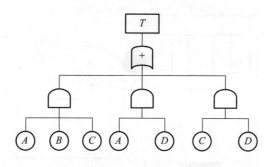

图 7 - 35　事故树

2) 确定各元件的失效率 $\lambda$(该值可参考第 8 章内容),以及运行时间 $t$。

此处设

$$\lambda_A = 10^{-6} \qquad\qquad t_A = 5 \text{ h}$$
$$\lambda_B = 10^{-5} \qquad\qquad t_B = 2 \text{ h}$$
$$\lambda_C = 10^{-4} \qquad\qquad t_C = 3 \text{ h}$$
$$\lambda_D = 10^{-6} \qquad\qquad t_D = 7 \text{ h}$$

如果系统是可维修系统,则事件发生的概率 $q$ 为元件故障率(失效率)$\lambda$ 和修复时间 $t$ 的函数,即

$$q = \lambda t$$

3) 计算各基本原因事件发生的概率(不可靠度)。

$$q_A = \lambda_A t_A = 5 \times 10^{-6}$$
$$q_B = \lambda_B t_B = 2 \times 10^{-5}$$
$$q_C = \lambda_C t_C = 3 \times 10^{-4}$$
$$q_D = \lambda_D t_D = 7 \times 10^{-6}$$

4）计算子系统发生故障的概率。

$$q_{(ABC)} = q_A q_B q_C = (5 \times 10^{-6}) \times (2 \times 10^{-5}) \times (3 \times 10^{-4}) = 3 \times 10^{-14}$$

$$q_{(AD)} = q_A q_D = (5 \times 10^{-6}) \times (7 \times 10^{-6}) = 3.5 \times 10^{-11}$$

$$q_{(CD)} = q_C q_D = (3 \times 10^{-4}) \times (7 \times 10^{-6}) = 2.1 \times 10^{-9}$$

5）计算系统发生故障的近似概率（不考虑事件之间交积）。

$$q_S = q_{(ABC)} + q_{(AD)} + q_{(CD)} = (3 \times 10^{-14}) + (3.5 \times 10^{-11}) + (2.1 \times 10^{-9}) = 2.135 \times 10^{-9}$$

注意三个一组的事件（$ABC$）发生的概率在结果中并不起什么作用，主要因为指数过低（$10^{-14}$）。

以上的结果只是事故（故障）发生的概率，如果计算风险还应乘以严重度，即损失金额、死亡人数或损失工作日等。

**【例 7.3】** 压力机工作风险分析。

1971 年，日本全面推广可靠性工程，特别在机械行业中的压力机工种中，实行了可靠性工程的失效树分析，使得工厂工伤事故大幅度下降。图 7-36 为压力机工作示意图，在未实行可靠性工程时，工人每接触压力机 1 h，承担损失工作日的风险计算如下。

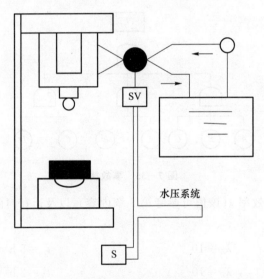

**图 7-36 压力机工作示意图**

**SV**—电磁阀；**S**—脚踏开关

**解：** 压力机断手事故故障树如图 7-37 所示。

1）事故树结构函数式 $T$（发生压力机断手事故事件）。

$$T = E_1 G_1, G_1 = G_2, G_2 = P_1 + G_3, G_3 = P_2 + E_2$$

$$T = E_1 (P_1 + P_2 + E_2) = E_1 P_1 + E_1 P_2 + E_1 E_2$$

式中　$E_1$——手出现在压模中间事件；

　　　$P_1$——电磁阀发生故障事件；

　　　$P_2$——开关 S 本身发生故障的事件；

　　　$E_2$——操作者失误事件。

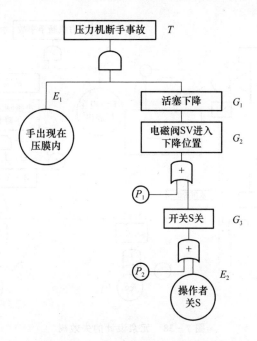

**图 7-37  压力机断手事故故障树**

2) 确定各元件的失效率 λ 以及运行时间 $t=1\text{ h}$(接触 1 h,即运行时间 1 h)。

$$\lambda_{E_1}=0.5, \quad \lambda_{P_1}=10^{-7}, \quad \lambda_{P_2}=10^{-7}, \quad \lambda_{E_2}=10^{-2}$$

3) 各事件发生的概率。

$$q_{E_1}=0.5, \quad q_{P_1}=10^{-7}, \quad q_{P_2}=10^{-7}, \quad q_{E_2}=10^{-2}$$

4) 计算子系统发生的概率。

$$q_{(E_1P_1)}=0.5\times10^{-7}=5\times10^{-8}, \quad q_{(E_1P_2)}=0.5\times10^{-7}=5\times10^{-8},$$

$$q_{(E_1E_2)}=0.5\times10^{-2}=5\times10^{-3}$$

根据负伤情况,压断手指相当于损失 3 000 个工作日,故由以上概率可以计算的风险为

$$F\approx(q_{(E_1P_1)}+q_{(E_1P_2)}+q_{(E_1E_2)})\times3\,000$$

$$=(5\times10^{-8}+5\times10^{-8}+5\times10^{-3})\times3\,000$$

$$=(5+5)\times10^{-8}\times3\,000\times5\times10^{-3}\times3\,000$$

$$\approx15(\text{损失日数/接触小时数})$$

从上式可以看出,工人每接触 1 h,就要承担损失工作日 15 天风险,这样的风险率显然是不能接受的。

为增加系统可靠性,增加一个冗余条件,即再串联一个开关元件,设原来开关为 $S_1$,串联另一个开关为 $S_2$,则整个系统的工作图和失效树变为图 7-38。

修改后的事故树结构函数式 $T$ 如下:

$$T=E_1(P_1+(P_2+E_2)(P_3+K_1))$$

$$=E_1P_1+E_1P_2P_3+E_1P_2K_1+E_1E_2P_3+E_1E_2K_1$$

利用 $q_{E_1}=0.5, q_{P_1}=10^{-7}, q_{P_2}=10^{-7}, q_{E_2}=10^{-2}, q_{P_3}=10^{-7}, q_{K_1}=10^{-5}$ 之值可以计算

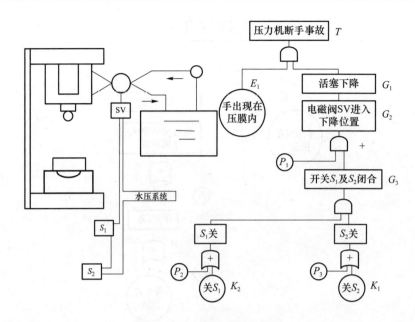

图 7-38　冗余设计的失效树

$$q_{(E_1 P_1)} = 0.5 \times 10^{-7} = 5 \times 10^{-8}, \qquad q_{(E_1 P_2 P_3)} = 0.5 \times 10^{-7} \times 10^{-7} = 5 \times 10^{-15},$$

$$q_{(E_1 P_2 K_1)} = 0.5 \times 10^{-7} \times 10^{-5} = 5 \times 10^{-13}, \qquad q_{(E_1 E_2 P_3)} = 0.5 \times 10^{-2} \times 10^{-7} = 5 \times 10^{-10},$$

$$q_{(E_1 E_2 K_1)} = 0.5 \times 10^{-2} \times 10^{-5} = 5 \times 10^{-8}$$

顶事件发生的概率为

$$q_T \approx 5 \times 10^{-8} + 5 \times 10^{-15} + 5 \times 10^{-13} + 5 \times 10^{-10} + 5 \times 10^{-8} \approx 1.005 \times 10^{-7}$$

计算风险率

$$F = q_T \times 3\,000 = 1.005 \times 10^{-7} \times 3\,000 \approx 3.015 \times 10^{-4} (损失日数/接触小时)$$

通过冗余设计后事故树的计算可以得出,系统的风险为工人接触压力机 1 h,承担损失工作日降为 $3.015 \times 10^{-4}$ 天。显然这个风险低于安全指标,系统是相对安全的。

# 7.5　故障模式影响与危害性分析

## 1. 概述

故障模式影响与危害性分析(Failure Mode Effect and Criticality Analysis,FMECA)是一种系统化的可靠性分析方法,包括故障模式和影响分析(Failure Mode and Effect Analysis,FMEA)及危害性分析(Criticality Analysis,CA)。

FMEA 主要用于分析系统、产品的可靠性和安全性。它是采用系统分割的方法,根据实际需要,将系统划分成若干子系统或元件,然后逐个分析其各种潜在的故障类型、原因及对于整个系统产生的影响,以便制定措施对故障加以消除和控制。FMECA 是在 FMEA 的基础上,与 CA 结合,对可能造成人员伤亡或重大财产损失的故障类型进一步分析其危害影响的概率和等级。由此可看出 FMEA 是定性分析,可对故障严重度进行分级;FMECA 可对故障所带来的风险做定量评价。显然,FMECA 具有完全意义上的风险评价功能。

FMECA 一般应具有统一的格式,以便在相关工作中易于考察。由于 FMECA 涉及的问题范围很广,所以只能在专业人员的协助下,经过调查研究,由十分熟悉产品情况的设计人员予以分析。另外 FMECA 应在设计初期尽早开始,随设计的变动而修改。

**2. 故障模式影响分析**

FMEA 的分析步骤大致如下。

（1）熟悉系统

熟悉有关资料,明确系统的组成、任务、功能、工艺流程及使用环境等情况。明确系统的边界条件,了解系统与其他系统的相互关系、人机关系等。查出系统可能失效的全部故障模式,并对其进行分类和分级。准备一些必要的资料如设计任务书、技术设计说明书、图纸、使用说明书、有关的标准和规范制度等。

（2）确定分析层次

确定分析层次一般要考虑两个因素,分析目的和系统复杂程度。一般情况下,对关键的子系统可以分析得深一些,次要的分析得浅一些。

（3）绘制系统的可靠性框图

应明确表示组成系统的零件、部件发生故障时对系统的影响。这种框图从系统、子系统一直往下逐级细分,直到每个单元、接点和导线。图 7-39 为变频调速装置系统的可靠性框图。

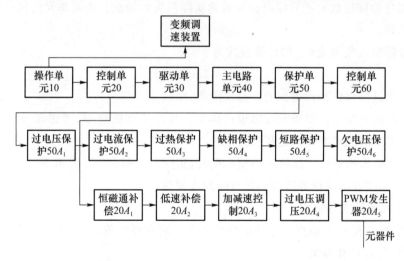

图 7-39　变频调速装置系统的可靠性框图

1）变频调速装置取决于单元 10,20,30,40,50,60。

2）控制单元 20 取决于各功能电路 $20A_1,20A_2,20A_3,20A_4,20A_5$。

3）保护单元 50 取决于各保护电路 $50A_1,50A_2,50A_3,50A_4,50A_5,50A_6$。

4）各电路均取决于它所包含的全部元器件。

（4）列出故障类型并分析其影响

根据逻辑框图，查明系统、子系统以及元件可能出现的故障类型和产生的原因，并分析其对人的影响。

（5）填写故障模式及影响分析表。表7-13为一种典型的FMEA表，它列出了FMEA的基本内容，可以根据需要对其进行增补。

**表7-13 一种典型的FMEA表**

| 初始约定层次 | | 任务 | | 审核 | | 第　页 | 共　页 | | |
|---|---|---|---|---|---|---|---|---|---|
| 约定层次 | | 分析人员 | | 批准 | | 填表日期 | | | |

| 代码 | 产品或功能标志 | 功能 | 故障原因 | 任务阶段与工作方式 | 故障影响 | | | 故障检测方法 | 补偿措施 | 严重度类型 | 备注 |
|---|---|---|---|---|---|---|---|---|---|---|---|
| | | | | | 局部影响 | 高一层次影响 | 最终影响 | | | | |
| | | | | | | | | | | | |

### 3. 危害性分析

危害性分析（CA）是按照每一个故障模式的严重度类别及故障模式的发生概率所产生的影响进行划分的，以便能够全面地评价各种可能的故障模式的影响。

可以把发生概率和严重度分别划分成若干等级。然后根据经验确定故障发生的概率，再用发生的概率和严重度级别的不同组合区分故障类型所导致的风险程度。

还可以用危险度指数衡量故障类型导致的实际损失的频次。先对单元的任一故障类型计算其危险度指数。

第 $j$ 种故障模式危害度 $C_{mj}$ 的计算公式为

$$C_{mj} = \lambda_p \alpha_j \beta_j t \qquad (7-5-1)$$

式中　$\lambda_p$——通过可靠性预计得到的产品故障率，$h^{-1}$；

　　　$\alpha_j$——故障类型比。即单元故障模式属于 $j$ 故障类型的概率，考虑该单元的所有故障类型的故障类型比之和应为1；

　　　$\beta_j$——故障影响概率。该故障类型出现时，实际发生损失的条件概率；

　　　$t$——产品完成每次任务所需的运行时间或周期；

　　　$C_m$——故障模式危害度。

产品危害度 $C_r$ 是该产品在某一特定的严重度类别和任务阶段，各种故障模式危害度 $C_{mj}$ 的总和，即可由公式计算得出

$$C_r = \sum_{j=1}^{n} C_{mj} = \sum_{j=1}^{n} \lambda_p \alpha_j \beta_j t \qquad (7-5-2)$$

式中　$n$——为该产品在相应严重度类别下的故障模式数。

危害度指数并不是一个完全的风险指标，而是一种故障类型的可能性指标，需要与故障严重度相结合才能对系统风险做出全面的评价。可用危害性矩阵法，即以故障严重度类别为横坐标，故障模式发生的概率等级和危害度 $C_r$ 为纵坐标绘制矩阵图。通过绘制危害性矩阵，来

评价系统的风险,如图 7-40 所示。

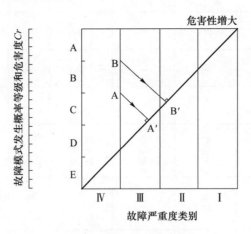

图 7-40  危害性矩阵

**4. 实例应用**

本节以赛格反坦克导弹上控制分系统中拉线陀螺的 FMECA 工作单为例,介绍 FMECA 的应用。

(1)系统定义

1)功能:测量导弹滚转角速位置,形成回输信号,传送给地面控制盒,作为形成控制指令的基准。

2)功能框图:赛格反坦克导弹上控制分系统中拉线陀螺功能框图如图 7-41 所示。

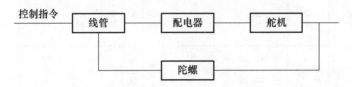

图 7-41  拉线陀螺功能框图

3)可靠性框图:赛格反坦克导弹上控制分系统中拉线陀螺可靠性框图如图 7-42 所示。

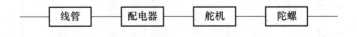

图 7-42  拉线陀螺可靠性框图

(2)FMECA 工作单

赛格反坦克导弹上控制分系统中拉线陀螺的 FMECA 工作单如表 7-14 所示。

表7-14 拉线陀螺 FMECA 工作单

| 序号 | 零件名称 | 功能 | 故障模式 | 故障原因 | 任务阶段 | 故障影响 自身 | 对上一级 | 最终 | 检测方法 | 预防措施 | 严酷度等级 | 概率等级 | 危害度 | 备注 |
|---|---|---|---|---|---|---|---|---|---|---|---|---|---|---|
| 1 | 陀螺 | 测量导弹滚转角速度位置,形成回输信号,传输给地面控制盒 | 回输信号有毛刺,前后有台阶 | 1.电刷和集流环接触不良 | 飞行 | 输出错误 | 控制指令紊乱 | 弹失控 | 光线记录示波器 | 控制内环轴摩擦力矩 | I | C | 3 | |
| | | | | 2.陀螺3号、4号电刷不对中 | 飞行 | 输出错误 | 控制指令紊乱 | 弹失控 | 兆欧表 | 工艺改进 | II | C | 4 | |
| 2 | 紧锁驱动装置 | 锁紧和驱动陀螺 | 1.过早解锁 | 拉杆被意外拉出,陀螺处于自由状态,铆钉被卡住,导弹发射时,没有驱动转子 | 飞行 | 陀螺失效 | 无回输信号 | 掉弹 | 目测 | 发射前检查 | I | D | 4 | |
| | | | 2.不起动转子 | | 飞行 | 陀螺失效 | 无回输信号 | 掉弹 | 目测 | 发射前检查 | I | C | 3 | |
| 3 | 钢带 | 锁紧和驱动陀螺 | 1.钢带不弹回 | 钢带弹性太差 | 发射 | 陀螺不起动 | 导线割断 | 掉弹 | | 提高钢带弹性 | I | B | 2 | |
| | | | 2.钢带拉断 | 强度低,韧性差 | 飞行 | 陀螺不起动 | 无回输信号 | 掉弹 | | | I | C | 3 | |
| | | | 3.钢带拉脱 | 铆钉开铆 | 发射 | 陀螺不起动 | 无回输信号 | 掉弹 | | | I | B | 2 | |
| 4 | 外环 | 固定内环轴 | 外环漂移 | 1.内环轴承的摩擦力矩过大 | 飞行 | 陀螺失去定轴性 | 使指令有交联 | 掉弹 | 目测 | 改进工艺减少摩擦 | II | C | 4 | |
| | | | | 2.内环漂移过大 | 飞行 | 陀螺内环漂移超差 | 控制指令紊乱 | 掉弹 | 示波器测回输信号 | 改进工艺 | I | C | 3 | |

续表 7-14

| 序号 | 零件名称 | 功能 | 故障模式 | 故障原因 | 任务阶段 | 故障影响（自身） | 故障影响（对上一级） | 故障影响（最终） | 检测方法 | 预防措施 | 严酷度等级 | 概率等级 | 危害度 | 备注 |
|---|---|---|---|---|---|---|---|---|---|---|---|---|---|---|
| 5 | 带弹簧片电刷 | 从集流环下导弹转角信号上取导弹转角信号 | 1. 电刷与集流环接触压力不合适 | 弹簧片刚度不合适，铂铱金丝硬度不均匀 | 飞行 | 回输信号波形不完整 | 控制指令紊乱 | 掉弹 | 示波器测回输信号 | 选择合适材料 | I | C | 3 | |
| | | | 2. 电刷与集流环接触不良 | 电刷触头抛光没有达到技术要求 | 飞行 | 影响陀螺内环 | 控制系统延时时间变化 | 掉弹 | 示波器测回输信号 | 减小电刷触头表面粗糙度值 | I | C | 3 | |
| | | | 3. 电刷安装角不合适 | 设计、生产过程中没有控制好电刷3相对于集流环片前缘的夹角 | 飞行 | 漂移无回输信号 | 控制系统不工作 | 掉弹 | 示波器测回输信号 | 严格控制安装角 | I | C | 3 | |
| | | | 4. 电刷断路 | 电刷与弹簧片脱焊 | 飞行 | 陀螺内环漂移超差 | 回输信号不正常 | 掉弹 | 测回输信号 | 生产中加强检验 | I | C | 3 | |
| 6 | 集流环 | 形成导弹转角信号 | 1. 集流环与电刷接触不良 | 材料选择不当，长期贮存表面生锈 | 飞行 | 影响陀螺 | 控制系统延时时间变化 | 掉弹 | 测回输信号 | 在净化车间生产 | I | D | 4 | |
| | | | 2. 低温结霜 | 集流环表面粗糙度值大 | 飞行 | 影响陀螺 | 控制系统延时时间变化 | 掉弹 | 测回输信号 | 改善贮存环境 | I | D | 4 | |
| | | | 3. 集流环和托盘被击穿 | 集流环表面不清洁，从低温到常温使集流环表面结霜，电刷在通过霜层时引起跳动 | 飞行 | 低温时无影响 | 低温回波有毛刺 | 掉弹 | 测回输信号 | | I | D | 3 | |
| 7 | 内环 | 固定转子轴 | 内环漂移 | 1. 电刷与集流环摩擦力短过大<br>2. 电刷压力大<br>3. 转子轴向有间隙 | 飞行 | 内环飘逸超差，严重时内环碰框 | 外环漂移增大 | 飞行不平稳 | 测回输信号 | 改进工艺 | II | C | 4 | |

（3）画危害度矩阵

赛格反坦克导弹上控制分系统中拉线陀螺的危害度矩阵如图 7－43 所示。由图 7－43 可以明显地看到,危害度最大的故障模式为钢带割断导线,这将会引起导弹在发射阶段产生掉弹。

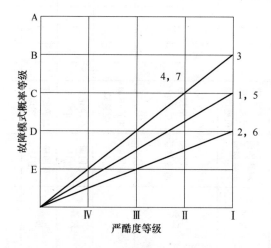

**图 7－43　拉线陀螺的危害度矩阵**

# 本章小结

本章对系统可靠性失效的定义及分类进行了介绍,并通过一个具体实例引入事件树系统分析方法讲解了利用事件树如何解决实际工程的问题。全面地阐述了故障树分析方法的编制内容,讨论了故障树的定性、定量分析方法,并在此基础上说明故障树和可靠性框图之间的区别和联系以及两者之间的转换。最后介绍 FMECA 事故风险定量计算介绍及应用。

# 习题 7

1. 进行 FMEA 的步骤是什么?
2. 故障树分析的步骤是什么?
3. 请画出仅有两个元件 $A,B$ 组成的串联、并联系统的可靠性框图和故障树图。
4. 如图 7－44 所示是一个泵和两个阀门的简单并联系统,试绘制出其事件树图,并求其概率,其中 $A,B,C$ 的可靠度分别为 $0.95,0.9,0.9$。

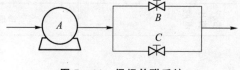

**图 7－44　阀门并联系统**

5. 已知某事故的故障树布尔代数表达式为 $T=(abc+f)[(a+b)f](a+be)$

（1）依据表达式画出故障树；

（2）化简表达式后再画出故障树。

6. 求图 7-45 故障树的最小割集和最小径集。

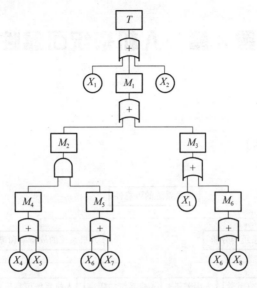

图 7-45　故障树

# 第8章　人机系统可靠性

## 【本章知识框架结构图】

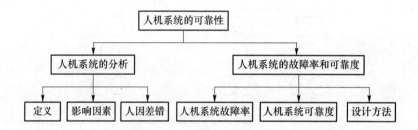

## 【知识导引】

国内某电视机生产厂曾与某工业发达国家生产同一产品,产品使用"完全相同"的元器件,但质量却总比不上国外。经技术人员研究发现对方所用的 100 Ω 电阻比自己所用的电阻重得多。通过"解剖麻雀",发现该厂家所用的表面上看起来是 100 Ω 的电阻实际上是由三个 300 Ω 的电阻并联后封装在一起的,其可靠性当然比单纯的 100 Ω 电阻高得多。该厂通过对原有的 100 Ω 电阻进行改进,电视机的质量得到明显提高。

人机系统中人机结合方式有串联、并联及串并联混合等方式。

## 【本章重点及难点】

重点:人机系统中人与机对系统安全性的影响,环境因素对人机系统的影响,提高人机系统可靠性的措施。

难点:人机系统的故障率、可靠性设计及计算。

## 【本章学习目标】

通过对本章的学习,读者应达到以下目标:

◇ 了解把握人机系统的概念与人机系统的设计程序;

◇ 重点掌握人机系统设计中功能分配的一般原则,熟悉作业分析;

◇ 人机系统的可靠性。把握人机系统中"人的可靠性"和"机的可靠性";

◇ 掌握机器故障率与时间的关系;

◇ 掌握机器可靠性分析和提高的方法。了解人机系统检查表以及人机系统评价的几个方面。

# 8.1　人机系统的分析

## 1. 人机系统定义

人机系统作为一个完整的概念,表达了人机系统设计的对象和范围,从而建立解决劳动主体和劳动工具之间矛盾的理论和方法。系统中的人是主要研究对象,但又并非孤立地研究人,还同时研究系统的其他组成部分,并根据人的特性和能力来设计和改造系统。

人机系统是指**人与其所控制的机器相互配合、相互制约,并以人为主导而完成规定功能的工作系统**。人的可靠度定义为在系统工作的任何阶段,工作者在规定时间里成功地完成规定作业的概率。人员差错(或者失误)是指工作者在给定条件和给定时间内不能完成规定功能的概率。人机系统的可靠性一般指广义可靠性,它既与产品的可靠性、维护性有关,又与人的可靠性有关。

在人机系统设计中,首先要按照科学的观点分析人和机器各自所具有的不同特点,以便研究人与机器的功能分配,从而扬长避短,各尽所长,充分发挥人与机器的各自优点;从设计开始就尽量防止产生人的不安全行为和机器的不安全状态,做到安全生产。

人与机器的不同特点如表 8-1 所示。

**表 8-1　人与机的不同特点**

|  | 机器 | 人 |
|---|---|---|
| 检测 | 物理量的检测范围广泛而准确;能够检测到人所不能检测的电磁波 | 感觉器官:具有同认识直接联系的高度检测能力,没有固定的标准值,易产生漂移;具有味觉、嗅觉和触觉 |
| 操作 | 速度、精度、力与功率的大小、操作范围和耐久性比人远为优越;对液体的、气体的、粉状体的处理技巧比人优越,但是对于柔软物体的处理不及人 | 操作器官:特别是手具有非常多的自由度,并且各自由度能够极其巧妙地协调控制,可做多种运动来自视觉、听觉、变位和重量的感觉等高级信息,被完美地反射到操作器官的控制,从而进行高级的运动 |
| 信息处理 | 按照预先安排的程序,对于精度、正确地操作数据处理而言,人不如机器;记忆准确,经久不忘;记忆不太多的时候,取出速度快 | 认识、思维和判断;具有发现、归纳特征的本领,特性的认识、联想和发明创造等高级思维活动;丰富的记忆、高度的经验 |
| 耐久性、维修性、持续性 | 有必要适当地维修;对于连续的、单调的操作作业也能持久 | 必须适当地休息、休养、保健和娱乐,难以长时间维持一定的紧张程度,不宜于做缺乏刺激及无用的单调作业 |
| 可靠性 | 与成本有关。按照适当的设计而制造的机器完成预先规定作业的可靠性高,但对于预想之外的情况则完全无能为力;特性一定、完全没有变化 | 在突然紧急状态下完全不能应付的可能性大,作业因意欲、责任心、体质或精神上的健康情况等心理或生理条件而变化;易于出现意外的差错;不仅在个性上有差别,而且在经验上也不相同,并且能影响他人;若时间富裕、精力充沛,则处理预想之外的事情的能力高 |

| | 机器 | 人 |
|---|---|---|
| 联络 | 和人之间的联络及其方法极其有限 | 和人之间的联络容易;人与人之间关系的管理很重要 |
| 效率 | 若具备复杂功能,则重量增加并要有大的功率;应按照适用的目的设计必要机能,避免浪费;即使万一发生损坏也没有关系,因此可在危险环境下使用 | 相当于一台轻小型的机器,功率在 100 W 以下;必须饮食;必须进行教育和训练;对于安全必须采取万无一失的处置 |
| 柔软性、适应能力 | 对于专用机器而言,不可能改变用途;容易做合理化地处理 | 由于教育、训练能够适应处理多方面困难 |
| 成本 | 购置费和运行维修费;机器一旦不能使用时,失去的仅仅是这台机器的价值 | 除了工资之外,必须考虑福利卫生和家属等;意外时可能失去生命 |
| 其他 | | 人具有独特的欲望,希望被人重视;必须生活在社会之中,不然,由于孤独感、疏远感就会影响工作能力;个人之间差别大;人的尊严、人道主义 |

人机系统中人机结合方式有串联、并联及串并联混合等方式。

串联方式时,人对系统的输入必须通过机的作用才能输出。人和机的特性相互干扰,人的长处通过机可以扩大,但人的弱点也会被扩大。人与机间接衔接的各种自动化系统通常为并联方式。在这种系统中,人的作用主要是管理与监控。当自动化系统正常时,人遥控和监视系统的运行,系统对人几乎没有约束。当自动化系统异常时,系统即由自动变为手动,即由并联转化为串联。串并联混合方式往往同时兼有串并联两种方式的基本特征。

人机系统的可靠性是由该系统人的可靠性和机械的可靠性决定的。设人的可靠度为 $R_H$,机械的可靠度为 $R_M$,人、机串联系统的可靠度为 $R_S$,则

$$R_S = R_H R_M \tag{8-1-1}$$

人机系统的可靠性如图 8-1 所示。

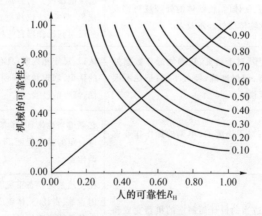

图 8-1　人、机械系统可靠性

图 8-1 表达了它们三者之间关系,如果 $R_H = 0.8$,$R_M = 0.9$,那么系统的可靠性只有 0.72,如果机器改进的可靠度提高到 0.99,则人机系统的可靠性 $R_S = 0.79$。由此可见,即使花费很大的投资单纯改进机器的可靠度也是不够的,须同时提高机器和人的操作可靠度,才能提

高系统的整体可靠度。

**2. 人的可靠性影响因素**

人的行为的可靠性是一个非常复杂的问题。一个活生生的人本身就是一个随时随地都在变化着的巨系统。这样一个巨系统被大量的、多维的自身变量制约着,同时又受到系统中机器与环境方面无数变量的牵涉和影响,因此,在研究人的行为的可靠性时,需要采用概率的方法和因果的方法进行定量和定性的研究。

概率的方法是借助工程可靠性的概率研究来解决人的行为的可靠性定量化问题。这种方法便于和机器可靠性进行综合,从而获得系统的总可靠性量值。但有时对人过于硬件化的描述,会造成一定程度的不准确。

因果的方法的立足点是人的行为不是随机的,而是由一定原因引起的。只要系统地分析产生某种人的行为的内部和外部原因,采取相应的措施解决它们,人的差错就会消除或减少,就会提高人的可靠性。因此,这种方法对于评价和修正人机系统设计及改进作业人员的选拔和训练都是十分有益的。

当把人作为可靠性的研究主体时,与研究产品的可靠性相比具有很大的不同。产品的可靠性是由产品内在质量和使用环境决定的,而影响人的可靠性的因素则要复杂得多,需要进行综合全面的分析。影响人的可靠性因素,主要有以下几个方面。

(1) 人的自身因素

人的自身因素包括人的生理因素、心理因素和训练因素。这些因素直接影响着人的可靠性。

1) 生理因素包括疲劳、厌倦、患病、有伤、酒精或药物滥用等。当人体处于"不适"的生理状态或滥用了一些药物时,就会造成注意力不集中,对事物的判断力减弱,进而造成人为差错的发生。当人长期从事某项工作时,会产生疲劳,这时人的神经活动协调性遭到破坏,思维准确性下降,感知系统的机能下降,记忆力减退,从而影响了对信息处理的能力。比如飞机驾驶员在极度疲劳情况下极易造成飞行事故。

2) 心理因素包括认识能力、情感、压力(或忧虑)、意志力、个性倾向等。认识能力是指人的感觉、知觉、记忆、想象、逻辑思维能力等。如果人的认识能力较强,就会具备良好的判断力,不易造成人为差错。

情感对人的行为也有很大影响,比如家庭矛盾、亲人病故、升职、中奖等意外的打击或惊喜,都对人的可靠性有一定影响。意志力反映着人的自我控制能力和自我约束能力,一般来说,意志力较强的人,更容易避免人为差错的发生。人在工作时的心理状态直接关系到人对信息处理的可靠性。如生活上的压力、工作态度和责任心不强、感情的不稳定性等,都会造成工作时的精力不集中而引起失误。而个性倾向反映了人与人之间在整个精神面貌上的差异,其核心是需要、动机、兴趣、爱好、理想、信念、世界观及抱负水准等,它制约着人的全部心理活动的方向和行为的社会价值。比如,具有较高抱负水准的人,就具有较强的责任心,从而具有较高的可靠性,更不易发生人为差错。

心理压力是影响人的动作及其可靠性的重要方面,显然,人承受过重的压力,可能造成人为差错。研究表明,人的工作效率与忧虑或者压力之间的关系如图 8-2 所示。图 8-2 表明,压力并不是消极的,适度的压力是有益的,能使人的效率提高到最佳状态。压力过轻时人会觉得没有挑战、变得迟钝,如区域 I。承受压力过重,将引起人的工作效率急剧下降,发生人为差错的概率要比其在适度的压力下工作时要高,如区域Ⅱ。

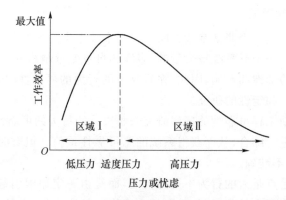

图 8-2　人的工作效率与压力关系

3) 训练因素包括熟练性、经验性、技巧性等。经过一定时间的训练,可以大幅提高人的可靠性。经过训练和培养的作业人员可以在大脑中存储和长期记忆许多正确的经验,这些经验越多,人在处理信息时就更容易从记忆中提取正确的决定方式。否则在处理信息当中,由于经验不足、能力弱,就会造成误处理,尤其对于一些复杂信息的处理。科学家曾做过这样的实验:一组未经训练的人员,完成一定数量的电话接线工作,第一个小时的平均差错率为2.3‰,同一组人员经过第二个小时的培训之后,第三个小时的平均差错率降为1.2‰,下降了约95%。这是因为操作人员经过第一个小时的操作及第二个小时的培训,其熟练性、经验性及技巧性方面都有所提高,从而造成了人为差错的大幅减少。

(2) 环境因素

包括工作场所的设计布局、照明、温度、湿度、噪声、振动、粉尘、高空、气味及色彩等。环境因素对人的可靠性影响很大,当人处于不良的工作环境中,比如工作场所设计不合理,照明太亮或太暗,温度、湿度太高或太低,强噪声、高空作业等都会降低人的可靠性。而颜色也是环境的重要条件。如果在工作场所及操作设备上运用合理的颜色,便可构成一个良好的色彩环境,从而提高人的可靠性。研究表明,不同色彩对人起着不同的心理作用,如红色在生理上起着升高血压及加快脉搏的效用,心理上起着兴奋作用,适用于一些警示性标志,提醒操作者注意;黄色在生理上近于中性,属于暖色,适于一般工作场所;绿色在生理上起到降低血压和脉搏的作用,心理上起镇静作用,适用于工作之余的休息场所。

(3) 操作对象的设计、使用规程等因素

若操作对象的设计不合理,极易造成人为差错。如某航空公司机务维修人员在排除飞机自动驾驶系统的故障过程中,正、负插头操作失误,飞机起飞后不久即空中解体,发生特大飞行事故。这起人为差错除了维修人员未按程序操作,检查人员未按要求进行检验外,还由于该插头安装位置隐蔽,目视检查难度很大,而且两个插头的规格形状完全相同,没有防止错误接插设计所造成的。

(4) 管理方法及规章制度方面的因素

管理方法确定了,规章制度制定了,而且人员也按制度执行了是不是就一定能够避免人为差错的发生呢?也不能肯定。因为管理方法是不断发展变化的,如现在飞机维修行业普遍应用的可靠性维修管理方法,就是在传统的维修方法中发展起来的。而规章制度也是人定的,本身可能就存在缺陷和错误,有时甚至成为造成人为差错的直接原因。如某航空公司、某型飞机的发动机叶片,按生产厂家的规定要求 5 000 h 更换,但只飞了 4 900 h,机务维修人员便发现多个叶片根部存在裂纹,及时进行了更换。维修人员把信息反馈给生产厂家,生产厂家经过复查发现原来是数据计算发生错误,叶片的实际寿命应为 4 800 h。正是由于机务维修人员的细致认真,及时发现了这起"制度上的错误",避免了重大事故的发生。

**3. 人的不安全行为分析**

人的不安全行为分析是从人的行为、动机和心理状态开始,研究由人为失误造成不安全动作的主要原因。

（1）人为失误产生不安全动作的原因

产生不安全动作的原因有:①缺乏对危险性的认识,由于安全教育训练不够,不懂危险,从而进行不安全作业;②操作方法上不合理、不均衡或做无用功;③准备不充分、安排不周密就开始作业,因仓促而导致危险作业;④作业程序不当,监督不严格,致使违章作业自由泛滥;⑤取下安全装置,使机器、设备处于不安全状态;⑥走捷径,图方便,忽略了安全程序;⑦不安全地放置物件,使工作环境存在不安全因素;⑧在运行的机器和设备上检修、清扫、注油等;⑨接近危险场所时无防护装置。

人为失误而产生的不安全后果,除与操作人员本身的因素有关之外,指挥不力或违章指挥也是重要的有关因素,并且在大多数情况下是引起不安全后果的基本原因。因此,在安全生产中,除建立严格的作业标准外,还需加强企业领导的安全管理水平。

（2）人的不安全行为分析

由于千差万别的个性,人的自由度比机器大得多。每个人的心理特征和心理状态要在人机系统中得到协调一致,这是一个非常复杂的问题。为此,要根据人的共性和人的信息特征来深入研究和分析操作人员容易产生不安全行为的基本原因以及事故发生的一般规律,从而采取必要措施来减少人为失误,保证安全生产。

1) 分析 1,操作人员因循守旧,弃难就易图省力、走捷径而造成违章作业。通常由于系统的变化和更新改变了作业工序。

工人对已经掌握的操作方法和工艺流程已形成习惯。因为人长期工作,运用自如的操作已经通过信息输入—判断—功率输出的全过程渗透于脑、其他神经、肌肉和四肢,形成了一套成熟的人机程序,因此人们对新的安全装置、新的工艺和工具设备就会感到不太得心应手,有些人便采取走捷径找窍门的办法,不执行新工艺,不用新工具,而且一经试行,取得一点甜头就会长此以往,重复照干、相互感染,成为恶习,而有意漏掉了安全工序,为整个系统埋下了不安全因素。

例如,某热轧车间,一挂吊工与吊车司机配合进行钢管的包装作业,即将已捆扎后的钢管吊运到小车上。这是一个较简单且长时间形成了一种习惯性的配合作业。一次,挂吊工在完成挂吊之后,突然发现小车上的隔杠窜动,他立即上小车拔隔杠,这时司机将刚挂吊完的一捆钢管吊起,恰好落在挂吊工的后背上,挂吊工被重压而死。

本例中,司机与挂吊工都是受习惯作业的影响,司机没有认真瞭望和确认被吊物下是否有人就盲目落钩,挂吊工认为人在小车上,司机不能落钩,也没有进行正常的联系。同时,挂吊工与司机都疏漏了安全工序。因为吊车司机应服从挂吊工的指挥,而挂吊工必须正确地发出信号。

2）分析 2，操作人员忘记、看错、念错、想错信息，造成记忆与判断的失误。

通常人们在紧急的瞬间忘记了危险。例如，有一伏案设计的电气工程师，突然想起要测一下变电站电机的某一尺寸。在这种情况下他没有换工作服，而穿着宽松的长袖衫到低矮的变电间屈身去实测。正当测量之时长袖衫脱卷，他下意识地举起右手，并用左手去卷右衣袖，结果右手指尖接触电线，触电死亡。这就是在完全紧急的情况下忘记了危险的不安全行为。防止的办法就是采用连锁断电或严禁进入这种带电场所。

也有正在作业之时，突然外来干扰（如接听电话、别人召唤、环境吸引）使作业中断，等到继续作业时忘记了应注意的安全问题。

对信息看错、念错、想错的原因通常有：信号显示不够完善，人机界面设计不合理；存在环境干扰，输入信息紊乱；人本身的感知性能低下。

3）分析 3，操作人员选错操纵装置、记错操纵方向和进行了错误调整而引起操作失误。

选错操纵装置的原因有：操纵器的各种编码不明显以及操作人员对各种操纵器没有深入了解和掌握。操作人员失去方向性，搞错开关的正反方向，如要"前进"却按了"后退"钮，致使井下巷道装岩机司机将自己挤压于岩壁而死亡。有的设备运行方向与人的习惯方向相反，也易引起误操作。此外由于操作人员技术不熟练，对复杂操作产生调整错误。

4）分析 4，操作人员体力不支、疲劳和异常状态下也易发生事故。

年龄高、身体动作迟缓、反应迟钝的老工人，在矿山露天开采作业中遭受滚石伤害的概率，要比身轻敏捷的年轻工人大，这是实践中人所共知的。人在疲劳时对输入信息的判断能力下降，输出动作缺乏准确性，容易产生不安全行为。所以人在连续劳动、加班加点或激烈运动之后不易正确控制自己的动作时应稍加休息。

人在异常状态下，特别是当发生意外事件、生命攸关之际，接受信息的瞬间十分紧张而易引起冲动，对信息的方向性不能选择和过滤，只能将注意力集中于眼前的事物而无暇顾它，容易产生行为失误，造成危险。某矿两工人在独头巷道中，工作未完而矿灯熄灭，由于紧张和摸黑向外跑，结果迷失了方向，又摸回了掌子头，炮响而导致一死一伤。某工人在巷道中坐在空车道上等矿车，突然来了重车，该工人由于睡眼朦胧竟向重车迎面跑去，致使被压身亡。这些都是在异常状态下的不安全行为所致。

**4. 人因差错的表现类型**

影响并降低人员可靠性的直接原因是人因差错，由于人的操作失误，最终后果是事故的发生。所以人因差错可由人的行为特征来划分。

1）意识差错。人的操作由大脑支配，然而人在某种时刻由于某种原因可能意识状态不正常，如神志恍惚、精神过度疲劳，酒后驾车，生气或亢奋状态中的操作等。另外意识差错也包括由某种原因引起的疏忽而造成失误。

2）知觉差错。当知觉器官接到操作指令或装备反馈时，由于知觉器官对信息的接收产生了失误，导致操作者做了错误的理解和判断，由于听觉不灵、视觉不清、触觉不明等，即知觉器官失灵而造成输入指令或信息失真引发的失误，如听错指令、读错仪表参数等。

3）判断差错。操作中由于操作者要收到各种信息反馈，并经过思维分析判断处理后，控制操作行为，但由于操作者心理或技术水平等原因可能造成判断或信息处理差错，导致误操作，如由于操作者对起重机某负荷下的相应起重量不清而造成的超载事故。

4）识别差错。工作中由于操作者对控制系统的杆、键、钮等发生错误识别，或未经识别就进行习惯性动作,而造成的失误。

5)时间差错。操作中对操作时间掌握不准,未适时按预定程序或正确的循环操作,超前或滞后而贻误时机,以及对某些突发事件或情况反应迟缓,处理不及时均属时间差错。

6)次序差错。操作者在具体操作行为中违反了操作程序、打乱或破坏了工作应遵循的程序或操作次序不合理。

7)力度差错。操作者操作力量不适合,动作过快、过猛或不足,如起重吊装作业中,回转、提升速度过快造成惯性力过大,吊钩摆动引起钢丝绳断裂或悬吊的物体坠落,此外手脚动作的惯性和干扰造成的失误也属于力度差错。

8)违章操作。操作者为抢工期或迫于某种压力如上级、指挥者等,而故意违章作业并存在侥幸心理,全然不顾设备能力和实际情况或马虎大意,粗暴操作而造成事故。

**5. 人因差错的概率估计**

人因差错的概率是对人的动作概率的基本度量。Green 和 Bourne 对人因差错概率的定义

$$R_{he} = \frac{E_n}{O_{pe}} \tag{8-1-2}$$

式中　$O_{pe}$——发生错误机会的总次数;

　　　$E_n$——已知给定类型错误的总次数;

　　　$R_{he}$——在完成规定任务时人因差错发生的概率(不可靠度)。

根据研究,得出某些操作条件下的 $R_{he}$ 如表 8-2 所示。

表 8-2　某些操作的人因差错概率的估计

| 序号 | 操作任务 | 人因差错概率 |
|:---:|:---:|:---:|
| 1 | 图表记录仪读数 | 0.006 |
| 2 | 模拟仪读数 | 0.003 |
| 3 | 读图 | 0.01 |
| 4 | 不正确地理解指示灯指示 | 0.001 |
| 5 | 在紧张情况下将控制转向错误的方向 | 0.5 |
| 6 | 正确使用机器操作清单 | 0.5 |
| 7 | 与连接器相匹配 | 0.01 |
| 8 | 从很多相似的控制板中选错了控制板 | 0.003 |

# 8.2　人机系统的故障率和可靠度

**1. 人机系统的故障率**

通过上述论述可知,人的操作故障受多种因素的影响,综合归结起来有 5 种情况:

1)忘记做某项工作,做错了某项工作;

2）采取了不应采取的工作步骤；

3）没按规程完成某项工作；

4）没在预定时间内完成某项工作；

5）环境的不良影响导致操作错误。

为了对人的失误有一个定量的描述，1961 年，斯温（Swain）和罗克（Rock）提出了"人的失误率预测法"（THERP），这种方法的分析步骤如下：

1）调查操作者的步骤；

2）把整个程序分成各个操作步骤；

3）把操作步骤再分成单个动作；

4）根据经验或实验得出每个动作的可靠度如表 8-3 所示；

5）求出各个动作的可靠度之积，得到每个操作步骤的可靠度；

6）求出各操作步骤可靠度之积，得到整个程序的可靠度；

7）求出整个程序的不可靠度，便得到故障树（FTA）所需要的失误概率。

表 8-3　人的行为可靠度

| 行为类型 | 可靠度 |
| --- | --- |
| 阅读技术说明书 | 0.9918 |
| 读取时间（扫描记录仪） | 0.9921 |
| 读电流计或流量计 | 0.9945 |
| 分析电压和电平 | 0.9955 |
| 确定多位置电气开关的位置 | 0.9957 |
| 在位置上标注符号 | 0.9958 |
| 安装安全锁具 | 0.9961 |
| 分析真空管失真 | 0.9961 |
| 安装鱼形夹 | 0.9961 |
| 安装垫圈 | 0.9962 |
| 分析锈蚀和腐蚀 | 0.9963 |
| 安装 O 形环状物 | 0.9965 |
| 阅读记录 | 0.9966 |
| 分析凹陷、裂纹和划伤 | 0.9967 |
| 读压力计 | 0.9969 |
| 分析老化和防护罩 | 0.9969 |
| 固定螺母、螺钉和销子 | 0.9970 |
| 使用垫圈胶合剂 | 0.9971 |
| 连接电缆（安装螺钉） | 0.9972 |

就某一动作而言，人的基本可靠度 $R$ 可表示为

$$R = R_1 R_2 R_3 \tag{8-2-1}$$

式中　$R_1$——与输入有关的可靠度，如声、光信号传入人的耳、眼等器官；

$R_2$——与判断有关的可靠度,如信号传入大脑,并进行判断;

$R_3$——与输出有关的可靠度,如根据判断做出反应。

$R_1,R_2,R_3$ 参考值如表 8-4 所示。

**表 8-4　$R_1,R_2,R_3$ 参考值**

| 类别 | 影响因素 | $R_1$ | $R_2$ | $R_3$ |
|------|---------|-------|-------|-------|
| 简单 | 变量不超过 10 个,人机工程学上考虑全面 | 0.999 5～0.999 9 | 0.999 0 | 0.999 5～0.999 9 |
| 一般 | 变量超过 10 个,人机工程学上考虑全面 | 0.999 0～0.999 5 | 0.995 0 | 0.999 0～0.999 5 |
| 复杂 | 变量超过 10 个,人机工程学上考虑不全面 | 0.990 0～0.999 0 | 0.990 0 | 0.990 0～0.999 0 |

由 $R$ 可计算人的某一动作失误的概率

$$q=k(1-R) \tag{8-2-2}$$

式中　$k=abcde$;

　　　$a$——作业时间系数;

　　　$b$——操作频率系数;

　　　$c$——危险状况系数;

　　　$d$——心理、生理条件系数;

　　　$e$——环境条件系数。

各参数取值如表 8-5 所示。

**表 8-5　$a,b,c,d,e$ 取值范围**

| 符号 | 项目 | 内容 | 取值范围 |
|------|------|------|---------|
| $a$ | 作业时间系数 | 有充足的富余时间 | 1.0 |
|  |  | 没有充足的富余时间 | 1.0～3.0 |
|  |  | 完全没有富余时间 | 3.0～10.0 |
| $b$ | 操作频率系数 | 频率适当 | 1.0 |
|  |  | 连续操作 | 1.0～3.0 |
|  |  | 很少操作 | 3.0～10.0 |
| $c$ | 危险状况系数 | 即使误操作也安全 | 1.0 |
|  |  | 误操作时危险性大 | 1.0～3.0 |
|  |  | 误操作时有产生重大灾害的危险 | 3.0～10.0 |
| $d$ | 心理、生理条件系数 | 教育、训练、健康状况、疲劳、愿望等综合条件较好 | 1.0 |
|  |  | 综合条件不好 | 1.0～3.0 |
|  |  | 综合条件很差 | 3.0～10.0 |
| $e$ | 环境条件系数 | 综合条件较好 | 1.0 |
|  |  | 综合条件不好 | 1.0～3.0 |
|  |  | 综合条件很差 | 3.0～10.0 |

机器的故障率(失效)在目前情况下,可以通过系统长期的运行经验和查表得到系统运行过程粗略估计的平均故障间隔期,在认为机器的失效遵守指数分布前提条件下,平均故障间隔

期倒数就是所观测对象（元件或部件）的故障率。例如，某元件现场使用条件下的平均故障间隔期为 4 000 h，则其故障率（失效）为 $2.5 \times 10^{-4}$ h$^{-1}$。

认为系统运行是周期性的，也可将周期化为小时。机械故障（失效）率数据如表 8-6 所示。

表 8-6　故障（失效）率举例

| 项目 | 故障率/h$^{-1}$ | |
|---|---|---|
| | 观测值 | 建议值 |
| 机械杠杆、链条、托架等 | $10^{-9} \sim 10^{-6}$ | $10^{-6}$ |
| 电阻、电容、线圈等 | $10^{-9} \sim 10^{-6}$ | $10^{-6}$ |
| 固体晶体管、半导体 | $10^{-9} \sim 10^{-6}$ | $10^{-6}$ |
| 电气连接 | | |
| 焊接 | $10^{-9} \sim 10^{-7}$ | $10^{-8}$ |
| 螺栓连接 | $10^{-6} \sim 10^{-4}$ | $10^{-5}$ |
| 电子管 | $10^{-6} \sim 10^{-4}$ | $10^{-5}$ |
| 热电偶 | — | $10^{-6}$ |
| 三角皮带 | $10^{-5} \sim 10^{-4}$ | $10^{-4}$ |
| 摩擦制动器 | $10^{-5} \sim 10^{-4}$ | $10^{-4}$ |
| 管路 | | |
| 焊接连接破裂 | — | $10^{-9}$ |
| 法兰连接爆裂 | — | $10^{-7}$ |
| 螺口连接破裂 | — | $10^{-5}$ |
| 由于膨胀连接破裂 | — | $10^{-5}$ |
| 冷容器破裂 | — | $10^{-9}$ |
| 电（气）动调节阀等 | $10^{-7} \sim 10^{-4}$ | $10^{-5}$ |
| 继电器、开关等 | $10^{-6} \sim 10^{-4}$ | $10^{-5}$ |
| 断路器（自动防止故障） | $10^{-6} \sim 10^{-5}$ | $10^{-5}$ |
| 配电变压器 | $10^{-8} \sim 10^{-5}$ | $10^{-5}$ |
| 安全阀（自动防止故障） | — | $10^{-6}$ |
| 安全阀（每次过压） | — | $10^{-4}$ |
| 仪表传感器 | $10^{-7} \sim 10^{-4}$ | $10^{-5}$ |
| 仪表指示器、记录器、控制器等 | | |
| 气动 | $10^{-5} \sim 10^{-3}$ | $10^{-4}$ |
| 电动 | $10^{-6} \sim 10^{-4}$ | $10^{-5}$ |
| 人对重复刺激响应的失误 | $10^{-3} \sim 10^{-2}$ | $10^{-2}$ |
| 离心泵、压缩机、循环机 | $10^{-6} \sim 10^{-3}$ | $10^{-4}$ |
| 蒸汽透平 | $10^{-6} \sim 10^{-4}$ | $10^{-4}$ |
| 往复泵、比例泵 | $10^{-6} \sim 10^{-3}$ | $10^{-4}$ |
| 内燃机（汽油机） | $10^{-5} \sim 10^{-3}$ | $10^{-5}$ |
| 内燃机（柴油机） | $10^{-4} \sim 10^{-3}$ | $10^{-4}$ |

**2. 人机系统可靠性设计原则**

（1）系统的整体可靠性原则

从人机系统的整体可靠性出发，合理确定人与机器的功能分配，从而设计出经济可靠的人机系统。

一般情况下，机器的可靠性高于人的可靠性，实现生产的机械化和自动化，就可将人从机器的危险点和危险环境中解脱出来，从根本上提高人机系统可靠性。

（2）高可靠性组成单元要素原则

系统要采用经过检验的、高可靠性单元要素来进行设计。

（3）具有安全系数的设计原则

由于负荷条件和环境因素随时间而变化，因此可靠性也是随时间变化的函数，并且随时间的增加，可靠性在降低。所以，设计的可靠性和有关参数应具有一定的安全系数。

（4）高可靠性方式原则

为提高可靠性，宜采用冗余设计、故障安全装置、自动保险装置等高可靠度结构组合方式。

1）系统"自动保险"装置。自动保险，就是即使是不懂业务的外行人或不熟练的人进行操作，也能保证安全，不受伤害或不出故障。

这是机器设备设计和装置设计的根本性指导思想，是本质安全化追求的目标。要通过不断完善结构，尽可能地接近这个目标。

2）系统"故障安全"结构。故障安全，就是即使个别零部件发生故障或失效，系统性能仍不变，仍能可靠工作。

系统安全常常以正常、准确地完成规定功能为前提。由于组成零件故障而引起系统误动作，常常导致重大事故发生。为达到功能准确性，采用保险结构的方法可保证系统的可靠性。

从系统控制的功能方面看，故障安全结构有以下几种。

① 消极被动式。组成单元发生故障时，机器变为停止状态。

② 积极主动式。组成单元发生故障时，机器一面报警，一面还能短时运转。

③ 运行操作式。即使组成单元发生故障，机器也能运行到下次的定期检查。

通常在产业系统中，故障安全结构大多为消极被动式结构。

（5）标准化原则

为减少故障环节，应尽可能简化结构，采用标准化结构和方式。

（6）高维修度原则

为便于检修，且在发生故障时易于快速修复，同时为考虑经济性和备用方便，应采用零件标准化、部件通用化、设备系列化的产品。

（7）事先进行试验和评价的原则

对于缺乏实践考验和使用经验的材料和方法，必须事先进行试验和科学评价，然后再根据其可靠性和安全性选用。

（8）预测和预防的原则

要事先对系统及其组成要素的可靠性和安全性进行预测。对已发现的问题加以必要改善，对易于发生故障或事故的薄弱环节和部位也要事先制定预防措施和应变措施。

（9）人机工程学原则

从正确处理人—机—环境的合理关系出发，采用人类易于使用并且差错较少的方式。

（10）技术经济性原则

不仅要考虑可靠性和安全性，还必须考虑系统的质量因素和输出功能指标。其中还包括技术功能和经济成本。

（11）审查原则

既要进行可靠性设计，又要对设计进行可靠性审查和其他专业审查，也就是要重申和贯彻各专业各行业提出的评价指标。

（12）整理准备资料和交流信息原则

为便于设计工作者进行分析、设计和评价，应充分收集和整理设计者所需要的数据和各种资料，有效地利用已有的实际经验。

（13）信息反馈原则

对实际使用的经验进行分析之后，将分析结果反馈给有关部门。

（14）设立相应的组织结构原则

为实现高可靠性和高安全性的目的，应建立相应的组织结构，以便有力推进综合管理和技术开发。

**3. 人机系统可靠度的计算**

人的作业方式可分为两种情况，一种是连续作业，另一种是间歇性作业。二者可靠度的确定方法如下。

（1）连续作业

在作业时间内连续进行监视和操纵的作业称为连续作业。例如，汽车司机连续观察线路，并连续操作方向盘，控制人员连续观测仪表，并连续调节流量等。

连续性操作可靠度一般用指数分布失效求得

$$R(t) = e^{-\int_0^t \lambda(t)dt} \tag{8-2-3}$$

式中　$R$——连续性操作人的可靠度；

　　　$t$——连续工作时间，单位为 h；

　　　$\lambda(t)$——$t$ 时间内人的失效率。

【例 8.1】　某人连续工作的失效率 $\lambda(t)=0.001\ \text{min}^{-1}$，试计算他工作 500 min 的可靠度。

**解**：由公式得

$$R(500) = e^{-\int_0^{500} e(t)dt} = e^{-0.001\times500} = 0.6065$$

（2）间歇性操作

在作业时间内不连续地观察和作业，称为间歇性操作。例如，汽车司机观察汽车上的仪表、换挡、制动等，起重机械人员观察吊具、建筑物、换挡和制动等动作。对间歇性作业一般采用失败动作的次数来描述其可靠度，可靠度计算公式为

$$R_H = 1 - p\left(\frac{n}{N}\right) \tag{8-2-4}$$

式中　$N$——总动作次数；

　　　$n$——失败动作次数；

　　　$p$——概率符号。

（3）人的作业可靠度

考虑外部环境因素人的可靠度 $R_H$

$$R_H = 1 - abcde(1-R) \tag{8-2-5}$$

式中　$a$——作业时间系数；

　　　$b$——作业操作频率；

　　　$c$——作业危险度系数；

　　　$d$——作业生理和心理条件系数；

　　　$e$——作业环境条件系数；

　　　$1-R$——作业的不可靠度。

$R$ 可根据式(8-2-1)求出，其他参数参考表 8-5 选取。

（4）人机系统组成串联系统

人机系统组成的串联系统

$$R = R_H R_M \tag{8-2-6}$$

式中　$R$——人机系统可靠度；

　　　$R_H$——人的操作可靠度；

　　　$R_M$——机器设备可靠度。

（5）冗余人机系统

为了提高人机系统的可靠性，在系统中，可采用两个人进行操作，增加系统的冗余度如表 8-7 所示，也是一种提高人机系统可靠性有效方法。

**表 8-7　人机系统结合形式及其可靠性**

| 名称 | 框图 | 人机系统可靠性计算公式及说明 |
|---|---|---|
| 串联系统 | 人 $R_H$ — 机器 $R_M$ | $R_{S_1} = R_H R_M$<br>例：$0.9 \times 0.9 = 0.81$ |
| 并联冗长式 | $A$人$R_{HA}$ / $B$人$R_{HB}$ — 机器 | $R_{S_2} = [1-(1-R_{HA})(1-R_{HB})]R_M$<br>　　$=[1-(1-0.9)(1-0.9)] \times 0.9$<br>例：$0.99 \times 0.9 = 0.891$<br>两人操作可提高系统可靠性，但由于相互依赖也可能降低可靠性 |
| 待机冗长式 | 机器自动化$R_{MA}$ / 人$R_H$ — 机器$R_{MB}$ | $R_{S_3} = 1-(1-R_{MB}R_H)(1-R_{MA})$<br>例：$1-(1-0.9 \times 0.9)(1-0.9) = 0.981$<br>人在自动化系统发生误差时进行修正 |
| 监督校核式 | 人$R_H$ — 机器$R_{MA}$ / 监督者$R_H$ — 机器$R_{MB}$ | $R_{S_4} = [1-(1-R_{MB}R_H)(1-R_H)]R_{MA}$<br>例：$[1-(1-09 \times 0.9)(1-0.9)] \times 0.9 = 0.8829$<br>将并联冗长式中的一个人换成监督者的位置，人与监督者关系如同待机冗长式 |

注：(1) $R_H$，$R_{HA}$，$R_{HB}$ 为人的可靠性；(2) $R_M$，$R_{MA}$，$R_{MB}$ 为机械的可靠性；(3) $R_{S_1}$，$R_{S_2}$，$R_{S_3}$，$R_{S_4}$ 为系统的可靠性。例中人、机可靠性数值均以 0.9 计算。

### 4. 人机系统的设计方法

人机系统的设计方法包括自成体系的设计思想和与之相应的设计技术,好的设计方法和策略使设计行为科学化、系统化。

在人机系统中,把已定义的系统功能按照一定的分配原则,合理地分配给人和机器。这当中,有的系统功能分配是直接的、自然的,但也有些系统功能的分配需更详尽地研究和更系统的分配方法。

系统功能的分配要充分考虑人和机器的基本界限。人的基本界限包括:准确度的界限、体力的界限、知觉能力的界限、动作速度的界限。机器的基本界限包括:机器性能维持能力的界限、机器正常动作的界限、机器判断能力的界限、成本费用的界限。

人和机器各有局限性,所以人机间应当彼此协调,互相补充。如笨重、重复的工作,高温剧毒等条件,对人有危害的操作以及快速有规律的运算等都适合于机器(机器人、计算机)承担,而人则适合于安排指令和程序,对机器进行监督管理、维修运用、设计调试、革新创造、故障处理等。

在长期的实践中,人们总结了系统功能分配的一般原则。

(1) 比较分配原则

通过人与机器的特性比较,进行客观的和符合逻辑的分配。例如在信息处理方面,机器的特性是按预定程序可高度准确地处理数据,记忆可靠且易于提取,不会"遗忘"信息;人的特性是有高度综合、归纳、联想创造的思维能力。因此在设计信息处理系统时,要根据人和机器各自处理信息的特性来进行功能分配。

(2) 剩余分配原则

在功能分配时,首先考虑机器所能承担的系统功能,然后将剩余部分功能分配给人。在这当中,必须掌握和了解机器本身的可靠度,如果盲目地将系统功能强加于机器,则会造成系统的不安全性。

(3) 经济分配原则

以经济效益为原则,合理恰当地进行人机功能分配。如某一特定功能由机器承担时,需要重新设计、生产和制造;由人来承担时,则需要培训、支付费用等。通过比较和计算这两者的经济效益来确定功能的分配。

(4) 宜人分配原则

系统的功能分配要适合于人的多种生理和心理的需求,有意识地发挥人的技能。

(5) 弹性分配原则

即系统的某些功能可以同时分配给人或机器,这样人可以自由选择参与系统行为的程度。例如许多控制系统可以自动完成,也可手动完成,尤其现代计算机的控制系统,要有多种人机接口,用来实现不同程度的人机对话。

### 5. 提高人机可靠性的途径

通过分析影响人机的可靠性因素可知,主要应从机器本身技术和人员管理两方面提高人机系统的可靠性。

(1) 在人的方面

1) 加强员工的思想修养、责任意识、工作作风和职业道德教育;加强专业技术培训,提高员工的综合素质,是提高人的可靠性的根本环节。通过专业技术培训,使员工有能力无差错地完成自己的工作。

2)建立科学的管理机制,完善规章制度,严格按章办事是杜绝人为差错的基本途径。科学的管理机制应具备有效的防错和纠错能力。

3)加强人员管理、改善工作条件、创造良好的生活工作环境,解决实际困难。把可靠性理论应用于人员管理,建立个人可靠性档案。改善员工的工作条件,把工作环境中的温度、照明、雨水、噪声对员工可靠性的影响减小到最低。使员工精神饱满、心情舒畅地投入到工作中。

4)让员工了解工作对象的设计、制造缺陷及可靠性情况。注意选择可靠性高且具有本质安全设计和维修性设计的产品,及时把使用信息反馈给生产厂家,促使他们改进设计和制造工艺,减少缺陷,提高可靠性。

5)为了提高整个人机系统的可靠性,使人机系统达到安全、高效、经济的目的,机器要适合于人的生理要求,要充分考虑操作者操作技术的熟练程度。在确定系统的性能指标时,一方面要考虑人的主观能动性,另一方面更要顾及人的固有局限性。

(2)在机器方面

一种是通过筛选排除不合格的元器件和工艺、材料等缺陷;另一种是通过改进设计达到本质安全性。常用的方法有:

1)将系统的复杂程度降至最低限度;

2)提高系统中元器件、零部件的可靠性;

3)采用储备系统,即用一个或多个储备部件;

4)减额使用;

5)及时替换快到耗损期的元器件或部件。

# 本章小结

所谓系统,即相互关联的各个部分的集合。一个完整的系统中,有的是只有两三个部分构成的简单系统;有的是由许多部分或子系统构成的复杂的巨大系统。安全人机系统主要包括人、机、环境三部分。因为任何机器都必须有人操作,且都处于各种特定的环境下,人、机、环境是相互关联而存在的。本章重点介绍了人机系统的概念、设计程序与设计方法,对人机系统的可靠性进行了定性以及定量的分析。

# 习题 8

1. 请描述人与机器在信息处理方面的不同特点。

2. 人机系统的设计程序通常可分为哪几个阶段?

3. 某人连续工作的失效率 $\lambda(t) = 0.003\ \mathrm{h}^{-1}$,试计算他工作 25 h 的可靠度。

4. 读电压表时,人读表的可靠度是 0.995 0,而把读数记录下来的可靠度为 0.993 6,若某个作业操作只需要读表和记录数据,那么这个作业操作中,人的失误率是多少?

5. 系统功能分配的一般原则是什么?

6. 某元件现场使用条件下的平均故障间隔期为 5 000 h,则其故障率(失效)为多少?

7. 试分析影响人的可靠性的人的自身因素,并举例说明。

8. 论述提高机器可靠性的目的以及提高机器可靠性的方法。

# 第 9 章 系统可靠性工程应用

## 【本章知识框架结构图】

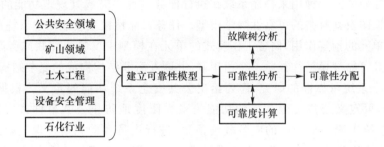

## 【知识导引】

具有优良的技术性能指标是不是高质量的产品？

答案显然是否定的,这是因为产品的质量指标是产品技术性能指标和产品可靠性指标的综合,仅仅用产品技术性能指标不能反映产品质量的全貌。

平时我们说某个装备或产品好,一般是定性的,可靠性是定量的回答它"好在哪里,好多少,寿命多长……"一个系统往往由数千个零部件组成,要是在使用中突然坏了一个零件,轻则导致产品系统功能不能尽善尽美地发挥,重则造成产品整个系统丧失功能。

## 【本章重点及难点】

重点:可靠性模型的建立,可靠性指标的选择,可靠度的计算以及可靠性优化过程。

难点:可靠性理论在不同工程问题中的综合应用。

## 【本章学习目标】

◇ 了解公共安全系统可靠性分配过程;

◇ 能对一些工程问题进行可靠性分析。

# 9.1 可靠性理论在公共安全领域的应用

## 1. 公共安全系统可靠性模型

可靠性模型包括可靠性框图和可靠性数学模型两项内容。根据用途,可靠性模型可分为基本可靠性模型和任务可靠性模型。

基本可靠性模型是一个全串联模型,包括一个可靠性框图及有关的可靠性数学模型,用来估计系统及其组成单元引起的维修及后勤保障要求。因此,构成系统的所有单元都应包括在模型内,模型应包括系统所有单元及储备系统中的储备部件,因为构成系统的任何单元发生故障后均需要维修及后勤保障。

任务可靠性模型是一种用来描述系统在执行任务过程中完成其规定功能的能力模型,包括一个可靠性框图及其有关的可靠性数学模型。任务可靠性模型应能描述系统在完成任务过程中其各组成单元的预定作用,储备工作模式的单元在模型中反映为并联或旁联结构,因此,复杂系统的任务可靠性模型往往是一个由串联、并联及旁联结构构成的复杂结构。

对公共安全系统可靠性的研究,需要给出公共安全系统功能的定义。根据建立公共安全系统的目的,可定义公共安全系统的功能为最大限度地防止公共事件或灾害的发生,灾害一旦发生,系统应能启动相应的应急救援预案,进行人员救助和财产保全,对灾害进行控制和后处理,防止次生灾害的发生,迅速进行灾后重建以恢复当地正常的生产和生活秩序。按照时间序列分析,这一功能包含 4 个重要环节:事故预防;灾害预警;应急反应;事故控制及后处理。

根据对城市公共安全系统功能的分析,图 9-1 给出了公共安全系统的功能及构成。

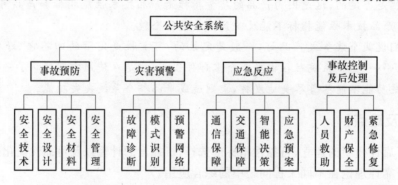

图 9-1 公共安全功能及构成图

根据公共安全系统的特点,应当将其作为可修复系统考虑。公共安全系统可划分为事故预防和应急处理两个单元,其中应急处理为由灾害预警、应急反应和事故控制及后处理 3 个子系统组成的应急处理虚单元。

只有这两个单元全部失效,才会导致整个系统功能的丧失。在应急处理虚单元内,灾害预警、应急反应和事故控制及后处理 3 个子系统中的任何一个失灵,都会造成应急处理虚单元功能的丧失。因此,公共安全系统任务可靠性模型是如图 9-2 所示的混联模型。

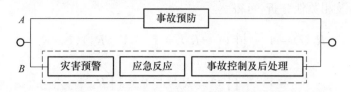

图 9 - 2　公共安全系统任务可靠性模型框图

根据图 9 - 2,公共安全系统任务可靠性的数学模型如下:

$$R_S(t) = 1 - \prod_{i=A}^{B} (1 - R_i) \qquad (9-1-1)$$

式中　$R_A$——事故预防子系统的可靠性;

　　　$R_B$——灾害预警、应急反应和事故控制及后处理 3 个子系统总的可靠性。

功能分析表明,这 3 个子系统的可靠性模型为串联关系,即

$$R_B = \prod_{j=1}^{3} R_{Bj} \qquad (9-1-2)$$

式中　$R_{B_1}$——应急处理虚单元中灾害预警的可靠性;

　　　$R_{B_2}$——应急反应的可靠性;

　　　$R_{B_3}$——事故控制及后处理子系统的可靠性。

图 9 - 2 及式(9 - 1 - 1)、式(9 - 1 - 2)只是反映了系统与子系统之间的关系。而公共安全系统可靠性的分析必须尽可能多地考虑中间事件和基本事件对系统功能的影响。基于对公共安全系统功能构成的分析,图 9 - 3 给出了公共安全系统故障树。

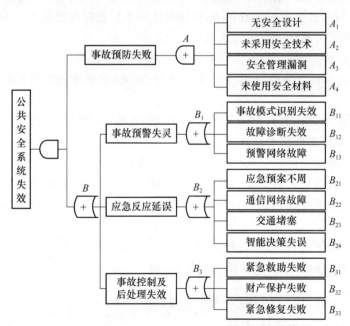

图 9 - 3　公共安全系统故障树

根据图 9-3 及相关性分析,可得

$$R_S(t) = 1 - \prod_{i=A}^{B}(1 - R_i) = 1 - (1 - R_A)(1 - R_B)$$

$$= 1 - \left[\prod_{i=1}^{4}(1 - R_{Ai})\right]\left[1 - \prod_{j=1}^{3}R_{Bj}\right] \tag{9-1-3}$$

依据式(9-1-3)和图 9-3 可以方便地进行公共安全系统可靠性的预计和分配,按照最弱环节理论寻求改善和提高公共安全系统可靠性的途径。

**2. 公共安全系统可靠性分配**

对于一个已经建立的公共安全保障体系,为实现最大安全保障效能,对系统的安全目标值自上而下进行分解,分配至各子系统是非常实用的一种方法。目前经常应用的可靠性分配方法有:等分配法、电子设备可靠性咨询组分配法(AGREE 分配法)、航空无线电公司分配法、目标可行性法、最小工作量算法和动态规化法等。

可靠性分配可由下面的基本不等式描述:

$$R_S(R_1, R_2, \cdots, R_i, \cdots, R_n) \geqslant R_S^* \tag{9-1-4}$$

$$g_S(R_1, R_2, \cdots, R_i, \cdots, R_n) < g_S^* \tag{9-1-5}$$

式中    $R_S^*$——系统的可靠性指标;

$R_S$——系统的实际可靠度;

$g_S^*$——对系统设计的综合约束条件,包括费用、质量、体积、功耗等因素;

$g_S$——系统的实际综合约束条件;

$R_i$——第 $i$ 个单元的可靠性指标。

如果对分配没有任何约束条件,则式(9-1-4)可以有无数个解。有约束条件时,也可能有多个解。因此,可靠性分配的关键在于:根据具体的条件选择与所提出的系统目标相匹配的分配方法得到合理的可靠性分配值的优化解。

为实现公共安全系统安全目标的可靠性分配,提出的建模思想:

1)结合故障树分析方法的特征,对混联系统的第一层次各单元之间采取最小工作量可靠度再分配法;

2)对第二层各单元再进行下一层次的可靠度分配法,依此类推,直至分配至基本事件为止,即对系统的可靠度采取多个层次进行分配。

在需要调整可靠度的同一层次各单元之间采取等分配法。

将组成第一层次各单元的下属单元当作一个整体,计算得到下属单元构成的第一层次各单元的可靠度分别为 $R_1, R_2, \cdots, R_m$,根据其可靠性大小,由低到高将其依次排列如下:

$$R_1 < R_2 < \cdots < R_{k_0} < R_{k_0+1} < \cdots < R_m \tag{9-1-6}$$

按可靠性再分配原理,把可靠性较低的 $R_1, R_2, \cdots, R_{k_0}$ 都提高到某个值 $R_0$,而原来可靠度较高的 $R_{k_0+1}, \cdots, R_m$ 保持不变,则系统可靠度 $R_S$ 为

$$R_S = R_0^{k_0} \times \prod_{i=k_0+1}^{n} R_i = R_S^* \tag{9-1-7}$$

式中    $k_0$——需提高可靠度的最小单元数。

如果确定了 $k_0$ 和 $R_0$,就能得出需要调整的单元或分系统的可靠度。$k_0$ 可以通过式(9-1-8)确定。

$$R_j < \left[\frac{R_S^*}{\prod\limits_{i=j+1}^{n+1} R_i}\right]^{1/j} \qquad (9-1-8)$$

式中　$n$——分系统或单元数,$R_{n+1}=1$。

当 $j$ 值满足式(9-1-8)时,即得 $k_0=j$,有

$$R_0 = \left[\frac{R_S^*}{\prod\limits_{i=k_0+1}^{n+1} R_i}\right]^{1/k_0} \qquad (9-1-9)$$

由式(9-1-7)、式(9-1-8)、式(9-1-9)可以确定各单元的可靠度。对于可靠度不变的单元,其下属单元的可靠度也不改变。

当然,各中间事件可以依次类推将可靠度分配至最基本事件,从而对系统进行合理优化。对于包括多种功能的公共安全保障复杂系统,系统下属基本事件包括多种功能属于多功能系统。对其进行分析,按逻辑代数的运算法则把系统可靠度表达式先化简再代入数值计算。杨静、景国勋等人把可靠性分配与故障树最小割集结合起来,较好地实现了系统的安全性目标。

**3. 实例应用**

为便于上述研究结果在公共安全领域得到应用,以公共安全领域常见的建筑物火灾造成人员伤亡事件为例阐明可靠性分配的计算过程,如图 9-4 所示。

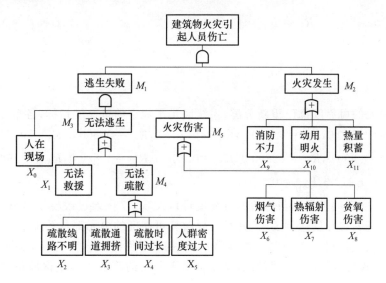

**图 9-4　火灾引起人员伤亡故障树**

假设各基本事件是相互独立的,且各基本事件初步确定的可靠度及系统要求的可靠度目标值为

$$R_S^* = 0.990\ 0, R_{X_0} = 0.500\ 0, R_{X_1} = 0.900\ 0, R_{X_2} = 0.750\ 0, R_{X_3} = 0.800\ 0$$

$$R_{X_4} = 0.850\ 0, R_{X_5} = 0.900\ 0, R_{X_6} = 0.800\ 0, R_{X_7} = 0.800\ 0, R_{X_8} = 0.800\ 0$$

$$R_{X_9} = 0.980\ 0, R_{X_{10}} = 0.970\ 0, R_{X_{11}} = 0.950\ 0$$

基本事件的可靠度由基本事件发生概率 $F$ 按照 $R=1-F$ 计算得到。

根据式(9-1-1)及式(9-1-2),容易求得各中间事件和顶事件的可靠度分别为 $R_{M_1}=$

0.856 8，$R_{M_2}=0.903\ 07$，$R_{M_3}=0.413\ 1$，$R_{M_4}=0.459\ 0$，$R_{M_5}=0.512\ 0$，$R_S=0.986\ 1$。

显然

$$R_S < R_S^*$$

对第一层次各单元而言，由于只有两个子系统，按照最小工作量算法，只需要对可靠度小者进行再分配，为满足系统安全目标，$R_{M_1}$ 需要提高到 0.896 9。因此，

1）需要对"逃生系统"按照最小工作量算法进行可靠度再分配；

2）对逃生系统下属 3 个单元，根据最薄弱原则，结合火灾发生机理，只需要对可靠度较小的"无法逃生"事件进行可靠度提高，为满足单元安全目标，容易计算得到 $R_{M_3}$ 需要提高到 0.577 5；

3）"无法逃生"事件仍然按照最小工作量法进行可靠度再分配，只需对可靠度较小的"无法疏散"下属事件 $M_4$ 进行可靠度再分配，其可靠度需要提高至 $R_{M_4}=0.469\ 5$；

4）把其下属基本事件的可靠度由小到大排列为 $R_1=R_{X_2}=0.750\ 0$，$R_2=R_{X_3}=0.800\ 0$，$R_3=R_{X_4}=0.850\ 0$，$R_4=R_{X_5}=0.900\ 0$，$R_s^*=R_{M_4}=0.469\ 5$。

把上述数据代入式（9-1-8），求出 $k_0$，容易得到 $k_0=1$，即 $X_2$ 需要提高可靠度。

$$R_0=\frac{0.469\ 5}{0.800\ 0\times0.850\ 0\times0.900\ 0\times1}=0.767\ 2=R_{X_2}$$

验证该单元系统的可靠度：

$$
\begin{aligned}
R_S &= R_0\times\prod_{i=2}^{4}R_i\\
&=0.767\ 2\times0.800\ 0\times0.850\ 0\times0.900\ 0\\
&=0.469\ 5\\
&=R_S^*
\end{aligned}
$$

至此，各单元的可靠度都已重新分配，系统满足了规定的可靠度指标，各单元的可靠度为

$$R_{X_0}=0.500\ 0，R_{X_1}=0.900\ 0，R_{X_2}=0.767\ 2，R_{X_3}=0.800\ 0，R_{X_4}=0.850\ 0$$

$$R_{X_5}=0.900\ 0，R_{X_6}=0.800\ 0，R_{X_7}=0.800\ 0，R_{X_8}=0.800\ 0，R_{X_9}=0.980\ 0$$

$$R_{X_{10}}=0.970\ 0，R_{X_{11}}=0.950\ 0$$

比较重新分配后的可靠度与原始的可靠度可以发现，仅仅通过改变少数几个单元的可靠度，就能够使系统的可靠度达到要求，并且需要改变可靠度的单元都是系统中可靠度较低的单元。该例中，实质上仅仅对 $X_2$ 即"疏散线路不明"基本事件的可靠度进行了提高，就实现了整个系统安全可靠程度的提高；也就是说，设计出易于分辨的疏散线路是保障群众安全、减少人员伤亡的最有效途径之一。

# 9.2 可靠性在矿山领域的应用

## 1. 通风系统可靠性

矿山通风系统是矿井生产的重要系统，为生产系统的安全运行提供可靠的保证。矿井通风系统一般包括通风网路、通风动力设施和通风构筑物三个方面。通风系统的可靠性是指通

风系统在运行过程中保持其工作参数值的能力,以维持井巷中必须满足要求的风量和其他性能的要求。通风系统的功能一般包括:

1) 在生产时期利用通风动力,以最经济的方式,向井下各用风地点供给保质保量的新鲜风流;

2) 保证作业空间有良好的气候条件;

3) 冲淡或稀释有毒有害气体和矿尘;

4) 在发生灾变时,能有效、及时地控制风向及风量,并与其他措施结合,防止灾害的扩大,进而消除事故。

本章主要讨论通风系统可靠性实现的第一方面功能。

（1）通风系统的基本术语

1) 节点:三条以上巷道的相交点称为节点,记为 $u_i(i=1,2,\cdots,m)$。在标注节点号时应保持风流由小号流向大号的规律,以便规范和检查。

2) 风路:两个节点之间的连接巷道（或者隧道）称为风路,记为 $e_i(i=1,2,\cdots,n)$。

3) 回路:由两条以上的风路形成的闭合圈称为回路。当闭合圈内无其他风路时,该回路称为网孔。

4) 分支（边、弧）:表示一段通风井巷的有向线段,线段的方向代表井巷中的风流方向。每条分支可有一个编号,称为分支号。井巷的通风参数,如风阻、风量、阻力等,可作为分支的权值。

（2）网路基本性质

1) 质量守恒定律。

在单位时间内,任一节点流入和流出空气质量的代数和为零,即

$$\sum_{i=1}^{n} q_i = 0 \tag{9-2-1}$$

式中　$q_i$——节点上第 $i$ 条风路的空气流量,单位为 $m^3/s$。

2) 能量守恒定律。

在任何闭合回路上所发生的风流能量的**代数和为零**,即

$$\sum_{i=1}^{n} h_i = \sum_{i=1}^{n} h_{fi} + \sum_{i=1}^{n} h_{zi} \tag{9-2-2}$$

式中　$h_i$——回路上第 $i$ 条风路的通风阻力,单位为 Pa;

$h_{fi}$——回路上第 $i$ 条风路中的通风机风压值,单位为 Pa;

$h_{zi}$——回路上第 $i$ 条风路的自然风压值,单位为 Pa。

3) 阻力定律。

巷道内风流处于完全紊流的流态,其阻力定律遵守平方关系,可描述成

$$h_i = r_i q_i^2 \tag{9-2-3}$$

式中　$r_i$——网路中第 $i$ 条风路的风阻值,单位为 $N \cdot s^2/m^8$。

（3）通风系统的可靠性

通风系统的可靠性一般包括巷道风流的可靠性、通风构筑物和通风机械的可靠性。

1) 巷道风流可靠性。

指某条巷道的风量在合理范围内,且能够达到矿井所需要的基本功能,即风流稳定。随着

可靠性理论的深入研究,风路可靠性还应同时考虑该风路的粉尘浓度、温度、有毒有害气体浓度等指标是否在规定的范围内,即该巷道风量的数量和质量同时在规定范围内时,才能说该风路是可靠的。风路的破坏、断面变化、堆积杂物等表现为风路风阻、风量值的变化,最终会导致巷道可靠性的变化。

根据上述分析,从通风的角度考虑,巷道风流的可靠度可定义如下:

在某一稳定状态 $S(t)$ 下,在规定的时间内第 $i$ 条风路的风量值 $q_{i_1} \leqslant q_i \leqslant q_{i_2}$,能够保持在一个合理区间范围之内 $[q_{i_1}, q_{i_2}]$,即 $q_{i_1} \leqslant q_i \leqslant q_{i_2}$ 且风流的质量满足有关安全规程要求的概率,称为这一风路的可靠度,记为 $R_i$。其中 $q_{i_1}, q_{i_2}$ 的值和风流质量相关参数由约束条件来确定。称第 $i$ 条风路的风量 $q_i$,在任意时刻 $t$ 保持在合理范围 $[q_{i_1}, q_{i_2}]$ 之内且风流的质量满足有关安全规程要求的概率 $P(q_{i_1} \leqslant q_i \leqslant q_{i_2})$ 为该风路的可靠度,记为 $R_i(t)$。

根据上述分析,第 $i$ 巷道风路的可靠度 $R_i$,可表述为

$$R_i = P\{q_{i_1} \leqslant q_i \leqslant q_{i_2}\} \qquad (9-2-4)$$

式中　$q_i$——$i$ 风路的风量,单位为 $\mathrm{m^3/s}$;

$q_{i_1}$——$i$ 风路所需最低风量,单位为 $\mathrm{m^3/s}$;

$q_{i_2}$——$i$ 风路所允许通过的最大风量,单位为 $\mathrm{m^3/s}$。

具体实际应用时,可以采用如下公式计算

$$\overline{R}_i = |(q_i' - q_i)|/q_i$$
$$R_i = 1 - \overline{R}_i \qquad (9-2-5)$$

式中　$R_i$——第 $i$ 条风路的可靠度;

$\overline{R}_i$——第 $i$ 条风路的不可靠度;

$q_i$——第 $i$ 条风路变化前的风量,单位为 $\mathrm{m^3/s}$;

$q_i'$——第 $i$ 条风路变化后的风量,单位为 $\mathrm{m^3/s}$。

2) 通风构筑物可靠度。

通风构筑物是控制风流和减小矿井灾害损失的关键部件之一。主要指矿山通风系统中的风门、风墙和风桥,它对井下生产、安全的影响很大。考虑到通风构筑物的功能,采用漏风率来定义构筑物的可靠度 $R_t$。

$$R_t = 1 - \overline{R}_t$$
$$\overline{R}_t = q_L/q \qquad (9-2-6)$$

式中　$R_t$——通风构筑物的可靠度;

$\overline{R}_t$——通风构筑物的不可靠度;

$q_L$——通风构筑物的漏风量,单位为 $\mathrm{m^3/s}$;

$q$——通风构筑物所在巷道进风点的风量,单位为 $\mathrm{m^3/s}$。

3) 通风机械的可靠度。

通风机械可靠度可以根据元器件的组成状态,一是利用串并联计算可以得到;二是由于该机械可靠性较高,可以不考虑该元件,在进行通风系统可靠性研究时直接分析巷道风流可靠性和通风构造物的可靠性。

(4) 通风网络可靠度

在求得通风系统各巷道风流的可靠度以后,即可根据各风路(巷道风流可靠度)的可靠度,

计算出整个网络的可靠度。由于在求各风路可靠度时,已考虑了各风路之间的相互影响,因此在求解网络的可靠度时,可将各风路看作独立的单元,认为整个网络是由这些独立风路组成的网络系统,可采用一般网络可靠性的计算方法来预测网络的可靠度。

　　(5)通风系统可靠性计算

　　在矿井中,影响通风系统可靠性的因素很多,通风机的非正常工作,挡风墙、风门等,建筑物的漏风,井巷内堆放物品的变化等都会影响通风系统的可靠运行。

　　上述因素变化主要体现在网路风阻的变化,风阻变化进一步影响风路风量的变化,因而通过研究风路风量的可靠性即可分析通风系统的可靠性。

　　图 9-5 为某矿井巷道通风示意图。根据通风网络理论,绘制的通风网络图,如图 9-6 所示。

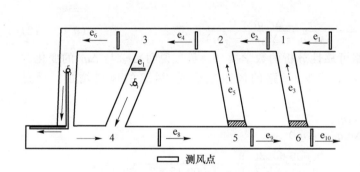

图 9-5　某矿井巷道通风系统示意图

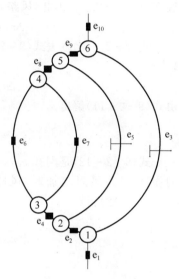

图 9-6　通风网络图

　　1)通风网路风量的计算。

　　各风路的实测通风参数如下:

$r_1 = 0.000\ 86, q_1 = 52;$

$r_2 = 0.000\ 61, q_2 = 53.4; q_3 = 1.4(漏风量);$

$r_4 = 0.000\ 17, q_4 = 55.2; q_5 = 1.8(漏风量);$

$r_6 = 0.027, q_6 = 30.9;$

$r_7 = 0.000\ 15, q_7 = 24.3;$

$r_8 = 0.000\ 19, q_8 = 55.2;$

$r_9 = 0.000\ 05, q_9 = 53.4;$

$r_{10} = 0.000\ 08, q_{10} = 52。$

式中　$r_i, i = 1, 2, \cdots, 10$——风阻,风阻单位为 $N \cdot s^2/m^8$;

　　　　$q_i, i = 1, 2, \cdots, 10$——风量,风量单位为 $m^3/s$。

　　$r_3, r_5$ 属于密闭,风阻为无穷大。

　　当风路 $e_6$ 中有矿车通过时,引起风路风阻变化,已知变化量 $\Delta r_6 = 0.000\ 6$。当风路中风阻变化 $\Delta r$ 时,引起风量改变 $\Delta q$,则由系统的能量平衡方程式

$$\sum_{i=1}^{n} r_i q_i^2 = \sum_{i=1}^{n} h_{fi} + \sum_{i=1}^{n} h_{zi} \qquad (9-2-7)$$

变为

$$\sum_{i=1}^{n} (r_i + \Delta r_i)(q_i + \Delta q_i)^2 = \sum_{i=1}^{n} (h_{fi} + \Delta h_{fi}) + \sum_{i=1}^{n} (h_{zi} + \Delta h_{zi}) \qquad (9-2-8)$$

在不考虑自然风压条件下,根据图 9-6 的通风网路图,由式(9-2-7)得 $e_6$,$e_7$ 网孔变化前的能量平衡方程式为

$$r_6 q_6^2 - r_7 q_7^2 - h_{f6} + h_{f7} = 0 \qquad (9-2-9)$$

当风路 $e_6$ 的风阻改变 $\Delta r_6$ 时,风路 $e_6$ 的风量改变为 $\Delta q_6$。由于采用射流风机增压而形成巷道式通风,在考虑全矿井总风量和风机压力变化可忽略不计的条件下时,则风路 $e_7$ 的风量改变 $\Delta q_7 = -\Delta q_6$。因此,风路 $e_6$ 的风阻变化后,该网孔的能量平衡方程变为

$$(r_6 + \Delta r_6)(q_6 + \Delta q_6)^2 - r_7 (q_7 - \Delta q_6)^2 - h_{f6} + h_{f7} = 0 \qquad (9-2-10)$$

式(9-2-10)减去式(9-2-9)并化简。由于 $\Delta q$ 变化很小,计算忽略 $\Delta q_6$ 的二次项,整理后得

$$\Delta r_6 q_6^2 + 2(r_6 q_6 + \Delta r_6 q_6 + r_7 q_7)\Delta q_6 = 0 \qquad (9-2-11)$$

由式(9-2-11)解出

$$\Delta q_6 = -\frac{\Delta r_6 q_6^2}{2(r_6 q_6 + \Delta r_6 q_6 + r_7 q_7)} \qquad (9-2-12)$$

式(9-2-12)是网孔 $e_6$,$e_7$ 回路可靠性分析的数学模型。负号说明 $\Delta r_6$ 与 $\Delta q_6$ 的变化方向相反:风路风阻增加时,风路的风量减少;风路的风阻减少时,风路的风量增加。通过式(9-2-12)得

$$\Delta q_6 = -\frac{\Delta r_6 q_6^2}{2(r_6 q_6 + \Delta r_6 q_6 + r_7 q_7)}$$

$$= -\frac{0.0006 \times 30.9^2}{2 \times (0.027 \times 30.9 + 0.0006 \times 30.9 + 0.00015 \times 24.3)}$$

$$= -0.334$$

风路 $e_6$ 的风量变化 $\Delta q_6 = -0.334$,风路 $e_7$ 的风量变化 $\Delta q_7 = -\Delta q_6 = 0.334$。

2) 计算风路的可靠度。

根据式(9-2-5)得

$$\overline{R}_1 = \frac{|q_1' - q_1|}{q_1} = 0 \quad R_1 = 1 - \overline{R}_1 = 1$$

$$\overline{R}_2 = \frac{|q_2' - q_2|}{q_2} = 0 \quad R_2 = 1 - \overline{R}_2 = 1$$

$$\overline{R}_4 = \frac{|q_4' - q_4|}{q_4} = 0 \quad R_4 = 1 - \overline{R}_4 = 1$$

$$\overline{R}_6 = \frac{|q_6' - q_6|}{q_6} = \frac{0.334}{30.9} = 0.01081 \quad R_6 = 1 - \overline{R}_6 = 0.98919$$

$$\overline{R}_7 = \frac{|q_7' - q_7|}{q_7} = \frac{0.334}{24.3} = 0.01374 \quad R_7 = 1 - \overline{R}_7 = 0.98626$$

$$\overline{R}_8 = \frac{|q_8' - q_8|}{q_8} = 0 \quad R_8 = 1 - \overline{R}_8 = 1$$

$$\overline{R}_9 = \frac{|q_9' - q_9|}{q_9} = 0 \quad R_9 = 1 - \overline{R}_9 = 1$$

$$\overline{R}_{10}=\frac{\left|q_{10}'-q_{10}\right|}{q_{10}}=0 \quad R_{10}=1-\overline{R}_{10}=1$$

3）计算挡风墙的可靠度。

根据式（9-2-6）得

$$\overline{R}_3=\frac{q_3}{q_9}=\frac{1.4}{53.4}=0.026\,22 \quad R_3=1-\overline{R}_3=0.973\,78$$

$$\overline{R}_5=\frac{q_5}{q_8}=\frac{1.8}{55.2}=0.032\,61 \quad R_5=1-\overline{R}_5=0.967\,39$$

4）计算网路的可靠度。

由通风网络图绘制等效可靠性框图，如图 9-7 所示，可靠性框图绘制原则是在保证巷道 $e_6$，$e_7$ 风量的基础上，实现整个系统通风要求。

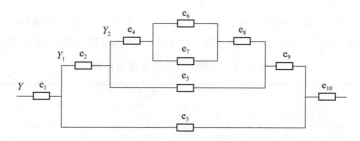

**图 9-7　可靠性框图**

设系统中两个分支系统为 $Y_1$，$Y_2$，分别计算 $Y_1$，$Y_2$ 的可靠度为

$$R_{Y_2}=R_4\times R_8\times[1-(1-R_6)(1-R_7)$$
$$=1\times1\times0.999\,851$$
$$=0.999\,851$$

$$R_{Y_1}=R_2\times R_9\times[1-(1-R_{Y_2})(1-\overline{R}_5)]$$
$$=1\times1\times[1-(1-0.999\,851)(1-0.032\,61)]$$
$$=0.999\,856$$

对于 $Y_1$，$Y_2$ 支系统，由于考虑整个通风系统的功能，因而在计算风路 $e_3$，$e_5$ 的可靠性时，两条巷道的通风的能力应是该挡风墙的不可靠度（即漏风量的可靠度）。

则该系统的可靠度为

$$R_Y=R_1\times R_{10}\times[1-(1-R_{Y_1})(1-\overline{R}_3)]$$
$$=1\times1\times[1-(1-0.999\,856)(1-0.026\,22)]$$
$$=0.999\,860$$
$$\approx1$$

5）计算结果分析。

从计算结果可以看出，风路 $e_7$ 的可靠度最低，在通风管理上是管理的关键，风路 $e_7$ 中的风机不正常工作会导致隧道内风流的循环、通风系统遭到破坏；风路 $e_5$ 上的通风构筑物由于漏风量大，可靠度较低，影响着整个系统的有效风量。整个通风网路可靠度的计算结果接近于 1，说明通风系统是可靠的，实际施工生产中该通风系统取得了较好的通风效果。

**2. 矿山排水设备可靠性优化**

煤田含煤地层及其上下临近地层中，大多有含水地层存在。由于采矿活动使一定范围内的原始地层遭到破坏,使得岩层形成裂缝,同时断层、褶曲、陷落柱等地质构造也形成了水流动的通道。含水层的水通过这些通道和裂缝,由位置高处向位置低处,压力高处向压力低处流动,形成煤矿井下涌水的来源。针对上述现象需要进行矿山排水,矿山排水的一个重要环节是设备选型优化问题。

在设备选型过程中,经常遇到这样一个问题:在满足总的排水能力条件下,是采用大容量、少台数排水泵配置方案,还是选择小容量,多台数排水泵配置方案。即需要方案优选。在实际选型过程中,一般是按设备投资、硐室工程量、耗电量的大小进行经济比较来确定水泵台数的。但是,像井下排水这种涉及到矿井安全生产的关键设备,应以确保排水系统的运转可靠为主,其次再进行经济指标的比较来确定水泵台数。

(1)井下排水系统配置方案可靠度分析

1)水泵工作台数和备用台数的配比要求。

根据《煤炭工业矿井设计规范》(GB 50215—2015)第 8.3.1 条规定:"备用水泵的能力不应小于工作水泵能力的 70%"。按此规定得到的水泵工作台数和备用台数的配比应如表 9-1 所示。

表 9-1　水泵工作台数和备用台数

| 项目 | 数据 | | | | | | |
|---|---|---|---|---|---|---|---|
| 工作台数 | 1 | 2 | 3 | 4 | 5 | 6 | … |
| 备用台数 | 1 | 2 | 3 | 3 | 4 | 5 | … |
| 合　计 | 2 | 4 | 6 | 7 | 9 | 11 | … |

2)排水系统配置方案可靠度分析。

上述泵配比方案表示了投入 $n$ 个单元(工作台数和备用台数之和)组成的系统中,$n$ 中取 $m$ 单元(工作台数),至少有 $m$ 个单元正常工作,系统才能正常工作,说明该系统属于 $m/n(G)$ 表决系统。

在排水设备组成的表决系统中,单元的失效(即偶然事故)与水泵的结构、工作条件、电气控制和工作时间长短有关。假设单元工作可靠度服从指数分布,组成系统的各个单元失效率完全相同。考虑系统的平均寿命特征量,则有 $m/n(G)$ 表决系统的平均寿命

$$\theta = \sum_{i=m}^{n} \frac{1}{i\lambda} = \frac{1}{m\lambda} + \frac{1}{(m+1)\lambda} + \cdots + \frac{1}{n\lambda}$$

式中 $\lambda$ 为单元失效率,认为投入工作的单元失效时,储备单元(备用台数)能立即转换为工作单元。即当投入总单元数为 $n$ 时,至少有 $m$ 个单元正常工作。

当 $n=4, m=2$ 时,$\theta=1/(2\lambda)+1/(3\lambda)+1/(4\lambda)=1.08/\lambda$

当 $n=6, m=3$ 时,$\theta=1/(3\lambda)+1/(4\lambda)+1/(5\lambda)+1/(6\lambda)=0.95/\lambda$

根据上述分析,可得到各种泵配比的排水系统平均寿命次序表,其结果如表 9-2 所示。

表 9-2　排水系统平均寿命

| 项目 | 数据 | | | | | | |
|---|---|---|---|---|---|---|---|
| 工作台数/台 | 1 | 2 | 3 | 4 | 5 | 6 | … |
| 备用台数/台 | 1 | 2 | 3 | 3 | 4 | 5 | … |
| 合计/台 | 2 | 4 | 6 | 7 | 9 | 11 | … |
| 排水系统平均寿命 | $1.5/\lambda$ | $1.08/\lambda$ | $0.95/\lambda$ | $0.76/\lambda$ | $0.75/\lambda$ | $0.74/\lambda$ | $0.73/\lambda$ |

从以上分析可以看出:井下排水设备排水系统平均寿命,在总能力和排水高度一定的条件下,台数越少,排水系统平均寿命越长。

(2)结论

在确定排水系统配置方案时,为保证系统工作的可靠性,建议采用大容量、少台数的配比方案。对于矿山井下排水,这种涉及到矿井安全生产的关键设备,应在保证系统可靠工作的前提下,结合具体情况,考虑经济费用、运转情况、维修和管理等因素,合理分配各种影响因素的权重,运用多目标函数法来综合决策,优选排水设备的配置方案。

# 9.3　可靠性在土木工程中的应用

**1. 边坡稳定性的可靠性分析**

边坡(Side Slope)指的是为保证路基、基坑等建筑物稳定,在路基、基坑两侧做成的具有一定坡度的坡面。按成因分类可分为人工边坡和自然边坡;按地层岩性分类可分为土质边坡和岩质边坡。按使用年限分类可分为永久性边坡和临时性边坡。

边坡工程质量是以边坡工程性能指标为判别基准的。边坡工程性能指标有三点:一是安全性,二是实用性,三是时效性。

边坡安全就是消除由于边坡破坏造成生命、财产的损失。边坡安全性是指边坡工程在形成和使用过程中,在正常工作环境和预期条件作用下,保持总体边坡稳定的能力。

实用性是在预计条件下,边坡满足特定工程使用要求的能力。例如露天矿边坡,尽管边坡岩体工程地质力学条件可以形成较陡的安全边坡,但由于矿体的赋存形态或采矿工艺要求却须设计成较缓的边坡。

时效性是特定的主体工程在其工程寿命期限内,边坡在正常形成和使用条件下,不致因边坡岩体性能随时间迁移,而出现不可接受的破坏概率的能力。

一个边坡具有安全、实用和时效性能,人们就认为具有可靠性。因此在土木工程中,一般将安全性、实用性和时效性合称为可靠性。边坡可靠性是评价和衡量边坡工程质量的综合性指标,提高边坡可靠性与提高边坡工程质量具有同样的含义。因此,在广泛的边坡工程设计、施工和使用中,深入地分析、评价边坡的可靠性,成为土木工程实践的必需。

影响边坡稳定的因素多种多样,传统的设计方法主要采用"定值"的思路,即将影响边坡性能的有关参数看成确定的数值,不考虑应力和强度的干涉作用,忽略了它们在时间和空间上的变异性,这与实际不相符合,也造成大量的安全事故。因此,边坡设计和施工利用可靠性理论进行研究有着重要意义。

目前在边坡工程中,可靠度有三种尺度。

一是稳定概率($P_s$)(又称可靠度或可靠概率),是边坡能完成预定功能的概率,仅在安全意义上讲,可谓边坡安全系数达到某一阈值的概率。因为人们从情感上更关心破坏的可能性,所以,稳定概率并不常用。

二是破坏概率($P_f$)(或称不可靠度、不可靠概率),是边坡不能完成预定功能的概率,即边坡安全系数达不到某一阈值的概率。在实际工程中,一般是计算破坏概率,并提出破坏概率的限值。

三是可靠指标($\beta$)或称安全指标。在边坡分析中,其值是边坡状态函数(以基本变量为自变量,反映边坡完成功能状态的函数)的平均值除以状态因数标准差的商,或是在 $n$ 维状态空间中,$n$ 维极限状态面至坐标原点的最短距离,并取 $\beta \geqslant 1$。在标准正态空间,可靠指标 $\beta$ 与破坏概率 $P_f$ 有数值上的对应关系。

(1) 极限状态与极限状态方程

岩土边坡,包括道路工程边坡、水利工程边坡、建筑工程边坡以及采矿工程边坡(包括采场边坡、排土场边坡、尾矿坝边坡),无论是在天然地质体中形成的,还是人工堆筑的,一般在正常设计、施工和管理条件下,都假定在正常使用期内其工作状态无明显退化。因而,所选择的数学模型不是直接与时间有关的随机过程模型,而是间接考虑时间影响的随机变量模型。这样就可以认为,边坡的可靠性主要决定于在某种条件"作用"下,它所呈现的稳定状态。

边坡稳定状态受诸多因素或变量的控制,如组成边坡的岩土体结构、强度与变形特性、地下水压力、地震等。这些变量在时间和空间上均具有不确定性,即为随机变量。根据第 6 章中的概率设计理论,在此可以构造随机变量函数模型来描述边坡状态

$$Z = g(X) = G(X_1, X_2, \cdots, X_n) \tag{9-3-1}$$

函数 $Z = g(X)$ 反映边坡的状态或性能,称为状态函数或功能函数,$X_i$ 为基本状态变量。边坡工程最基本也最重要的功能是安全性。因此,边坡状态以安全极限状态作为衡量它是否破坏的判据,则由上式可得极限状态方程

$$Z = g(X) = G(X_1, X_2, \cdots, X_n) = 0 \tag{9-3-2}$$

极限状态方程表征一个 $n$ 维曲面,可称为极限状态曲面。它把系统划分出三种状态,即

$$Z = g(X) > 0 \text{ 为安全状态}$$
$$Z = g(X) = 0 \text{ 为极限状态}$$
$$Z = g(X) < 0 \text{ 为破坏状态}$$

和两个区域,即安全区域和破坏区域,如图 9-8 所示。

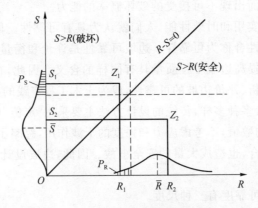

**图 9-8  $Z = R - S$ 模型的几何意义**

$S$—边坡滑动力;$R$—边坡抗滑力

(2) 可靠指标和安全系数

随机变量的概率密度分布函数能全面地描述其分布特征,如果各基本变量的概率密度函

数和分布函数为已知,可精确求得破坏概率。但在实际边坡工程中,很难精确确定概率分布,即使确定了,也难以采用解法解出。因此,当随机变量的分布尚不清楚时,只用分布的数字特征:一阶原点矩(均值)和二阶中心矩(方差)近似描述随机变量的分布特征,采用简化的数学模型进行边坡可靠度计算。

一般在边坡工程中,破坏概率 $P_f$ 由下述等价事件的概率来表示,即

$$P_f = P[(R-S)<0] = P\left(\frac{R}{S}<1\right) \tag{9-3-3}$$

对于 $Z=R-S$ 事件,$Z$ 是储备系数。认为 $R$ 和 $S$ 属于正态分布,根据第 6 章中的概率设计理论

$$\beta = Z_0 = \frac{\mu_Z}{\sigma_Z} = \frac{\mu_R - \mu_S}{\sqrt{\sigma_R^2 + \sigma_S^2}} = \frac{\dfrac{\mu_R}{\mu_S}-1}{\sqrt{\left(\dfrac{\mu_R}{\mu_S}\right)^2 \delta_R^2 + \delta_S^2}} = \frac{F_0 - 1}{\sqrt{F_0^2 \delta_R^2 + \delta_S^2}} \tag{9-3-4}$$

$$P_f = F = 1 - \Phi(\beta) \tag{9-3-5}$$

式中　$F_0$——中值安全系数,意义同平均安全系数 $n$;

　　　$\delta_R, \delta_S$——$R$ 和 $S$ 的变异系数。

$$F_0 = \frac{\mu_R}{\mu_S} = \frac{1+\beta \sqrt{\delta_R^2 + \delta_S^2 - \beta^2 \delta_R^2 \delta_S^2}}{1 - \beta^2 \delta_R^2} \tag{9-3-6}$$

对于非线性方程 $Z=R/S$,$Z$ 是安全系数,为随机变量,其计算一般采用二阶矩法,只要求计算随机变量函数的均值和方差。

$$\mu_Z \approx \frac{\mu_R}{\mu_S} \tag{9-3-7}$$

$$\sigma_Z^2 \approx \frac{\sigma_R^2}{\mu_S^2} + \left(\frac{\sigma_S}{\mu_S^2}\right)^2 \mu_R^2 \tag{9-3-8}$$

$$\beta = Z_0 = \frac{\mu_Z - 1}{\sigma_Z} = \frac{1 - \dfrac{\mu_S}{\mu_R}}{\sqrt{\delta_R^2 + \delta_S^2}} = \frac{1 - \dfrac{1}{F_0}}{\sqrt{\delta_R^2 + \delta_S^2}} \tag{9-3-9}$$

$$P_f = F = \Phi(-\beta) \tag{9-3-10}$$

$$F_0 = \frac{1}{\dfrac{\mu_S}{\mu_R}} = \frac{1}{1 - \beta^2 \sqrt{\delta_R^2 + \delta_S^2}} \tag{9-3-11}$$

由以上两个模型的分析可以看出,当满足下列两个条件时,可靠指标 $\beta$ 与破坏概率 $P_f$ 存在一一对应的关系:

1) 限状态面是线性的;

2) 基本变量 $X_i (i=1,2,\cdots,n)$ 是正态分布的。这时,当状态函数 $Z$ 的分布确定之后,$\beta$ 与 $P_f$ 的关系就确定,即可由 $\beta$ 算出 $P_f$。如果 $Z$ 为正态分布,则很容易根据 $\beta$ 值查正态分布表求得破坏概率。表 9-3 列出其中有意义的数据。

表 9 - 3　β 与 P_f 的关系

| $\beta$ | 1.00 | 1.64 | 2.00 | 3.00 | 3.09 | 3.71 | 4.00 | 4.26 | 4.5 |
|---|---|---|---|---|---|---|---|---|---|
| $P_f$ | $15.87\times10^{-2}$ | $5.05\times10^{-2}$ | $2.27\times10^{-2}$ | $1.35\times10^{-2}$ | $1.00\times10^{-2}$ | $1.04\times10^{-2}$ | $3.17\times10^{-2}$ | $1.02\times10^{-2}$ | $3.40\times10^{-2}$ |

**【例 9.1】**　有一边坡,安全系数满足正态分布 $N(\mu_{F_s}=1.339, \sigma_{F_s}=0.196)$,求当安全系数 $F_s \leqslant 1$ 的破坏概率。

**解:** 根据概率知识,将 $F_s$ 标准化,$F_s$ 的下界为 $(-\infty, 1)$

$$P_f = p(X \leqslant 1) = \Phi\left(\frac{1-1.339}{0.196}\right) - \Phi(-\infty) = \Phi(-1.73) - 0$$
$$= 0.0418 = 4.18\%$$

**【例 9.2】**　为边坡选购钢锚索。经钢索拉伸试验结果的统计分析,甲厂生产的钢锚索,抗力 $R$ 和载荷效应 $S$ 均服从正态分布,$R \sim N(907.20\ \text{kN}, 136.00\ \text{kN})$,$S \sim N(544.30\ \text{kN}, 113.40\ \text{kN})$;乙厂生产的钢锚索,抗力 $R$ 和载荷效应 $S$ 亦服从正态分布,$R \sim N(907.20\ \text{kN}, 90.70\ \text{kN})$,$S$ 的分布参数同上。问甲、乙两厂的钢锚索的破坏概率各为多少?

**解:** 将上述已知量分别代入式(9-3-9)、式(9-3-10)和式(9-3-11),求得钢锚索的中值安全系数 $F_0$,可靠指标 $\beta$ 和破坏概率 $P_s$

甲厂:$F_0 = \dfrac{\mu_R}{\mu_S} = \dfrac{907.20}{544.30} = 1.67$,$\beta = \dfrac{\mu_R - \mu_S}{\sqrt{\sigma_R^2 + \sigma_S^2}} = \dfrac{907.20 - 544.30}{\sqrt{136.00^2 + 113.40^2}} = 2.05$

$\qquad P_f = F = 1 - \Phi(\beta) = 1 - \Phi(2.05) = 0.0202$

乙厂:$F_0 = \dfrac{907.20}{544.30} = 1.67$,$\beta = \dfrac{907.20 - 544.30}{\sqrt{90.70^2 + 113.40^2}} = 2.5$,$P_f = 1 - \Phi(2.5) = 0.0062$

显然,若按传统的计算,甲乙两厂的钢锚索具有相同的安全系数 $F_0 = 1.67$,无从比较优劣。而考虑随机因素的可靠性分析明显可见,乙厂钢锚索的破坏概率显著低于甲厂。

(3) 边坡可靠度的风险分析

边坡的风险分析是对引起滑坡灾害的各种不确定因素进行风险识别、风险估计、风险评价,并在此基础上优化各种风险管理技术,做出风险决策。边坡可靠度的风险分析是将边坡岩土体性质、荷载、破坏模式及计算模型作为不确定量,采用可靠度指标或破坏概率描述边坡工程状态。

例如,我国尖山露天铁矿是一个未开采的基建矿山,采场走向近东西向,西帮边坡高 384 m,总体边坡角 34°;北帮边坡高 250~280 m,总体边坡角 44°;南帮边坡高 230~260 m,总体边坡角 44°;东帮边坡高 250 m,总体边坡角 47°。

经过综合分析,最后选定总体边坡设计破坏概率阈值为 $10\times10^{-3}$(即可靠指标 β=2.33),同时满足中值安全系数 $F_0 \geqslant 1.15$。确定的主要依据是:

1) 可接受风险水平的确定。一方面反映分析的精度和决策者的胆识与魄力;另一方面也受到实际抗御风险能力的制约,例如,边坡位移监测系统的完备程度,边坡破坏的防范装备水平等。考虑到我国目前的技术状况,风险补救能力较弱,宜适当降低风险水平。

2) 设计可靠指标确定的准确与否,决定于破坏概率计算结果的准确程度。一般取较高破坏概率做设计使用指标。

3）破坏概率的误差和可信度。为了提高可靠指标的精度，该工程取误差的数量级为 $1 \times 10^{-2}$，就是说，只对实际破坏概率的 $P_f \times 10^{-2}$ 位有效。

**2. 基坑工程的故障树分析**

为地下工程结构提供安全、足够施工空间的基坑工程，由于复杂的地基土和环境条件，同时又是一种临时性措施，设计分析方法至今仅停留在半经验、半理论的技术水平上，支护结构的施工、开挖、主体地下结构施工和现场监测一般由不同的单位承担，各方按图施工，致使开挖过程中的协调性较差，监管重点和应急对策也常常难以实施到位，因此，基坑工程中存在较大的安全风险性，一旦出现事故，不仅会对坑内主体工程造成直接损失，还会对周边建（构）筑物的安全乃至社会安定产生严重的负面影响。

事实上，影响基坑工程安全性的因素很多，而且在不同的基坑工程中，这些因素的相对主次地位也明显不同。因此，在应用现行技术标准进行基坑工程设计和施工前，采用故障树分析方法从整体角度识别影响基坑工程安全性的主要因素，以指导在设计、施工、监测中，采取有力的措施来提高基坑工程的安全性是十分必要的。

（1）基坑工程的安全性分析

基坑工程的支护常采用排桩（包括悬臂式、桩锚式和桩撑式）、放坡开挖、重力式水泥搅拌桩挡土墙、土钉支护、地下连续墙等支护类型。根据基坑工程事故的统计资料分析，排桩支护结构事故发生的频率高达 0.575（其中悬臂式为 0.439、桩锚式为 0.068、桩撑式为 0.068），其次是深层水泥土搅拌桩（频率为 0.115），然后是土钉支护和放坡（频率皆为 0.101）。此外，地下连续墙支护的事故也有发生（频率为 0.088）。

下面针对应用较多且事故发生率较高的放坡开挖支护进行安全分析。

基坑支护破坏一般有基坑土体隆起、管涌及流沙、支护结构整体失稳、支撑强度不足或压屈、墙体破坏、支护结构平面变形超过限度等类型。造成事故的主要原因有两个，一是客观原因，如开挖深度的增加和土质、地下水及环境条件的变化与复杂，二是由于人为原因，如勘察、设计、施工、项目管理、施工监理、现场监测等多个环节缺失所造成。

1）工程勘察问题。主要包括未认真对场地进行实地勘察，随意套用附近已有工程的勘察资料或者勘察数据不全面，使设计所用参数、指标有偏差，致使支护结构安全度不足。

2）设计问题。主要包括无证设计、虚假设计、方案选择不当、设计计算错误、设计人员缺乏经验等。

3）施工问题。主要有施工单位无资质、施工质量差，随意修改设计，治理水的措施不得力，现场管理混乱，不按施工规程施工，忽视施工监测和险情处理等。

4）建设单位管理问题。包括未严格审查优选勘察、设计、施工单位的资质，过度压低工程造价或资金筹集不足，不办理报建审批手续，随意修改支护结构体系设计，缺乏质量安全监督等。

5）施工监理问题。主要是监理人员专业水平低、不按规定履行监理职责等。

6）现场监测问题。主要体现在所用仪器设备不能满足监测要求或发生故障、监测间隔过长、监测数据未及时处理和汇报、预警条件不当等。

（2）故障树的编制

基坑工程自开挖到完成地面以下全部隐蔽工程的施工，常会经历多次降雨、周边堆载或振动、施工失当等许多不利条件的影响，其安全度的随机性较大，事故的发生往往具有突发性。

根据第 7.3 节理论,分析如下。

1)顶事件:基坑放坡开挖事故。

2)建造事故树图:基坑放坡开挖体系故障树如图 9-9 所示。

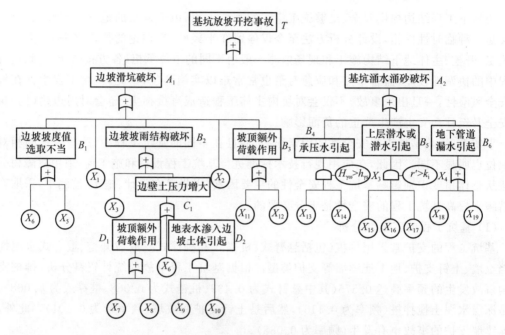

**图 9-9 基坑放坡开挖体系故障树图**

各基本事件符号意义如表 9-4 所示。

**表 9-4 图 9-9 中符号的意义**

| 符 号 | 意 义 | 符 号 | 意 义 |
|---|---|---|---|
| $X_1$ | 超挖 | $X_{11}$ | 封底有缺陷 |
| $X_2$ | 基坑暴露时间过长 | $X_{12}$ | 静压力水量较大 |
| $X_3$ | $H_{\gamma_w} > h_{\gamma_s}$ | $X_{13}$ | 存在砂型土层 |
| $X_4$ | $r' > k_j$ | $X_{14}$ | 封底或止水有缺陷 |
| $X_5$ | 土体特性参数负偏差 | $X_{15}$ | 开挖前水管已破裂 |
| $X_6$ | 未进行边坡稳定验算 | $X_{16}$ | 开挖后土体变形引起水管开裂 |
| $X_7$ | 坡面防护方法不当 | $X_{17}$ | 忽视临近建筑物的附加应力影响 |
| $X_8$ | 坡顶超额堆载 | $X_{18}$ | 降雨或地下管道漏水 |
| $X_9$ | 机具作用荷载过大 | $X_{19}$ | 排水设施不当 |
| $X_{10}$ | 承压水压力水头较大 | | |

注:$H_{\gamma_w} > h_{\gamma_s}$ 为承压水引起涌水涌土的条件;$H$ 为承压水压力水头,$r_w$ 为地下水的重度,$h$ 为基坑坑底到坑下承压水层的土层厚度,$r_s$ 为土层土的重度;$r' < k_j$ 为上层滞水或潜水引起涌水涌砂的条件,$r'$ 为土的浮重度,$k$ 为安全系数,一般取 1.5~2.0,$j$ 为最大渗流力。

（3）事故树定性分析

根据布尔代数规则,求得图 9-9 所示故障树的最小割集:

$$T = A_1 + A_2 = (B_1 + X_1 + B_2 + X_2 + B_3) + (B_4 + B_5 + B_6)$$
$$= (X_5 + X_6) + X_1 + (X_3 + C_1) + X_2 + (X_{11} + X_{12}) + X_{13}X_{14}X_3 +$$
$$X_4 X_{15} X_{16} X_{17} + X_{18} + X_{19}$$
$$= X_5 + X_6 + X_1 + X_3 + (D_1 + X_6 + D_2) + X_2 + X_{11} + X_{12} + X_{13}X_{14}X_3 +$$
$$X_4 X_{15} X_{16} X_{17} + X_{18} + X_{19}$$
$$= X_5 + X_6 + X_1 + X_3 + X_7 + X_8 + X_6 + X_9 X_{10} + X_2 + X_{11} + X_{12} + X_{13}X_{14}X_3 +$$
$$X_4 X_{15} X_{16} X_{17} + X_{18} + X_{19}$$
$$= X_5 + X_6 + X_1 + X_3 + X_7 + X_8 + X_9 X_{10} + X_2 + X_{11} + X_{12} + X_4 X_{15} X_{16} X_{17} +$$
$$X_{18} + X_{19}$$

可知,在图 9-9 的故障树图中有 13 个最小割集,分别为

$\{X_5\}, \{X_6\}, \{X_1\}, \{X_3\}, \{X_7\}, \{X_8\}, \{X_9, X_{10}\}, \{X_2\}, \{X_{11}\}, \{X_{12}\}, \{X_4, X_{15}, X_{16}, X_{17}\}, \{X_{18}\}, \{X_{19}\}$

上述计算结果表明:超挖,土体特性参数负偏差,没进行边坡稳定验算,坡面防护方法不当,坡顶超额堆载,机具作用荷载过大,开挖前水管已破裂,开挖后土体变形引起水管开裂,忽视邻近建筑物的附加应力影响等因素都可以直接造成基坑放坡开挖事故的发生。该基坑放坡开挖事故有 13 种潜在的破坏模式。

（4）事故树定量分析

该坑底设计标高为 -4.30 m,开挖深度(坡高)为 8.46 m,开挖坡度为 1:1.5,要求设置二级井点降水;根据基坑开挖深度和设计边坡坡度,要求地面堆土应距基坑边大于 3 m,堆土高度小于 2 m。设计对地基土采用三轴不固结不排水抗剪强度指标,以简单条分法计算求取最危险滑动面的稳定安全系数 K 在基坑边不堆土情况下为 1.29,在离坑边 3 m、堆土高度为 2 m 的情况下则略大于 1。

根据工程经验,通过有关工程技术人员对图 9-9 放坡开挖故障树中基本事件发生的概率(频率)进行打分,综合结果如表 9-5 所示。该概率值与事件发生的可能性及严重程度间的对应关系为:0.01 为不可能,0.1 为可能性较小,0.3 为可能但不经常,0.5 为可能且一般较为严重,0.7 为相当可能且严重,0.9 为完全可能且非常严重。

表 9-5　基本时间的发生概率及关键重要度

| 符　号 | 概　率 | 概率重要度 | 符　号 | 概　率 | 概率重要度 |
|---|---|---|---|---|---|
| $X_1$ | 0.3 | $1.139e^{-0.02}$ | $X_7$ | 0.3 | $1.139e^{-0.02}$ |
| $X_2$ | 0.2 | $6.644e^{-0.03}$ | $X_8$ | 0.7 | $6.201e^{-0.02}$ |
| $X_3$ | 0.01 | $2.657e^{-0.08}$ | $X_9$ | 0.1 | $2.953e^{-0.03}$ |
| $X_4$ | 0.3 | $2.392e^{-0.07}$ | $X_{10}$ | 0.01 | $2.657e^{-0.08}$ |
| $X_5$ | 0.2 | $6.644e^{-0.03}$ | $X_{11}$ | 0.01 | $2.657e^{-0.08}$ |
| $X_6$ | 0.01 | $2.684e^{-0.04}$ | $X_{12}$ | 0.3 | $2.392e^{-0.07}$ |

| 符　号 | 概　率 | 概率重要度 | 符　号 | 概　率 | 概率重要度 |
|---|---|---|---|---|---|
| $X_{13}$ | 0.01 | $2.392e^{-0.07}$ | $X_{17}$ | 0.01 | $2.684e^{-0.04}$ |
| $X_{14}$ | 0.01 | $2.392e^{-0.07}$ | $X_{18}$ | 0.7 | $1.431e^{-0.02}$ |
| $X_{15}$ | 0.2 | $6.644e^{-0.03}$ | $X_{19}$ | 0.5 | $1.431e^{-0.02}$ |
| $X_{10}$ | 0.01 | $2.657e^{-0.08}$ | | | |

把基本事件发生的概率代入相应公式,求得顶事件发生的概率 $g=0.9741$,放坡开挖工程中发生事故的各基本事件概率重要度计算如表 9 - 5 所列。

由概率重要度计算结果可知,$X_8$(坡顶超额堆载)对系统事故发生的贡献最大;而 $X_{16}$(土体变形引起水管开裂)、$X_{18}$(降雨或地下管道漏水)和 $X_{19}$(排水设施不当)次之,也是引起事故的较为主要的原因。定性分析得出故障树的最小割集 $\{X_8\}$ 和 $\{X_{18},X_{19}\}$ 均为该故障树的最小割集,它们是该基坑危险源的两种基本组合方式。

如果仅 $X_8$(概率 0.7)发生而其他基本事件均不发生,求得 $g=0.7259$;

若仅 $X_{18}$(概率 0.7)和 $X_{19}$(概率 0.5)同时发生而其他基本事件均不发生,求得 $g=0.4121$;

若仅 $X_8$(概率 0.7)、$X_{18}$(概率 0.7)和 $X_{19}$(概率 0.5)同时发生而其他基本事件均不发生,求得 $g=0.8218$。可见,同时发生的最小割集越多,则系统发生事故的概率将越大,且概率重要度越大的基本事件对系统故障概率的贡献越大。

在本工程实例中,若 $X_8$,$X_{18}$,$X_{19}$ 这 3 个基本事件同时发生且其余的基本事件也有部分发生,则该基坑工程发生事故的可能性将大大增加($g=0.9741$)。

因此,若对坑边地面堆载、雨水和地下水等不能按设计和规范要求进行有效控制的话,则该基坑工程发生事故的可能性将是非常大的。实际上,该基坑在开挖施工过程中,堆土离基坑边小于 3 m 且堆土高度大都超过 2 m(局部接近 5 m),只设了一级井点来控制地下水位,而且在基坑开挖达到设计深度的前一天还下了雨。这些施工不利因素的出现,导致了当基坑开挖刚达到设计深度时,突然发生了滑坡事故。事后调查分析,引起该基坑产生滑坡事故的主要原因,是施工过程中坡顶超额堆载、排水不当和降雨等综合因素造成的。

从以上实例分析表明,应用 FTA 模型对认清基坑工程中存在的主要安全隐患具有积极的意义。

# 9.4　可靠性工程在设备安全管理上的应用

设备故障发生的随机性很强,它不仅与设备本身的设计、制造、安装,使用的条件和环境,操作人员的素质等诸多因素有关,还与其管理模式有关。应用可靠性工程可以把对设备的描述由定性转为定量,同时应用微机等现代化管理手段实时准确地控制设备运行情况,一方面可以准确经济地确定设备的可靠性,另一方面以此指导其运行和维修,变被动故障修理为主动预防性检修。在设备安全管理方面应用可靠性工程,有可能获得设备系统运行的稳定和高效率,创造最佳经济效益,建立起完整的设备安全管理体系,推动设备安全管理工作向现代化方向发展。

（1）验证 C62021 普通车床可靠度

C62021 车床为屯溪机床厂 1988 年 3 月出厂,5 月 20 日交付使用,至 1998 年 5 月底该车床共计运行 26 836 h。该车床共由 10 个部分组成,在其服务期间,各部位故障数如表 9 - 6 所示。

表 9 - 6　C62021 车床各部位故障统计表

| 序　号 | 1 | 2 | 3 | 4 | 5 | 6 | 7 | 8 | 9 | 10 |
|---|---|---|---|---|---|---|---|---|---|---|
| 部位名称 | 电动机 | 电器 | 车头箱 | 走刀箱 | 挂轮箱 | 溜板箱 | 托板 | 尾架 | 刀架 | 床身三杆 |
| 故障数 | 2 | 8 | 3 | 4 | 3 | 5 | 2 | 2 | 3 | 3 |

因为故障率时随时间变化,有时上升,有时下降,有时相对稳定,且经过多次修理,存在着已使用多年和维修更换的零件共存的状况,故认为其故障率属于指数分布。由于该布床只根据故障率的定义,该机床只有一台无法计算其平均故障率。从工程应用角度,可以认为交付使用至 1998 年 5 月底,即 $\Delta t = 26\ 836$ h,在此期间失效数为其各个部位对应的故障数。因此,一台次机床条件下的故障率为

$$\lambda = \frac{\Delta n(t)}{\text{一台次} \cdot \Delta t} \tag{9 - 4 - 1}$$

将 10 个部位的故障数分别代入上式中,计算出各部位的故障率为

$$\lambda_1 = \lambda_7 = \lambda_8 = 2 / 268\ 36 = 7.452\ 6 \times 10^{-5}\ \text{h}^{-1}$$
$$\lambda_2 = 8 / 268\ 36 = 2.981\ 2 \times 10^{-4}\ \text{h}^{-1}$$
$$\lambda_3 = \lambda_5 = \lambda_9 = \lambda_{10} = 3 / 268\ 36 = 1.117\ 9 \times 10^{-4}\ \text{h}^{-1}$$
$$\lambda_4 = 4 / 268\ 36 = 1.490\ 5 \times 10^{-4}\ \text{h}^{-1}$$
$$\lambda_6 = 5 / 268\ 36 = 1.863\ 2 \times 10^{-4}\ \text{h}^{-1}$$

整台车床的总故障率 $\lambda_T$ 应为各部位故障率之和,即

$$\lambda_T = \lambda_1 + \lambda_2 + \cdots + \lambda_{10} = 35 / 26\ 836 = 1.304\ 2 \times 10^{-3}\ \text{h}^{-1}$$
$$R(t) = \exp(-1.304\ 2 \times 10^{-3} t)$$

式中 $t$ 为机床运转延续时间,以不同 $t$ 代入即可得出不同的 $R(t)$,如表 9 - 7 所示。

表 9 - 7　C62021 车床可靠性统计表

| $t/h$ | 0 | 500 | 1 000 | 1 500 | 2 000 | 2 500 | 3 000 |
|---|---|---|---|---|---|---|---|
| $R(t)$ | 1 | 0.521 0 | 0.271 3 | 0.141 3 | 0.126 4 | 0.082 0 | 0.019 0 |

由此绘出其可靠性曲线,如图 9 - 10 所示。

该型号的车床为 C 类设备,可靠度为 0.3,平均无故障间隔时间为 1 000 h,每 4 个月检修一次。该车床可靠度为 0.3 时,其平均无故障间隔时间（寿命）约为 923 h,与要求 1 000 h 基本吻合,说明规定的可靠度是符合实际情况的。从表 9 - 7 可知,如果将可靠度定为 0.27,其检

修周期正好为 1 000 h。

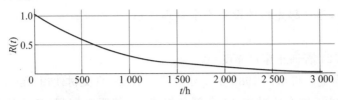

**图 9 - 10   C62021 车床可靠性曲线图**

（2）分析承重滚轮不可靠度 $F(t)$ 图和即时故障率 $\lambda(t)$ 图

某厂自行设计制造了一条车厢油漆生产线，主要由悬挂支架、输送链、行星减速器、驱动及张紧装置、喷漆室、烘道、供漆系统、净化系统和电器控制系统组成。其中输送链系统中的承重滚轮发生的故障较多，所以将其列为研究对象。

承重滚轮实际上是一个部件。它是由滚轮体、承重轴、轴承、端盖和挡圈等装配而成。发生故障的原因主要有 3 个方面：

1）超载，原设计单轮承重 50 kg，实际承重 954 kg；

2）轴承润滑不好，因烘道温度达 180 ℃，导致黄油流失，轴承无法润滑；

3）烘道内外温度差过大，零件冷热变化频繁，挡圈脱落，端盖窜动，加速滚轮组损坏。将一副滚轮组作为一个计算单位，它的故障数是其零件故障数的总和。

该生产线长 185 m，每 1 m 一对滚轮组，共有 370 只，投产至 1996 年 5 月，共运行 60 个月，累计故障数为 205 次。按月统计 1996 年 6 月至 1997 年 5 月的有关数据，并将其分别代入式（3-1-5）和式（3-2-2）中，计算出 $F(t)$ 值和 $\lambda(t)$ 值，如表 9-8 所示。

将表 9-8 中的 $F(t)$ 和 $t$，$\lambda(t)$ 和 $t$ 之值分别点入直角坐标中，即得 $F(t)$ 图（见图 9-11）和 $\lambda(t)$ 图（见图 9-12）。

**表 9 - 8   承重滚轮组故障状况统计表**

| 时间 | 故障数 | 累计故障数 $n$ | 滚轮总数 $N$ | $F(t) = n/N$ | $R(t) = 1 - F(t)$ | $\Delta F(t) = F(t+1) - F(t)$ | $\lambda(t) \approx \Delta F(t)/R(t)$ |
|---|---|---|---|---|---|---|---|
| | | 205 | 370 | 0.554 | 0.446 | — | — |
| 1996 年 6 月 | 1 | 206 | 370 | 0.557 | 0.443 | 0.003 | 0.007 |
| 1996 年 7 月 | 3 | 209 | 370 | 0.565 | 0.435 | 0.008 | 0.018 |
| 1996 年 8 月 | 2 | 211 | 370 | 0.570 | 0.430 | 0.005 | 0.012 |
| 1996 年 9 月 | 5 | 216 | 370 | 0.583 | 0.417 | 0.013 | 0.031 |
| 1996 年 10 月 | 4 | 220 | 370 | 0.595 | 0.405 | 0.012 | 0.030 |
| 1996 年 11 月 | 1 | 221 | 370 | 0.597 | 0.403 | 0.002 | 0.005 |
| 1996 年 12 月 | 6 | 227 | 370 | 0.614 | 0.386 | 0.017 | 0.044 |
| 1997 年 1 月 | 3 | 230 | 370 | 0.622 | 0.378 | 0.008 | 0.021 |
| 1997 年 2 月 | 8 | 238 | 370 | 0.643 | 0.457 | 0.021 | 0.059 |
| 1997 年 3 月 | 2 | 240 | 370 | 0.649 | 0.351 | 0.006 | 0.017 |
| 1997 年 4 月 | 7 | 247 | 370 | 0.668 | 0.332 | 0.019 | 0.057 |
| 1997 年 5 月 | 4 | 251 | 370 | 0.678 | 0.322 | 0.010 | 0.031 |

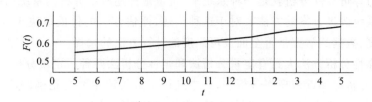

图 9 - 11　承重滚轮组 $F(t)$ 图

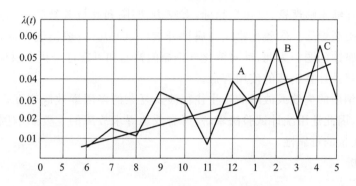

图 9 - 12　承重滚轮组 $\lambda(t)$ 图

观察图 9 - 11,可发现 $F(t)$ 呈单调上升,说明可靠度在逐渐降低,不可靠度在增加,根据第 3 章中的典型失效率曲线,可以断定该设备已进入耗损期。这条悬挂输送系统在 1997 年 6 月份以后经过了大修,用粉末冶金套代替了滚动轴承,比较好地解决了承重滚轮故障问题。

由图 9 - 12 知,$\lambda(t)$ 值不等于常数,波动较大,总趋势呈上升状况,证明该系统已处于耗损失效期。从该图中可知,A,B,C,三点即时故障率较高。查阅当班记录可知原因,一是连续工作时间过长;二是操作人员违反操作规程,发生输送系统"卡死"现象;三是备件质量较差。为力求将失效率控制在一定的范围内,根据图 9 - 12 和实践经验,在偶然失效期内,失效率 $\lambda(t) = 0.02$ 较为合理。

# 9.5　可靠性理论在石化行业中的应用

**1. 液化石油气储罐的可靠性分析**

随着我国石油化工工业的发展以及国家原油战略储备库项目的实施,石油及石油产品在生产、生活中的应用越来越广泛,各类油库、加油加气站日益增多。储罐是储存散装油或液化气最重要的设备,钢瓶储存液化气也是当前家庭应用最普遍的一种储存液化石油气的方式。若液化石油气钢瓶一旦发生突发事故,将会导致严重的人员伤亡和财产损失,社会影响也是难以估量的。因此,有必要对液化石油气钢瓶进行可靠性研究分析,找出危险因素,从而提出安全对策以便采取相应的措施确保其安全运行,为企业及社会减灾防灾提供理论依据。

(1)可靠性分析方法综述

可靠性是部件、元件、产品或系统完整性的最佳度量,是指在规定条件下、规定时间内完成规定功能的能力。可靠性分析就是一种系统地、定量地描述所要分析的系统的风险,并在此基础上提出对该系统改进方案的方法。对于这种描述,评估方法的价值取决于分析者对所分析系统的了解程度、数据的掌握是否全面及可靠度的计算方法的选择。

常用的可靠性分析方法大致有定量分析法和定性分析法两种。定量分析法又称概率分析法,包括纯概率分析法和近似概率分析法,其中纯概率分析法主要有精确解法和统计试验法。定性分析法主要有故障影响和危害度分析法、事故树分析法等。

目前,石油化工行业常见的储罐故障问题有 4 种情况。①钢瓶质量差。如钢瓶外观涂层破损,底部腐蚀,环缝不够严密,错边量超标,有咬边、凹陷和弧坑等缺陷。②过量充装。过量充装引发的钢瓶破裂爆炸。③硫化物应力腐蚀开裂(SSCC)。一般出现在液化气储罐或卧罐内壁。④孔蚀等腐蚀问题。为此,针对液化气钢瓶的检验和可靠性分析不仅应考虑钢瓶强度,还应进行疲劳校核及计算钢瓶的使用寿命。

液化石油气钢瓶的失效或故障的发生往往涉及复杂的多因素效应交互作用,一般不容易构造成数学模型,因此选用统计试验法求解,可有效地寻求故障的主要影响因素,强化薄弱环节,提高系统或质量的可靠性。

(2)理论分析

1)基本公式。

液化石油气钢瓶安全评定和分析的基本目标是在一定的可靠度下保证其危险断面上所受的抗力小于许用应力,否则,容器将由于未满足可靠度要求而导致失效。在正常工作的恒幅载荷作用下,储罐的应力计算(在 $y=0$ 处)如下。

$$\sigma_1 = \frac{pR_m}{2\delta} \tag{9-5-1}$$

$$\sigma_2 = \frac{pR_m}{\delta}\left[1 - \frac{R_m^2}{2H^2}\right] \tag{9-5-2}$$

式中　$\sigma_1, \sigma_2$——轴向和周向应力,单位为 Pa;

$p$——钢瓶承受压力,单位为 Pa;

$R_m$——钢瓶筒体半径,单位为 m;

$\delta$——壁厚,单位为 m;

$H$——钢瓶长度的 1/2,单位为 m。

判定钢瓶能否正常使用,采用的极限方程式为(以 $\sigma_2$ 为基准)

$$y = f(x) = r - \frac{pR_m}{\delta}\left[1 - \frac{R_m^2}{2H^2}\right] = r - \frac{pW}{\delta} = 0 \tag{9-5-3}$$

式中　$r$——钢瓶爆破压力,单位为 Pa;

$W$——与储罐半径和高度有关的常数,$W = R_m\left[1 - \frac{R_m^2}{2H^2}\right]$。

2)统计试验法。

定量分析法中的统计试验法是将随机数赋予各种适当的物理含义,将各种随机过程的概率特征与数学分析问题的解答联系起来。这种方法的核心问题是构造模拟的概率模型,并产生随机数,然后统计处理模拟的结果。

相类比于其他可靠性分析法,统计试验法的优点有两点。①具有模拟随机现象的特点,并能够应用于计算复杂随机变量函数的概率分布和数字特征,检验各种多元统计分析方法处理的效果,模拟时间序列、随机过程,寻求最优化参数。②针对可靠度的计算方法使用方便、结果可靠,随着计算机软、硬件技术不断发展,随机问题在计算机仿真上可以得到较为完善的模拟和解答,统计试验法的计算费用也在不断下降。

由于结构的制造、测量甚至计算成本都不可避免地受各种因素的影响而引起误差。因此,在进行分析研究时,应把有关的统计量看作随机变量,用统计试验法计算抽样值,这样研究结果更接近于实际工程问题。

3）函数分布特征。

应用统计试验法首先要求明确各随机变量的分布特征,下面介绍使用较为广泛的正态分布和对数正态分布。

① 正态分布。

随机变量为正态分布的概率为

$$f(x) = \frac{1}{\sigma\sqrt{2\pi}}\exp\left[-\frac{(x-\mu)^2}{2\sigma^2}\right]$$
$$(-\infty < x < +\infty) \tag{9-5-4}$$

随机变量抽样值为

$$y = \xi\sigma + \mu \tag{9-5-5}$$

式中　$\mu$——均值;

$\sigma$——标准差;

$x, \zeta$——随机变量。

② 对数正态分布。

对数正态分布的概率密度为

$$f(x) = \frac{1}{s\sqrt{2\pi}x}\exp\left[-\frac{(\ln x - \lambda)^2}{2s^2}\right]$$
$$(-\infty \leqslant x < +\infty) \tag{9-5-6}$$

随机变量抽样值为

$$y = \exp(s\xi + \lambda) \tag{9-5-7}$$

式中　$s$——样本标准差。

4）计算程序。

用 VB 语言编制液化石油气钢瓶可靠性分析的程序来计算钢瓶的失效概率和可靠性,程序示意如图 9-13 所示。

（3）实例

根据 8 个工厂生产的液化石油气钢瓶抽样检查的数据计算液化石油气钢瓶的可靠度。

已知条件:制造钢瓶的材料为 20 钢,其抗拉强度为 387.09 MPa,变异系数 $C_{ob} = 0.05$。钢瓶筒体平均半径 158.5 mm,钢瓶筒体壁厚 $\delta = 2.62 \sim 3.3$ mm,呈对数正态分布。

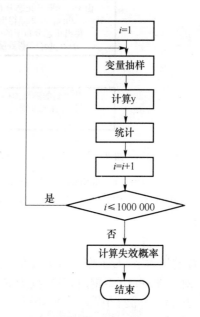

图 9-13　钢瓶可靠性分析计算程序简化示意图

液化石油气钢瓶的爆破压力 $p_b$ 呈对数正态分布，YSP-10 型钢瓶爆破压力均值为 14.495 MPa，YSP-15 型钢瓶爆破压力均值为 10.93 MPa，变异系数近似为 $C_{pb}=0.1$。液化石油气钢瓶的基本随机变量如表 9-9 所示。

表 9-9　基本随机变量

| 变量类型 | 材料强度/MPa | 钢瓶筒体壁厚/mm | 钢瓶爆破压力/MPa | |
|---|---|---|---|---|
| 分布类型 | 正态分布 | 正态分布 | 对数正态分布 | |
| 均值 | 387.09 | 3.0 | 14.495<br>YSP-10 型 | 10.93<br>YSP-15 型 |
| 标准方差 | 4.399 | 0.337 | — | — |

1）计算。

根据以上数值，将基本随机变量的值代入极限方程式 $y=f(x)=r=Wp/\delta=0$ 得，对于 YSP-10 型钢瓶，$W=101.5668$；对于 YSP-15 型钢瓶，$W=129.934$。

2）迭代。

运用 VB 语言编程思想，结合题中已知条件，对数值进行迭代计算，编程思路如图 9-14 所示。

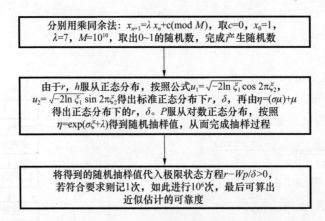

**图 9-14　液化石油气钢瓶可靠性分析的程序编程思路示意图**

程序中，取 0～1 的随机数，按照图 9-14 相关公式，对有关数值进行处理，计算得到随机抽样值，再将各个数据的抽样值代入到方程 $r-Wp/\delta>0$ 中，进行迭代，最后可算出近似估计的可靠度。

3）结果分析。

当爆破压力 $p_b$ 与工作压力 $p$ 比值 $p_b/p \geqslant 2$ 时，结果如下。

① 对于 YSP-10 型钢瓶，可靠度为 $R(t)=P(y>0)=99.4760\%$，失效概率 $F(t)=P(y<0)=1-R(t)=0.5240\%$。

② 对于 YSP-15 型钢瓶，可靠度为 $R(t)=P(y>0)=98.7880\%$，失效概率 $F(t)=P(y<0)=1-R(t)=1.2120\%$。

计算结果说明，该企业的 YSP-10 型和 YSP-15 型液化石油气钢瓶具有较高的可靠度，能够满足企业较长时间的设备运行要求。

4）结语

在结合液化石油气钢瓶设备特点和工作性能的基础上，提出了可靠性分析方法，选用统计试验法建立概率模型、随机抽样、统计结果，并结合可视化程序设计语言 VB 编制了液化石油气钢瓶可靠性分析的程序。通过与生产使用中钢瓶的实际效率对比与核实，得出预测工作性能与实际的工作性能一致。从经济上考虑，运用统计试验法对液化石油气钢瓶进行可靠性分析计算费用下降，减少了材料损耗，降低了成本。因此，具有十分重要的意义。

**2. 压力容器的可靠性分析**

对压力容器进行可靠性分析的一种方法是计算其可靠度，为压力容器的设计及失效分析提供理论依据，具有一定的实际意义。依据压力容器可靠度的计算式，分别计算了内压球形容器及圆筒形容器的可靠度。

**（1）可靠性分析的理论依据**

假设应力 $s$、强度 $S$ 均为正态随机变量，相应的均值及标准离差分别为 $\bar{s}, \bar{S}$ 及 $\sigma_s, \sigma_S$，则其概率密度函数分别为

$$f(s) = \frac{1}{\sqrt{2\pi}\sigma_s}\exp\left[-\frac{1}{2}\left(\frac{s-s^{-2}}{\sigma_s}\right)\right] \qquad (9-5-8)$$

$$f(S) = \frac{1}{\sqrt{2\pi}\sigma_S}\exp\left[-\frac{1}{2}\left(\frac{S-S^{-2}}{\sigma_S}\right)\right] \qquad (9-5-9)$$

由应力—强度干涉模型法，有联结方程

$$Z = -\frac{\bar{S}-\bar{s}}{[\sigma_S^2 + \sigma_s^2]^{\frac{1}{2}}} \qquad (9-5-10)$$

计算出 $Z$ 值后，通过查正态分布函数表可得可靠度 $R$。

（2）压力容器的可靠性分析

1）压力容器的受力分析。

对于薄壁容器，受二向应力作用，即横截面上应力 $s_L$ 及纵截面上应力 $s_t$

内压球形容器

$$\begin{cases} s_L = \dfrac{PD}{4t} \\[2mm] s_t = \dfrac{PD}{4t} \end{cases} \qquad (9-5-11)$$

内压圆筒形容器

$$\begin{cases} s_L = \dfrac{PD}{4t} \\[2mm] s_t = \dfrac{PD}{2t} \end{cases} \qquad (9-5-12)$$

根据第一强度理论，其相当应力 $s_{eq}$ 为

$$s_{eq} = \max\{s_L, s_t\} \qquad (9-5-13)$$

2）相当应力的均值 $\bar{s}_{eq}$ 及标准离差 $\sigma_{s_{eq}}$ 的计算。

用泰勒级数展开法求应力随机变量的均值 $\bar{s}_{eq}$ 及标准离差 $\sigma_{s_{eq}}$

$$\bar{s}_{eq} = \max\{\bar{s}_L, \bar{s}_t\} \qquad (9-5-14)$$

$$\sigma_{s_{eq}} = \left[\left(\frac{\partial s_{eq}}{\partial \bar{P}}\right)^2 \sigma_P^2 + \left(\frac{\partial s_{eq}}{\partial \bar{D}}\right)^2 \sigma_D^2 + \left(\frac{\partial s_{eq}}{\partial \bar{t}}\right)^2 \sigma_t^2\right]^{\frac{1}{2}} \qquad (9-5-15)$$

若已知强度的均值 $\bar{s}_S$ 及标准离差 $\sigma_{\sigma_s}$，则有

$$Z = -\frac{\overline{\sigma}_s - \overline{S}_{eq}}{[\sigma_{\sigma_s}^2 + \sigma_{S_{eq}}^2]^{\frac{1}{2}}} \tag{9-5-16}$$

根据 $Z$ 值,查正态分布函数表得容器的可靠度 $R$,$R$ 值越大可靠性越好。

3)计算实例。

已知容器内径 $d = 460$ mm,$\sigma_d = 5$ mm,内压强 $p = 20$ MPa,$\sigma_p = 2.4$ MPa,容器材料 15 MnV,$\overline{\sigma}_S = 329$ MPa,$\sigma_{\sigma_S} = 31.4$ MPa,壁厚 $\overline{t} = 20$ mm,$\sigma_t = 0.08$ mm。

分别求出内压球形容器及圆筒形容器的失效率 $f$ 及可靠度 $R$,其计算结果如表 9-10 所示。

表 9-10　内压球形容器及圆筒形容器可靠度的计算

| | 球形容器 | 圆筒形容器 |
|---|---|---|
| $\overline{s}_L$/MPa | 115.0 | 115.0 |
| $\overline{s}_t$/MPa | 115.0 | 230.0 |
| $\overline{s}_{eq}$/MPa | 115.0 | 230.0 |
| $\sigma_{\overline{s}_{eq}}$/MPa | 13.864 1 | 27.728 3 |
| $Z$ | $-8.070\,0$ | $-3.867\,2$ |
| $f$ | $3.514\,9 \times 10^{-16}$ | $5.441\,8 \times 10^{-5}$ |
| $R$ | 1 | 0.999 95 |

由表 9-10 可见,在同等条件下,内压球形容器的可靠度要比圆筒形容器的可靠度高。所以在选择容器时,应优先考虑内压球形容器。

# 本章小结

本章根据可靠性理论基础,比较系统地介绍了可靠性在矿山、土木工程、设备以及石化行业管理的应用。

# 习题 9

1. 简述公共安全事故发生特点及对策。
2. 简述提高矿井通风系统可靠性的技术措施。
3. 在建立可靠性模型时应当注意哪些问题?
4. 在确定可靠性指标时应满足什么要求?
5. 简述可靠性分析的主要方法和研究进展。
6. 简述故障树分析方法的优缺点。
7. 液化石油气储罐在使用过程中需注意哪些方面?
8. 试用故障树法分析压力容器的可靠性。

# 参 考 文 献

[1]  程五一,李季. 系统可靠性理论及其应用[M]. 北京:北京航空航天大学出版社,2012.

[2]  陈信,袁修干. 人—机—环境系统工程总论[M]. 北京:北京航空航天大学出版社,1996.

[3]  高社生,张玲霞. 可靠性理论与工程应用[M]. 北京:国防工业出版社,2002.

[4]  郭永基. 可靠性工程原理[M]. 北京:清华大学出版社,2002.

[5]  中国安全生产协会注册安全工程师工作委员会. 安全生产技术:2008 年版[M]. 北京:中国大百科全书出版社,2008

[6]  冯肇瑞,崔国璋. 安全系统工程[M]. 北京:冶金工业出版社,1987.

[7]  贾利民,林帅. 系统可靠性方法研究现状与展望[J]. 系统工程与电子技术,2015,37(12):2887-2893.

[8]  李杰. 工程结构整体可靠性分析研究进展[J]. 土木工程学报,2018,51(8):1-10.

[9]  刘混举. 机械可靠性设计[M]. 北京:科学出版社,2012.

[10]  刘惟信. 机械可靠性设计[M]. 北京:清华大学出版社,1996.

[11]  芮延年,傅戈雁. 现代可靠性设计[M]. 北京:国防工业出版社,2007.

[12]  宋保维. 系统可靠性设计与分析[M]. 西安:西北工业大学出版社,2000.

[13]  王少萍. 工程可靠性[M]. 北京:北京航空航天大学出版社,2000.

[14]  居滋培. 可靠性工程[M]. 北京:原子能出版社,2000.

[15]  侯立文,蒋馥. 城市道路网络可靠性的研究[J]. 系统工程,2000.9,18(5):44-48.

[16]  姚贵英,薛伟宏. 井下排水系统配置方案可靠度分析[J]. 河北建筑科技学院学报,2003,29(3):58-59.

[17]  贾进章. 矿井火灾时期通风系统可靠性研究[D]. 阜新:辽宁工程技术大学,2001.

[18]  张双瑞. 城市电网供电可靠性分析[J]. 供用电,1999,16(1):21-26.

[19]  韩阳. 城市地下管网系统的地震可靠性研究[D]. 大连:大连理工大学,2002.

[20]  史定华,王松瑞. 故障树分析技术方法和理论[M]. 北京:北京师范大学出版社,1993.

[21]  金星,洪延姬,等. 工程系统可靠性数值分析方法[M]. 北京:国防工业出版社,2002.

[22]  李海泉,李刚. 系统可靠性分析与设计[M]. 北京:科学出版社,2003.

[23]  刘品. 可靠性工程基础[M]. 北京:中国计量出版社,2005.

[24]　董力宏,黄飞.压力容器的事故故障树分析[J].锅炉制造,2000(4):48-49.

[25]　沈震.提高电子设备可靠性的措施[J].科技风,2011(2):247.

[26]　王学文.机械系统可靠性基础[M].北京:机械工业出版社,2019.

[27]　陈循,陶俊勇,张春华,等.机电系统可靠性工程[M].北京:科学出版社,2010.

[28]　马小兵,杨军.可靠性统计分析[M].北京:北京航空航天大学出版社,2020.

# 附　录

标准正态分布表　　$\Phi(Z) = \int_{-\infty}^{z} \dfrac{1}{\sqrt{2\pi}} e^{-\frac{z^2}{2}} \mathrm{d}Z = P(Z \leqslant z)$

標准正态分布表如附表 1 所示。

附表 1　标准正态分布表

| $z$ | 0.00 | 0.01 | 0.02 | 0.03 | 0.04 | 0.05 | 0.06 | 0.07 | 0.08 | 0.09 | $z$ |
|---|---|---|---|---|---|---|---|---|---|---|---|
| 0.0 | 0.500 0 | 0.496 0 | 0.492 0 | 0.488 0 | 0.484 0 | 0.480 1 | 0.476 1 | 0.472 1 | 0.468 1 | 0.464 1 | 0.0 |
| −0.1 | 0.460 2 | 0.456 2 | 0.452 2 | 0.448 3 | 0.444 3 | 0.440 4 | 0.436 4 | 0.432 5 | 0.428 6 | 0.424 7 | −0.1 |
| −0.2 | 0.420 7 | 0.416 8 | 0.412 9 | 0.409 0 | 0.405 2 | 0.401 3 | 0.397 4 | 0.393 6 | 0.389 7 | 0.385 9 | −0.2 |
| −0.3 | 0.382 1 | 0.378 3 | 0.374 5 | 0.370 7 | 0.366 9 | 0.363 2 | 0.359 4 | 0.355 7 | 0.352 0 | 0.348 3 | −0.3 |
| −0.4 | 0.344 6 | 0.340 9 | 0.337 2 | 0.333 6 | 0.330 0 | 0.326 4 | 0.322 8 | 0.319 2 | 0.315 6 | 0.312 1 | −0.4 |
| −0.5 | 0.308 5 | 0.305 0 | 0.301 5 | 0.298 1 | 0.294 6 | 0.291 2 | 0.287 7 | 0.284 3 | 0.281 0 | 0.277 6 | −0.5 |
| −0.6 | 0.274 3 | 0.270 9 | 0.267 6 | 0.264 3 | 0.261 1 | 0.257 8 | 0.254 6 | 0.251 4 | 0.248 3 | 0.245 1 | −0.6 |
| −0.7 | 0.242 0 | 0.238 9 | 0.235 8 | 0.232 7 | 0.229 7 | 0.226 6 | 0.223 6 | 0.220 6 | 0.217 7 | 0.214 8 | −0.7 |
| −0.8 | 0.211 9 | 0.209 0 | 0.206 1 | 0.203 3 | 0.200 5 | 0.197 7 | 0.194 9 | 0.192 2 | 0.189 4 | 0.186 7 | −0.8 |
| −0.9 | 0.184 1 | 0.181 4 | 0.178 8 | 0.176 2 | 0.173 6 | 0.171 1 | 0.168 5 | 0.166 0 | 0.163 5 | 0.161 1 | −0.9 |
| −1.0 | 0.158 7 | 0.156 2 | 0.153 9 | 0.151 5 | 0.149 2 | 0.146 9 | 0.144 5 | 0.142 3 | 0.140 1 | 0.137 9 | −1.0 |
| −1.0 | 0.135 7 | 0.133 5 | 0.131 4 | 0.129 2 | 0.127 1 | 0.125 1 | 0.123 0 | 0.121 0 | 0.119 0 | 0.117 0 | −1.0 |
| −1.2 | 0.115 1 | 0.113 1 | 0.111 2 | 0.109 3 | 0.107 5 | 0.105 6 | 0.103 8 | 0.102 0 | 0.100 3 | 0.098 5 | −1.2 |
| −1.3 | 0.096 8 | 0.095 1 | 0.093 4 | 0.091 8 | 0.090 1 | 0.038 5 | 0.086 9 | 0.085 3 | 0.083 8 | 0.082 3 | −1.3 |
| −1.4 | 0.080 8 | 0.079 3 | 0.077 8 | 0.076 4 | 0.074 9 | 0.073 5 | 0.072 2 | 0.070 8 | 0.069 4 | 0.068 1 | −1.4 |
| −1.5 | 0.066 8 | 0.065 5 | 0.064 3 | 0.063 0 | 0.061 8 | 0.060 6 | 0.059 4 | 0.058 2 | 0.057 1 | 0.055 9 | −1.5 |
| −1.6 | 0.054 8 | 0.053 7 | 0.052 6 | 0.051 6 | 0.050 5 | 0.049 5 | 0.048 5 | 0.047 5 | 0.046 5 | 0.045 5 | −1.6 |

| z | 0.00 | 0.01 | 0.02 | 0.03 | 0.04 | 0.05 | 0.06 | 0.07 | 0.08 | 0.09 | z |
|---|---|---|---|---|---|---|---|---|---|---|---|
| −1.7 | 0.044 6 | 0.043 6 | 0.042 7 | 0.041 8 | 0.040 9 | 0.040 1 | 0.039 2 | 0.038 4 | 0.037 5 | 0.036 7 | −1.7 |
| −1.8 | 0.035 9 | 0.035 2 | 0.034 4 | 0.033 6 | 0.032 9 | 0.032 2 | 0.031 4 | 0.030 7 | 0.030 1 | 0.029 4 | −1.8 |
| −1.9 | 0.028 7 | 0.028 1 | 0.027 4 | 0.026 8 | 0.026 2 | 0.025 6 | 0.025 0 | 0.024 4 | 0.023 9 | 0.023 3 | −1.9 |
| −2.0 | 0.022 8 | 0.022 2 | 0.021 7 | 0.021 2 | 0.020 7 | 0.020 2 | 0.019 7 | 0.019 2 | 0.018 8 | 0.018 3 | −2.0 |
| −2.1 | 0.017 9 | 0.017 4 | 0.017 0 | 0.016 6 | 0.016 2 | 0.015 8 | 0.015 4 | 0.015 0 | 0.014 6 | 0.014 3 | −2.1 |
| −2.2 | 0.013 9 | 0.013 6 | 0.013 2 | 0.012 9 | 0.012 6 | 0.012 2 | 0.011 9 | 0.011 6 | 0.011 3 | 0.011 0 | −2.2 |
| −2.3 | 0.010 7 | 0.010 4 | 0.010 2 | $0.0^2$99 0 | $0.0^2$96 4 | $0.0^2$93 9 | $0.0^2$91 4 | $0.0^2$88 9 | $0.0^2$86 6 | $0.0^2$84 2 | −2.3 |
| −2.4 | $0.0^2$82 0 | $0.0^2$79 8 | $0.0^2$77 6 | $0.0^2$75 5 | $0.0^2$73 4 | $0.0^2$71 4 | $0.0^2$69 5 | $0.0^2$67 5 | $0.0^2$65 7 | $0.0^2$63 9 | −2.4 |
| −2.5 | $0.0^2$62 1 | $0.0^2$60 4 | $0.0^2$58 7 | $0.0^2$57 0 | $0.0^2$55 4 | $0.0^2$53 9 | $0.0^2$52 3 | $0.0^2$50 9 | $0.0^2$49 4 | $0.0^2$48 0 | −2.5 |
| −2.6 | $0.0^2$46 6 | $0.0^2$45 3 | $0.0^2$44 0 | $0.0^2$42 7 | $0.0^2$41 5 | $0.0^2$40 3 | $0.0^2$39 1 | $0.0^2$37 9 | $0.0^2$36 8 | $0.0^2$35 7 | −2.6 |
| −2.7 | $0.0^2$34 7 | $0.0^2$33 6 | $0.0^2$32 6 | $0.0^2$31 7 | $0.0^2$30 7 | $0.0^2$29 3 | $0.0^2$28 9 | $0.0^2$28 0 | $0.0^2$27 2 | $0.0^2$26 4 | −2.7 |
| −2.8 | $0.0^2$25 6 | $0.0^2$24 8 | $0.0^2$24 0 | $0.0^2$23 3 | $0.0^2$22 6 | $0.0^2$21 9 | $0.0^2$21 2 | $0.0^2$20 5 | $0.0^2$19 4 | $0.0^2$19 3 | −2.8 |
| −2.9 | $0.0^2$18 7 | $0.0^2$18 1 | $0.0^2$17 5 | $0.0^2$17 0 | $0.0^2$16 4 | $0.0^2$15 9 | $0.0^2$15 4 | $0.0^2$14 9 | $0.0^2$14 4 | $0.0^2$14 0 | −2.9 |
| −3.0 | $0.0^2$13 5 | $0.0^2$13 1 | $0.0^2$12 6 | $0.0^2$12 2 | $0.0^2$11 8 | $0.0^2$11 4 | $0.0^2$11 1 | $0.0^2$41 1 | $0.0^2$10 4 | $0.0^2$10 0 | −3.0 |
| −3.1 | $0.0^3$96 8 | $0.0^3$93 5 | $0.0^3$90 4 | $0.0^3$87 4 | $0.0^3$84 5 | $0.0^3$81 6 | $0.0^3$78 9 | $0.0^3$76 2 | $0.0^3$73 6 | $0.0^3$71 1 | −3.1 |
| −3.2 | $0.0^3$68 7 | $0.0^3$66 4 | $0.0^3$64 1 | $0.0^3$61 9 | $0.0^3$59 8 | $0.0^3$57 7 | $0.0^3$55 7 | $0.0^3$53 8 | $0.0^3$51 9 | $0.0^3$50 1 | −3.2 |
| −3.3 | $0.0^3$48 3 | $0.04^3$6 7 | $0.0^3$45 1 | $0.0^3$43 4 | $0.0^3$41 9 | $0.0^3$40 4 | $0.0^3$39 0 | $0.0^3$37 6 | $0.0^3$36 2 | $0.0^3$35 0 | −3.3 |
| −3.4 | $0.0^3$33 7 | $0.0^3$32 5 | $0.0^3$31 3 | $0.0^3$30 2 | $0.0^3$29 1 | $0.0^3$28 0 | $0.0^3$27 0 | $0.0^3$26 0 | $0.0^3$25 1 | $0.0^3$24 2 | −3.4 |
| −3.5 | $0.0^3$23 3 | $0.0^3$22 4 | $0.0^3$21 6 | $0.0^3$20 8 | $0.0^3$20 0 | $0.0^3$19 3 | $0.0^3$18 5 | $0.0^3$17 9 | $0.0^3$17 2 | $0.0^3$16 5 | −3.5 |
| −3.6 | $0.0^3$15 9 | $0.0^3$15 3 | $0.0^3$14 7 | $0.0^3$14 2 | $0.0^3$13 6 | $0.0^3$13 1 | $0.0^3$12 6 | $0.0^3$12 1 | $0.0^3$11 7 | $0.0^3$11 2 | −3.6 |
| −3.7 | $0.0^3$10 8 | $0.0^3$10 4 | $0.0^4$99 6 | $0.0^4$95 7 | $0.0^4$92 0 | $0.0^4$38 4 | $0.0^4$85 0 | $0.0^4$81 6 | $0.0^4$78 4 | $0.0^4$75 3 | −3.7 |
| −3.8 | $0.0^4$72 4 | $0.0^4$69 5 | $0.0^4$66 7 | $0.0^4$64 1 | $0.0^4$61 5 | $0.0^4$59 1 | $0.0^4$56 7 | $0.0^4$54 4 | $0.0^4$52 2 | $0.0^4$50 1 | −3.8 |
| −3.9 | $0.0^4$81 0 | $0.0^4$46 2 | $0.0^4$44 3 | $0.0^4$42 5 | $0.0^4$40 7 | $0.0^4$39 1 | $0.0^4$37 5 | $0.0^4$35 9 | $0.0^4$34 5 | $0.0^4$33 0 | −3.9 |
| −4.0 | $0.0^4$16 7 | $0.0^4$30 4 | $0.0^4$29 1 | $0.0^4$27 9 | $0.0^4$26 7 | $0.0^4$25 6 | $0.0^4$24 5 | $0.0^4$23 5 | $0.0^4$22 5 | $0.0^4$21 6 | −4.0 |
| −4.1 | $0.0^4$20 7 | $0.0^4$19 8 | $0.0^4$18 9 | $0.0^4$18 1 | $0.0^4$17 4 | $0.0^4$16 6 | $0.0^4$15 9 | $0.0^4$15 2 | $0.0^4$14 6 | $0.0^4$14 0 | −4.1 |
| −4.2 | $0.0^4$13 4 | $0.0^4$12 8 | $0.0^4$12 2 | $0.0^4$11 7 | $0.0^4$11 2 | $0.0^4$10 7 | $0.0^4$10 2 | $0.0^5$97 7 | $0.0^5$93 5 | $0.0^5$89 3 | −4.2 |
| −4.3 | $0.0^5$85 4 | $0.0^5$81 6 | $0.0^5$78 0 | $0.0^5$74 6 | $0.0^5$71 2 | $0.0^5$68 1 | $0.0^5$65 0 | $0.0^5$62 1 | $0.0^5$59 3 | $0.0^5$56 7 | −4.3 |
| −4.4 | $0.0^5$54 1 | $0.0^5$51 7 | $0.0^5$49 4 | $0.0^5$47 1 | $0.0^5$45 0 | $0.0^5$42 9 | $0.0^5$41 0 | $0.0^5$39 1 | $0.0^5$37 3 | $0.0^5$35 6 | −4.4 |
| −4.5 | $0.0^5$34 0 | $0.0^5$32 4 | $0.0^5$30 9 | $0.0^5$29 5 | $0.0^5$28 1 | $0.0^5$26 8 | $0.0^5$25 6 | $0.0^5$24 4 | $0.0^5$23 3 | $0.0^5$22 2 | −4.5 |
| −4.6 | $0.0^5$21 1 | $0.0^5$20 1 | $0.0^5$19 2 | $0.0^5$18 3 | $0.0^5$17 4 | $0.0^5$16 6 | $0.0^5$15 8 | $0.0^5$15 1 | $0.0^5$14 3 | $0.0^5$13 7 | −4.6 |

| z | 0.00 | 0.01 | 0.02 | 0.03 | 0.04 | 0.05 | 0.06 | 0.07 | 0.08 | 0.09 | z |
|---|---|---|---|---|---|---|---|---|---|---|---|
| −4.7 | $0.0^5130$ | $0.0^5124$ | $0.0^5118$ | $0.0^5112$ | $0.0^5107$ | $0.0^5102$ | $0.0^6968$ | $0.0^6921$ | $0.0^6877$ | $0.0^6834$ | −4.7 |
| −4.8 | $0.0^6793$ | $0.0^6755$ | $0.0^6718$ | $0.0^6683$ | $0.0^6649$ | $0.0^6617$ | $0.0^6587$ | $0.0^6558$ | $0.0^6530$ | $0.0^6504$ | −4.8 |
| −4.9 | $0.0^6479$ | $0.0^6455$ | $0.0^6433$ | $0.0^6411$ | $0.0^6391$ | $0.0^6371$ | $0.0^6353$ | $0.0^6335$ | $0.0^6318$ | $0.0^6302$ | −4.9 |
|  |  |  |  |  |  |  |  |  |  |  |  |
| 0.0 | 0.500 0 | 0.504 0 | 0.508 0 | 0.512 0 | 0.516 0 | 0.519 9 | 0.523 9 | 0.527 9 | 0.531 9 | 0.535 9 | 0.0 |
| 0.1 | 0.539 8 | 0.543 8 | 0.547 8 | 0.551 7 | 0.555 7 | 0.559 6 | 0.563 6 | 0.567 5 | 0.571 4 | 0.575 3 | 0.1 |
| 0.2 | 0.579 3 | 0.583 2 | 0.587 1 | 0.591 0 | 0.594 8 | 0.598 7 | 0.602 6 | 0.606 4 | 0.610 3 | 0.614 1 | 0.2 |
| 0.3 | 0.617 9 | 0.621 7 | 0.625 5 | 0.629 3 | 0.633 1 | 0.636 8 | 0.640 6 | 0.644 3 | 0.648 0 | 0.651 7 | 0.3 |
| 0.4 | 0.655 4 | 0.659 1 | 0.662 8 | 0.666 4 | 0.670 0 | 0.673 6 | 0.677 2 | 0.680 8 | 0.684 4 | 0.687 9 | 0.4 |
|  |  |  |  |  |  |  |  |  |  |  |  |
| 0.5 | 0.691 5 | 0.695 0 | 0.698 5 | 0.701 9 | 0.705 4 | 0.708 8 | 0.712 3 | 0.715 7 | 0.719 0 | 0.722 4 | 0.5 |
| 0.6 | 0.725 7 | 0.729 1 | 0.732 4 | 0.735 7 | 0.738 9 | 0.742 2 | 0.745 4 | 0.748 6 | 0.751 7 | 0.754 9 | 0.6 |
| 0.7 | 0.758 0 | 0.761 1 | 0.764 2 | 0.767 3 | 0.770 3 | 0.773 4 | 0.776 4 | 0.779 4 | 0.782 3 | 0.785 2 | 0.7 |
| 0.8 | 0.788 1 | 0.791 0 | 0.793 9 | 0.796 7 | 0.799 5 | 0.802 3 | 0.805 1 | 0.807 8 | 0.810 6 | 0.813 3 | 0.8 |
| 0.9 | 0.815 9 | 0.818 6 | 0.821 2 | 0.823 8 | 0.826 4 | 0.828 9 | 0.831 5 | 0.834 0 | 0.836 5 | 0.838 9 | 0.9 |
|  |  |  |  |  |  |  |  |  |  |  |  |
| 1.0 | 0.841 3 | 0.843 8 | 0.846 1 | 0.848 5 | 0.850 8 | 0.853 1 | 0.855 4 | 0.857 7 | 0.859 9 | 0.862 1 | 1.0 |
| 1.1 | 0.864 3 | 0.866 5 | 0.868 6 | 0.870 8 | 0.872 9 | 0.874 9 | 0.877 0 | 0.879 0 | 0.881 0 | 0.883 0 | 1.1 |
| 1.2 | 0.884 9 | 0.886 9 | 0.888 8 | 0.890 7 | 0.892 5 | 0.894 4 | 0.896 2 | 0.898 0 | 0.899 7 | 0.901 47 | 1.2 |
| 1.3 | 0.903 2 | 0.904 9 | 0.906 6 | 0.908 2 | 0.909 9 | 0.911 5 | 0.913 1 | 0.914 7 | 0.916 2 | 0.917 7 | 1.3 |
| 1.4 | 0.919 2 | 0.920 7 | 0.922 2 | 0.923 6 | 0.925 1 | 0.926 5 | 0.927 9 | 0.929 2 | 0.930 6 | 0.931 9 | 1.4 |
|  |  |  |  |  |  |  |  |  |  |  |  |
| 1.5 | 0.933 2 | 0.934 5 | 0.935 7 | 0.937 0 | 0.938 2 | 0.939 4 | 0.940 6 | 0.941 8 | 0.943 0 | 0.944 1 | 1.5 |
| 1.6 | 0.945 2 | 0.946 3 | 0.947 4 | 0.948 5 | 0.949 5 | 0.950 5 | 0.951 5 | 0.952 5 | 0.953 5 | 0.954 5 | 1.6 |
| 1.7 | 0.955 4 | 0.956 4 | 0.957 3 | 0.958 2 | 0.959 1 | 0.959 9 | 0.960 8 | 0.961 6 | 0.962 5 | 0.963 3 | 1.7 |
| 1.8 | 0.964 1 | 0.964 9 | 0.965 6 | 0.966 4 | 0.967 1 | 0.967 8 | 0.968 6 | 0.969 3 | 0.970 0 | 0.970 6 | 1.8 |
| 1.9 | 0.971 3 | 0.971 9 | 0.972 6 | 0.973 2 | 0.973 8 | 0.974 4 | 0.975 0 | 0.975 6 | 0.976 2 | 0.976 7 | 1.9 |
|  |  |  |  |  |  |  |  |  |  |  |  |
| 2.0 | 0.977 3 | 0.977 8 | 0.978 3 | 0.978 8 | 0.979 3 | 0.979 8 | 0.980 3 | 0.980 8 | 0.981 2 | 0.981 7 | 2.0 |
| 2.1 | 0.982 1 | 0.982 6 | 0.983 0 | 0.983 4 | 0.983 8 | 0.984 2 | 0.984 6 | 0.985 0 | 0.985 4 | 0.985 7 | 2.1 |
| 2.2 | 0.986 1 | 0.986 5 | 0.986 8 | 0.987 1 | 0.987 4 | 0.987 8 | 0.988 1 | 0.988 4 | 0.988 7 | 0.989 0 | 2.2 |
| 2.3 | 0.989 3 | 0.989 6 | 0.989 8 | $0.9^2010$ | $0.9^2036$ | $0.9^2061$ | $0.9^2086$ | $0.9^2111$ | $0.9^2134$ | $0.9^2158$ | 2.3 |
| 2.4 | $0.9^2180$ | $0.9^2202$ | $0.9^2224$ | $0.9^2245$ | $0.9^2266$ | $0.9^2286$ | $0.9^2305$ | $0.9^2324$ | $0.9^2343$ | $0.9^2361$ | 2.4 |
|  |  |  |  |  |  |  |  |  |  |  |  |
| 2.5 | $0.9^2379$ | $0.9^2396$ | $0.9^2413$ | $0.9^2430$ | $0.9^2446$ | $0.9^2461$ | $0.9^2477$ | $0.9^2492$ | $0.9^2506$ | $0.9^2520$ | 2.5 |
| 2.6 | $0.9^2534$ | $0.9^2547$ | $0.9^2560$ | $0.9^2573$ | $0.9^2586$ | $0.9^2598$ | $0.9^2609$ | $0.9^2621$ | $0.9^2632$ | $0.9^2643$ | 2.6 |

| $z$ | 0.00 | 0.01 | 0.02 | 0.03 | 0.04 | 0.05 | 0.06 | 0.07 | 0.08 | 0.09 | $z$ |
|---|---|---|---|---|---|---|---|---|---|---|---|
| 2.7 | $0.9^2$65 3 | $0.9^2$66 4 | $0.9^2$67 4 | $0.9^2$68 3 | $0.9^2$69 3 | $0.9^2$70 2 | $0.9^2$71 1 | $0.9^2$72 0 | $0.9^2$72 8 | $0.9^2$73 7 | 2.7 |
| 2.8 | $0.9^2$74 5 | $0.9^2$75 2 | $0.9^2$76 0 | $0.9^2$76 7 | $0.9^2$77 4 | $0.9^2$78 1 | $0.9^2$78 8 | $0.9^2$79 5 | $0.9^2$80 1 | $0.9^2$80 7 | 2.8 |
| 2.9 | $0.9^2$81 3 | $0.9^2$81 9 | $0.9^2$82 5 | $0.9^2$83 1 | $0.9^2$83 6 | $0.9^2$84 1 | $0.9^2$84 6 | $0.9^2$85 1 | $0.9^2$85 6 | $0.9^2$86 1 | 2.9 |
| 3.0 | $0.9^2$86 5 | $0.9^2$86 9 | $0.9^2$87 4 | $0.9^2$87 8 | $0.9^2$88 2 | $0.9^2$88 6 | $0.9^2$88 9 | $0.9^2$89 3 | $0.9^2$89 7 | $0.9^2$90 0 | 3.0 |
| 3.1 | $0.9^3$03 2 | $0.9^3$06 5 | $0.9^3$09 6 | $0.9^3$12 6 | $0.9^3$15 5 | $0.9^3$18 4 | $0.9^3$21 1 | $0.9^3$23 8 | $0.9^3$26 4 | $0.9^3$28 9 | 3.1 |
| 3.2 | $0.9^3$31 3 | $0.9^3$33 6 | $0.9^3$35 9 | $0.9^3$38 1 | $0.9^3$40 2 | $0.9^3$42 3 | $0.9^3$44 3 | $0.9^3$46 2 | $0.9^3$48 1 | $0.9^3$49 9 | 3.2 |
| 3.3 | $0.9^3$51 7 | $0.9^3$53 4 | $0.9^3$55 0 | $0.9^3$56 6 | $0.9^3$58 1 | $0.9^3$59 6 | $0.9^3$61 0 | $0.9^3$62 4 | $0.9^3$63 8 | $0.9^3$65 1 | 3.3 |
| 3.4 | $0.9^3$66 3 | $0.9^3$67 5 | $0.9^3$68 7 | $0.9^3$69 8 | $0.9^3$70 9 | $0.9^3$72 0 | $0.9^3$73 0 | $0.9^3$74 0 | $0.9^3$74 9 | $0.9^3$75 9 | 3.4 |
| 3.5 | $0.9^3$76 7 | $0.9^3$77 6 | $0.9^3$78 4 | $0.9^3$79 2 | $0.9^3$80 0 | $0.9^3$80 7 | $0.9^3$81 5 | $0.9^3$82 2 | $0.9^3$82 8 | $0.9^3$83 5 | 3.5 |
| 3.6 | $0.9^3$84 1 | $0.9^3$84 7 | $0.9^3$85 3 | $0.9^3$85 8 | $0.9^3$86 4 | $0.9^3$86 9 | $0.9^3$87 4 | $0.9^3$87 9 | $0.9^3$88 3 | $0.9^3$88 8 | 3.6 |
| 3.7 | $0.9^3$89 2 | $0.9^3$89 6 | $0.9^4$00 4 | $0.9^4$04 3 | $0.9^4$08 0 | $0.9^4$11 6 | $0.9^4$15 0 | $0.9^4$18 4 | $0.9^4$21 6 | $0.9^4$24 7 | 3.7 |
| 3.8 | $0.9^4$27 7 | $0.9^4$30 5 | $0.9^4$33 3 | $0.9^4$35 9 | $0.9^4$38 5 | $0.9^4$40 9 | $0.9^4$43 3 | $0.9^4$45 6 | $0.9^4$47 8 | $0.9^4$49 9 | 3.8 |
| 3.9 | $0.9^4$51 9 | $0.9^4$53 9 | $0.9^4$55 7 | $0.9^4$57 5 | $0.9^4$59 3 | $0.9^4$60 9 | $0.9^4$62 5 | $0.9^4$64 1 | $0.9^4$65 5 | $0.9^4$67 0 | 3.9 |
| 4.0 | $0.9^4$68 3 | $0.9^4$69 6 | $0.9^4$70 9 | $0.9^4$72 1 | $0.9^4$73 3 | $0.9^4$74 4 | $0.9^4$75 5 | $0.9^4$76 5 | $0.9^4$77 5 | $0.9^4$78 4 | 4.0 |
| 4.1 | $0.9^4$79 3 | $0.9^4$80 2 | $0.9^4$81 1 | $0.9^4$81 9 | $0.9^4$82 6 | $0.9^4$83 4 | $0.9^4$84 1 | $0.9^4$84 8 | $0.9^4$85 4 | $0.9^4$86 1 | 4.1 |
| 4.2 | $0.9^4$86 7 | $0.9^4$87 2 | $0.9^4$87 8 | $0.9^4$88 3 | $0.9^4$88 8 | $0.9^4$89 3 | $0.9^4$89 8 | $0.9^5$02 3 | $0.9^5$06 6 | $0.9^5$10 7 | 4.2 |
| 4.3 | $0.9^5$14 6 | $0.9^5$18 4 | $0.9^5$22 0 | $0.9^5$25 5 | $0.9^5$28 8 | $0.9^5$31 9 | $0.9^5$35 0 | $0.9^5$37 9 | $0.9^5$40 7 | $0.9^5$43 3 | 4.3 |
| 4.4 | $0.9^5$45 9 | $0.9^5$48 3 | $0.9^5$50 7 | $0.9^5$52 9 | $0.9^5$55 0 | $0.9^5$57 1 | $0.9^5$59 0 | $0.9^5$60 9 | $0.9^5$62 7 | $0.9^5$64 4 | 4.4 |
| 4.5 | $0.9^5$66 0 | $0.9^5$67 6 | $0.9^5$69 1 | $0.9^5$70 5 | $0.9^5$71 9 | $0.9^5$73 2 | $0.9^5$74 4 | $0.9^5$75 6 | $0.9^5$76 8 | $0.9^5$77 8 | 4.5 |
| 4.6 | $0.9^5$78 9 | $0.9^5$79 9 | $0.9^5$80 8 | $0.9^5$81 7 | $0.9^5$82 6 | $0.9^5$83 4 | $0.9^5$84 2 | $0.9^5$84 9 | $0.9^5$85 7 | $0.9^5$86 3 | 4.6 |
| 4.7 | $0.9^5$87 0 | $0.9^5$87 6 | $0.9^5$88 2 | $0.9^5$88 8 | $0.9^5$89 3 | $0.9^5$89 8 | $0.9^6$03 2 | $0.9^6$67 9 | $0.9^6$12 4 | $0.9^6$16 6 | 4.7 |
| 4.8 | $0.9^6$20 7 | $0.9^6$24 5 | $0.9^6$28 2 | $0.9^6$31 7 | $0.9^6$35 1 | $0.9^6$38 3 | $0.9^6$41 3 | $0.9^6$44 2 | $0.9^6$47 0 | $0.9^6$49 6 | 4.8 |
| 4.9 | $0.9^6$52 1 | $0.9^6$54 5 | $0.9^6$56 7 | $0.9^6$58 9 | $0.9^6$60 9 | $0.9^6$62 9 | $0.9^6$64 8 | $0.9^6$66 5 | $0.9^6$68 2 | $0.9^6$69 8 | 4.9 |

# 习题参考答案

## 第1章

1. 答:产品在规定条件下和规定时间内完成规定功能的能力。

2. 答:可靠性包括对象、规定条件、规定时间、规定功能、概率等因素。

3. 答:仅表示产品(或者一个评价系统)在某一稳定时间内发生失效(或者故障)的难易程度。

4. 答:使用可靠性与产品的使用条件密切相关,受使用环境、操作水平、保养与维修等因素的影响。同时使用者的素质对使用可靠性影响很大。

5. 答:可靠性问题的研究对象为产品,它泛指元件、组件、零件、部件、机器、设备,甚至是整个系统;研究可靠性问题时首先要明确对象,不仅要确定具体的产品,而且还应明确它的内容和性质。如果研究对象是一个系统,则不仅包括硬件,还应包括软件和人的判断、操作等因素在内,需要以人机系统的观点去观察和分析问题。

6. 答:失效表示"产品丧失规定的功能",这里不仅包括规定功能的完全丧失,亦包括规定功能的降低等。

7. 答:

(1) 设计可能先天不足;

(2) 产品可能以某种方式处于过应力状态;

(3) 变异也可能导致失效;

(4) 磨损能导致失效;

(5) 其他与时间相关联的原因导致的失效;

(6) 潜在现象导致的失效;

(7) 不正确的规范、设计或软件编码等错误导致的失效;错误的组装或测试所导致的失效;维修不适当或不正确等导致失效,或使用不正确而导致的失效;

(8) 还有很多其他可能导致失效的原因。

8. 答:

(1) 提高产品的可靠性,可以防止故障和事故的发生;

(2) 提高产品的可靠性,能使产品总的费用降低;

(3) 提高产品的可靠性,可以减少停机时间,提高产品可用率;

(4) 对于企业来讲,提高产品的可靠性,可以改善企业信誉,增强竞争力,扩大产品销路,从而提高经济效益；

（5）提高产品的可靠性，可以减少产品责任赔偿案件的发生，以及其他处理产品事故费用的支出，避免不必要的经济损失。

9. 答：

（1）可靠性设计：通过设计奠定产品的可靠性基础。它包括建立可靠性模型，对产品进行可靠性预计和分配，进行故障或失效机理分析，在此基础上进行可靠性设计。

（2）可靠性试验：通过试验测定和验证产品的可靠性。研究在有限的样本、时间和使用费用下，如何获得合理的评定结果，找出薄弱环节，提出改进措施，以提高产品的可靠性。

（3）可靠性优化与寿命周期费用：通过优化使产品在规定的研制费用以及时间进度、重量体积等条件下达到最佳的可靠性。或者在满足规定的可靠性指标前提下，减少其体积重量、节省费用和缩短研制时间、成本。

（4）系统可靠性：由许多单元及子系统组成的大系统的可靠性，有其自身的特点，最可靠的元器件不一定组成高可靠性的系统，因此有独特的理论、方法。

（5）软件可靠性：软件的可靠性使可靠性的内容得到了发展，由于软件的特殊性，其可靠性研究有不同的内容。

## 第 2 章

1. 答：从 50 个产品中任取 3 个的方法共有 $C_{50}^3$ 种，在 5 个次品中任意得到 3 个的方法共有 $C_5^3$ 种，得到 2 个的方法共有 $C_5^2$，得到 1 个的方法共有 $C_5^1$，故能够抽到有次品的概率是

$$P = \frac{C_5^3 + C_5^2 + C_5^1}{C_{50}^3} \times 100\% = \frac{25}{19\,600} \times 100\% = 0.128\%$$

2. 答：两台钻机的失效概率均为 $P = 0.2 \times 10^{-5}/d$，则其中任一台工作 2 000 d 的失效概率为

$$P(2\,000) = 0.2 \times 10^{-5} \times 2\,000 = 0.4 \times 10^{-2}$$

故成功的概率为

$$R = 1 - (0.4 \times 10^{-2}) \times (0.4 \times 10^{-2}) \times 100\% = 99.998\%$$

3. 答：所抽到的零件需满足两个条件，即由第一台机床加工且是合格品。这一零件是由第一台机床加工的概率是 $P_1 = \frac{80}{100} \times 100\% = 80\%$，100 个零件中合格品的概率是 $P_2 = \frac{80 \times 95\% + 20 \times 90\%}{100} \times 100\% = 94\%$，故满足上面两个条件的总得概率是 $P = P_1 \times P_2 = 80\% \times 94\% = 75.2\%$。

## 第 3 章

1. 答：

（1）可靠性：产品在规定条件下和规定时间内完成规定功能的能力；

可靠度：用概率来度量产品的可靠性时就是产品的可靠度。

（2）不可靠度表示"产品在规定的条件下和规定的时间内不能完成规定功能的概率"，因此又称为失效概率，记为 $F$；

失效率定义为"工作到某时刻 $t$ 时,尚未失效(故障)的产品,在该时刻 $t$ 以后的下一个单位时间内发生失效(故障)的概率",记为 $\lambda(t)$。

（3）平均寿命:产品从开始使用到失效前的工作时间(或工作次数)的平均值;

平均故障间隔:两个故障间隔的平均时间。

（4）故障概率密度:即为失效概率密度,某个时间之前发生失效或故障的比例或频率;

故障率:即为失效率,工作到某时刻 $t$ 时尚未失效(故障)的产品,在该时刻 $t$ 以后的下一个单位时间内发生失效(故障)的概率。

2. 答:

当 $t = 100\ \text{h}$, $R(t = 100) = \mathrm{e}^{-\lambda t} = \mathrm{e}^{-5 \times 10^{-4} \times 100} = 0.95$

当 $t = 1\ 000\ \text{h}$, $R(t = 1\ 000) = \mathrm{e}^{-\lambda t} = \mathrm{e}^{-5 \times 10^{-4} \times 1\ 000} = 0.6$

当 $t = 2\ 000\ \text{h}$, $R(t = 2\ 000) = \mathrm{e}^{-\lambda t} = \mathrm{e}^{-5 \times 10^{-4} \times 2\ 000} = 0.368$

平均寿命 $\mathrm{MTTF} = \dfrac{1}{\lambda} = \dfrac{1}{5 \times 10^{-4}} = 2\ 000\ \text{h}$

3. 答:已知 $R(t) = \mathrm{e}^{-\lambda t}$,两边取对数,即

$$\ln R(t) = -\lambda t$$

得

$$t = -\frac{\ln R(t)}{\lambda}$$

故可靠寿命

$$t(0.999) = -\frac{\ln(0.999)}{0.8 \times 10^{-4}} = 12.5$$

中位寿命

$$t(0.5) = -\frac{\ln(0.5)}{0.8 \times 10^{-4}} = 8\ 664.4$$

4. 答:已知 $R(t) = \mathrm{e}^{-\lambda t}$,两边取对数,即

$$\ln R(t) = -\lambda t$$

得

$$t = -\frac{\ln R(t)}{\lambda}$$

故可靠寿命:

$$t(0.9) = -\frac{\ln(0.9)}{0.02} = 5.268(\text{kh})$$

5. 答:

可靠度函数 $R(t) = 1 - F(t) = 1 - \displaystyle\int_0^t f(t)\mathrm{d}t = \int_t^{+\infty} f(t)\mathrm{d}t$,

当 $t < 0$ 时,$R(t) = \displaystyle\int_t^{+\infty} f(t)\mathrm{d}t = \int_t^0 0 \cdot \mathrm{d}t + \int_0^{+\infty} t\mathrm{e}^{-\frac{t^2}{2}}\mathrm{d}t = 0 + (-\mathrm{e}^{-\frac{t^2}{2}})_0^{+\infty} = 1$

当 $t \geqslant 0$ 时,$R(t) = \displaystyle\int_0^{+\infty} f(t)\mathrm{d}t = \int_t^{+\infty} t\mathrm{e}^{-\frac{t^2}{2}}\mathrm{d}t = (-\mathrm{e}^{-\frac{t^2}{2}})_t^{+\infty} = \mathrm{e}^{-\frac{t^2}{2}}$

按式(3-2-22)求失效率函数 $\lambda(t) = \dfrac{f(t)}{R(t)}$,

当 t<0 时，$\lambda(t)=\dfrac{f(t)}{R(t)}=\dfrac{0}{1}=0$

当 t≥0 时，$\lambda(t)=\dfrac{f(t)}{R(t)}=\dfrac{te^{-\frac{t^2}{2}}}{e^{-\frac{t^2}{2}}}=t$

## 第4章

1. 答：根据题意对四个系统分别计算其可靠度可得

(1) $R=R_1R_2R_3R_4=0.99\times0.99\times0.99\times0.99=0.960\,6$

(2) $R=1-(1-R_1)(1-R_2)(1-R_3)(1-R_4)=1-0.01\times0.01\times0.01\times0.01=0.999\,9$

(3) $R=1-(1-R_1R_2)(1-R_3R_4)=1-0.019\,9\times0.019\,9=0.999\,6$

(4) $R=[1-(1-R_1)(1-R_2)][1-(1-R_3)(1-R_4)]=(1-0.000\,1)\times(1-0.000\,1)=0.999\,8$

由上面的计算结果可以看出，相同元件的情况下，并联系统的可靠度最高，而串联系统的可靠度最低，因此，在条件允许的情况下，应该多使用并联系统。

2. 答：当 $t=100\,h$，$R(t=100)=e^{-\lambda t}=e^{-5\times10^{-4}\times100}=0.95$

当 $t=1\,000\,h$，$R(t=1\,000)=e^{-\lambda t}=e^{-5\times10^{-4}\times1\,000}=0.6$

当 $t=2\,000\,h$，$R(t=2\,000)=e^{-\lambda t}=e^{-5\times10^{-4}\times200}=0.368$

求平均寿命 $MTTF=\dfrac{1}{\lambda}=\dfrac{1}{5\times10^{-4}}=2\,000\,h$

3. 答：根据题意分析可得，系统中各单元相互独立，故按照两种情况进行分析：

(1) 单元 $A_2$ 失效，即系统在 $A_2$ 处断开，可得简化的可靠性框图如图 4-27 所示。

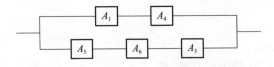

**图 4-27 $A_2$ 失效时系统的可靠性框图**

此时系统的可靠度为 $P_1=(1-R_2)[1-(1-R_1R_4)(1-R_5R_6R_3)]$
$$=0.3\times(1-0.44\times0.352)=0.254$$

(2) 单元 $A_2$ 正常，即系统在 $A_2$ 处是连接状态，可得简化的可靠性框图，如图 4-28 所示。

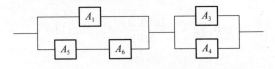

**图 4-28 $A_2$ 有效时系统的可靠性框图**

此时系统的可靠度为 $P_2=R_2[1-(1-R_1)(1-R_5R_6)][1-(1-R_3)(1-R_4)]$
$$=0.7\times(1-0.3\times0.19)\times(1-0.2\times0.2)=0.634$$

综合以上两种情况可得系统可靠度为 $P=P_1+P_2=0.888$

4. 答：2/3(G)系统的可靠性框图如图 4-29 所示。假设每个部件的可靠度均为 $R$，根据状态枚举法进行分析可知，系统正常工作有四种可能情况：

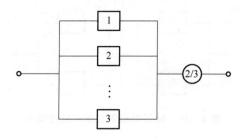

**图 4 - 29  2/3(G)系统的可靠性框图**

① 单元 1,2 正常,单元 3 失效;

② 单元 1,3 正常,单元 2 失效;

③ 单元 2,3 正常,单元 1 失效;

④ 单元 1,2,3 都正常。

则系统的可靠度函数为

$$R(t)=R_1R_2F_3+R_1F_2R_3+F_1R_2R_3+R_1R_2R_3$$
$$=R_1R_2(1-R_3)+R_1(1-R_2)R_3+(1-R_1)R_2R_3+R_1R_2R_3$$
$$=3RR(1-R)+R^3$$
$$=3R^2-2R^3$$

5. 答:基本思想是系统的可靠度等于系统中某一个选定的单元正常条件下系统的可靠度乘以该单元的可靠度,再加上该单元失效条件下系统的可靠度乘以该单元的不可靠度。

6. 答:状态枚举法、全概率分解法、最小割集法、最小径集法和不交布尔代数运算规则。

7. 答:将 $X_2$,$X_3$ 并联系统看作系统 $M$,将 $X_4$,$X_5$ 并联系统看作系统 $N$,分别计算其可靠度得

$$R_M=1-(1-p_2)(1-p_3)=p_2+p_3-p_2p_3$$
$$R_N=1-(1-p_4)(1-p_5)=p_4+p_5-p_4p_5$$

则整个系统可看作是 $X_1$、$M$ 和 $N$ 的串联组合,系统的可靠度为

$$R=p_1R_MR_N=p_1(p_2+p_3-p_2p_3)(p_4+p_5-p_4p_5)$$

8. 答:根据题意分析可得,将系统中的 $R_5$ 可看作一个子系统 $M$,分别假定 $M$ 正常和失效。

(1) 假定 $M$ 失效,按照先串后并计算,可得简化的可靠性框图如图 4 - 30 所示。

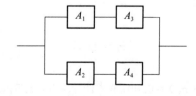

**图 4 - 30  M 失效时系统的可靠性框图**

此时系统的可靠度 $p_1=(1-R_5)[1-(1-R_1R_3)(1-R_2R_4)]=0.1\times(1-0.36\times0.51)=$
0.081 64

(2) 假定 M 正常,按照先并后串计算,可得简化的可靠性框图如图 4 - 31 所示。

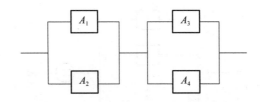

**图 4 - 31　M 正常时系统的可靠性框图**

此时系统的可靠度为

$$p_2 = R_5 [1-(1-R_1)(1-R_2)][1-(1-R_3)(1-R_4)]$$
$$= 0.9 \times (1-0.2 \times 0.3)(1-0.2 \times 0.3) = 0.79524$$

综合以上两种情况可得系统可靠度为 $p = p_1 + p_2 = 0.87688$。

## 第 5 章

1. 答:可靠性预计的步骤

(1) 熟悉系统工艺流程,分析元件之间的物理关系和功能;

(2) 根据系统和子系统、子系统和元件的功能关系,画出逻辑框图;

(3) 确定元件的失效率或者不可靠度;

(4) 建立数学模型;

(5) 按元器件、分系统、系统顺序进行可靠性预计;

(6) 列出可靠性预计的参考数据;

(7) 得出预计结论。

2. 答:

(1) 计算应力系数比

$$S = \frac{P_W}{P_M} \times \frac{T_W - T_a}{150} = \frac{200}{500} \times \frac{175 - 25}{150} = 0.4$$

(2) 由 $T_C = 30 ℃$, $S = 0.4$,依据《电子设备可靠性预计手册》,得

$$\lambda_b = 0.0079 \times 10^{-6} / h$$

(3) 根据具体应用确定修正系数

$$\pi_E = 5$$
$$\pi_Q = 2.0$$
$$\pi_A = 1.5$$
$$\pi_{S_2} = 1.0$$
$$\pi_C = 1.0$$

(4) 计算工作失效率

$$\lambda_p = \lambda_b (\pi_E \cdot \pi_Q \cdot \pi_A \cdot \pi_{S_2} \cdot \pi_C) = 0.0079 \times 10^{-6} \times 5 \times 1.5 \times 2 \times 1 \times 1 = 0.12 \times 10^{-6} / h$$

3. 答:根据题意分析可得,该系统为典型的 $2/3(G)$ 系统,则其可靠度为

$$R(t) = \sum_{i=2}^{3} C_n^i e^{-\lambda t} [1-e^{-\lambda t}]^{n-i} = 3R^2 - 2R^3$$

工作 1 h 的可靠度和平均寿命为

$$R_S(t=1) = 3e^{-2 \times 1 \times 10^{-3} \times 1} - 2e^{-3 \times 1 \times 10^{-3} \times 1} = 0.999997$$

$$\mathrm{MTTF} = \int_0^\infty R_\mathrm{S}(t)\,\mathrm{d}t = \frac{3}{2\lambda} - \frac{2}{3\lambda} = 833.3\ \mathrm{h}$$

4. 答:考虑系统寿命分布遵守指数分布,则其平均故障间隔时间

$$\mathrm{MTBF} = \frac{1}{\lambda_\mathrm{S}} = \frac{10^6}{3\,926.57}\mathrm{h} = 255\ \mathrm{h}$$

则,其工作 100 h 的可靠度为

$$R(100) = \mathrm{e}^{-100/255} = 0.676$$

5. 答:根据题意分析可得,系统中各单元相互独立,故按照两种情况进行分析。

(1) 单元 $A_2$ 失效,即系统在 $A_2$ 处断开,可得简化的可靠性框图如图 5-11 所示。

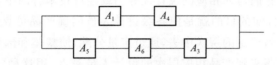

**图 5-11　$A_2$ 失效的可靠性框图**

此时系统的可靠度为 $p_1 = (1-R_2)[1-(1-R_1 R_4)(1-R_5 R_6 R_3)]$
$$= 0.3 \times (1 - 0.44 \times 0.352) = 0.254$$

(2) 单元 $A_2$ 正常,即系统在 $A_2$ 处是连接状态,可得简化的可靠性框图如图 5-12 所示。

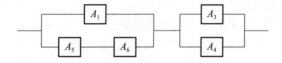

**图 5-12　$A_2$ 正常的可靠性框图**

此时系统的可靠度为 $p_2 = R_2[1-(1-R_1)(1-R_5 R_6)][1-(1-R_3)(1-R_4)]$
$$= 0.7 \times (1 - 0.3 \times 0.19) \times (1 - 0.2 \times 0.2) = 0.634$$

综合以上两种情况可得系统可靠度为 $p = p_1 + p_2 = 0.888$

6. 答:第一次上限预计得

$$R_\mathrm{\pm}^{(1)} = \prod_{i=1}^m R_i = R_\mathrm{A} R_\mathrm{B} R_\mathrm{C} R_\mathrm{E} R_\mathrm{F}$$

$$= \mathrm{e}^{-(0.175\,406 + 0.013\,174 + 0.072\,748 + 0.132\,324\,2 + 0.202\,338 + 0.010\,64)}$$

$$= 0.545\,175\,24$$

第一次下限预计得

$$R_\mathrm{\mp}^{(1)} = \prod_{i=1}^n R_i = R_\mathrm{A} R_\mathrm{B} R_\mathrm{C} R_\mathrm{D} R_\mathrm{E} R_\mathrm{F} R_\mathrm{G} R_\mathrm{H} R_\mathrm{I} R_\mathrm{J} R_\mathrm{K} = \mathrm{e}^{-1.264\,353\,6} = 0.282\,421\,8$$

第二次下限预计得

$$R_\mathrm{\mp}^{(2)} = \prod_{i=1}^n R_i \left(1 + \sum_{j=1}^q \frac{F_j}{R_j}\right)$$

$$= R_\mathrm{\mp}^{(1)} \left(1 + \frac{F_\mathrm{C}}{R_\mathrm{C}} + \frac{F_\mathrm{H}}{R_\mathrm{H}} + \frac{F_\mathrm{I}}{R_\mathrm{I}} + \frac{F_\mathrm{J}}{R_\mathrm{J}} + \frac{F_\mathrm{H}}{R_\mathrm{H}}\right)$$

$$= 0.224\,217[1 + (0.044\,193 + 0.090\,847\,6 + 0.189\,948\,5 + 0.189\,844)]$$

$$= 0.339\,65$$

卫星的任务可靠度 $R_S$ 为

$$R_S = 1 - [(1-R_上^{(1)})(1-R_下^{(2)})]^{1/2}$$
$$= 1 - [(1-0.542\,186\,3)(1-0.481\,47)]^{1/2}$$
$$= 0.512\,77$$

精确解得到的系统可靠度为 0.539 078,上下限法同精确值比较,相差$(0.539\,078-0.512\,77)/0.539\,078=4.88\%$,这种预计精度在设计阶段的早期已经是足够的了。

7. 答:可靠性指标分配是指根据系统设计任务书中规定的可靠性指标(经过论证和确定的可靠性指标),按照一定的分配原则和分配方法,合理的分配给组成该系统的各分系统、设备、单元和元器件,并将它们写入相应的设计任务书或经济技术合同中。

8. 答:可靠性指标分配的目的就是使各级设计人员明确产品可靠性设计的要求,将产品的可靠性定量要求分配到规定的层次中去,通过定量分配,使整体和部分的可靠性定量要求协调一致。并把设计指标落实到产品相应层次的设计人员身上,用这种定量分配的可靠性分配估计所需的人力、时间和资源,以保证可靠性指标的实现。它是指由整体到局部、由上到下的分解过程。简而言之,就是明确要求,落实任务,研究达到要求和实现任务的可能性及方法。

9. 答:等同分配方法不甚合理,因为它没考虑各单元的重要度,没考虑各单元的复杂程度,也没考虑各单元现有工艺水平和可靠性水平。因此,各单元可靠度大致相同,复杂程度也差不多时采用这种分配方法。

10. 答:阿林斯方法优点:消除了等分配法的缺点,又比较简单。

其缺点是其加权因子仅根据预计失效率而定,不够全面。

11. 答:按分配法分配给各单元的可靠度为 $R_i = 1-(1-R_S)^{\frac{1}{n}}$

12. 答:用阿林斯分配法进行可靠度分配

(1) 根据已知条件:

$$\lambda_1 = 0.003\,h^{-1}$$
$$\lambda_2 = 0.001\,h^{-1}$$
$$\lambda_3 = 0.004\,h^{-1}$$

(2) 根据式(5-3-16)计算各单元的加权因子:

$$W_1 = 0.003/(0.003+0.001+0.004) = 0.375$$
$$W_2 = 0.001/(0.003+0.001+0.004) = 0.125$$
$$W_3 = 0.004/(0.003+0.001+0.004) = 0.5$$

(3) 由题意可知系统可靠度规定为 $R_S(30) = 0.95$,设系统的失效率 $\lambda_s$ 为常数,则有

$$R_S(20) = e^{-\lambda_s \times 20} = 0.9$$

得

$$\lambda_s = 0.005\,h^{-1}$$

根据式(5-3-17)可求出分配给各单元的容许失效率 $\lambda_i'$ 为

$$\lambda_1' = 0.375 \times 0.005 = 0.001\,875\,h^{-1}$$
$$\lambda_2' = 0.125 \times 0.005 = 0.000\,625\,h^{-1}$$
$$\lambda_3' = 0.5 \times 0.005 = 0.002\,5\,h^{-1}$$

(4) 求相应分配给各单元的可靠度。

$$R_1'(20)=e^{-0.001\,875\times20}=0.96$$
$$R_2'(20)=e^{-0.000\,625\times20}=0.99$$
$$R_3'(20)=e^{-0.002\,5\times20}=0.95$$

$$R_S'(20)=R_1'(20)R_2'(20)R_3'(20)=0.96\times0.99\times0.95=0.902\,88>R_S=0.9$$

由此可见,各分系统的可靠度可以满足系统可靠度的要求。

13. 答:用等同分配法进行可靠度分配,已知 $R_S=0.850$

(1) 当各元件串联工作时,按式(5-3-3)可得 $R_i=\sqrt[n]{R_S}=\sqrt[3]{0.850}=0.947$

(2) 当各元件串联工作时,按式(5-3-4)可得

$$R_i=1-(1-R_S)^{\frac{1}{n}}=1-(1-0.850)^{\frac{1}{3}}=0.469$$

## 第 6 章

1. 答:系统可靠性设计是指在遵循系统工程规范的基础上,在系统设计过程中,采用一些专门技术,将可靠性"设计"到系统中去,以满足系统可靠性的要求。

2. 答:不是。对同样的元器件应用,在不同设备和环境条件下,其降低量的幅度也不同。对于各类元器件,都有其最佳的降额范围,在此范围内工作应力的变化对其失效率有较明显的影响,在设计上也比较容易实现,而且不会在设备体积、重量和成本方面付出过大的代价。如超出最佳降额范围,有可能还会使元器件的特性发生变化,或导致元器件数量不必要地增加,或无法找到合适的元器件,反而对设备的正常工作不利,降低了设备的使用可靠性。

3. 答:容差和漂移设计就是选择元器件的精度等级,使电路(系统)的技术性能和稳定性最佳而成本控制在最低。它在每个零部件上选用最优参数配方并兼顾最经济的材料,使得产品在制造和使用期间成本最低。容差和漂移设计的方法,主要有最坏值法、蒙特卡罗法、参数变化法以及概率统计法等。

4. 答:根据表6-5得到可靠度为

$$R\approx\exp\left[-\frac{1}{2}(2\mu_S\lambda_\delta-\lambda_\delta^2\sigma_S^2)\right]$$
$$\approx\exp\left[-\frac{1}{2}\left(2\times186\times\frac{1}{172}-\left(\frac{1}{172}\right)^2\times40^2\right)\right]$$
$$\approx0.348\,4$$

5. 答:所谓"冗余设计",就是为完成规定功能,采用额外的冗余方式来弥补故障造成的影响,使得系统中即使有一部分出现故障,但整个系统仍能正常工作,从而提高了整个系统可靠性的设计方法。(略)

6. 答:在并联冗余的热备份下,根据式(6-4-4),可求得其平均无故障工作时间为

$$\text{MTBF}_热=\frac{1}{\lambda_0}+\frac{1}{2\lambda_0}=150\,000\text{ h}$$

在并联冗余的冷备份下,根据式(6-4-5),可求得其平均无故障工作时间为

$$\text{MTBF}_冷=\frac{2}{\lambda_0}=200\,000\text{ h}$$

7. 答:由公式 $R_0(t)=e^{-\lambda t}$ 可知,运行100 h后单元的可靠度为

$$R_0(100)=e^{-\lambda t}=e^{-0.001\times100}\approx0.904\,8$$

$$R(100) = R_0 + [(1-R_0)R_0 + (1-R_0)^2 R_0]R_w$$
$$= 0.904\,8 + [(1-0.904\,8) \times 0.904\,8 + (1-0.904\,8)^2 \times 0.904\,8] \times 0.99$$
$$\approx 0.998\,2$$

8. 答:可靠性设计是系统总体工程设计的重要组成部分,它是通过工程设计与结构设计等方法,保证系统的可靠性而进行的一系列分析与设计技术。其重要性在于:(1)设计规定了系统的固有可靠性。(2)可靠性贯穿于产品的整个寿命周期,从产品的设计、制造到安装、使用、维护等阶段都有一个可靠性问题。(3)随着科学技术的进步和经济技术发展,各类机电产品日益向多功能、小型化、高可靠性方向发展。(4)各种机电产品会遇到各种复杂的环境因素,将大大影响产品的可靠性。(5)可靠性设计直接关系产品的投入成本费用。综上所述,可靠性设计在总体工程设计中占有十分重要的位置,必须把可靠性工程的重点放在设计阶段,并遵循预防为主,从头抓起的思想,从一开始研制起,在设计阶段采取提高可靠性的措施,尽可能把不可靠的因素消除在产品设计过程的早期。(并结合实际去考虑可靠性设计的意义及重要性)

## 第7章

1. 答:FMEA 的分析步骤大致如下。

(1)熟悉系统。

熟悉有关资料,明确系统的组成、任务、功能、工艺流程及使用环境等情况。明确系统的边界条件,了解系统与其他系统的相互关系、人机关系等。查出系统可能失效的全部故障模式,并对其进行分类和分级。准备一些必要的资料如设计任务书、技术设计说明书、图纸、使用说明书、有关的标准和规范制度等。

(2)确定分析层次。

确定分析层次一般要考虑两个因素,分析目的和系统复杂程度。一般情况下,对关键的子系统可以分析得深一些,次要的分析得浅一些。

(3)绘制系统的可靠性框图。

可靠性框图应明确表示组成系统的零件、部件发生故障时对系统的影响。框图从系统、子系统一直往下逐级细分,直到每个单元、接点和导线。

(4)列出故障类型并分析其影响。

根据逻辑框图,查明系统、子系统以及元件可能出现的故障类型和产生的原因,并分析其对人的影响。

(5)填写故障模式及影响分析表。

2. 答:故障树的分析步骤如下。

(1)准备阶段。

① 确定要分析的系统,并合理确定系统边界条件。

② 熟悉分析的系统。收集系统的有关数据和资料,包括系统性能、结构、运行情况、事故类型等。

③ 调查系统发生的事故。收集、调查系统曾经发生的和未来可能发生的故障,同时应调查本单位及外单位、国内与国外同类系统曾发生的所有事故。

（2）编制事故树。

① 确定故障树的顶事件。

② 调查与顶事件有关的事故原因。

③ 编制故障树

按照建树原则,从顶事件起,层层分析各自的直接原因事件,根据逻辑关系,用逻辑门连接上下层事件,形成反映事件之间因果关系的逻辑树形图,即故障树图。

（3）故障树定性分析。

分析该类事故的发生规律及特点,求最小割集（或最小径集）,及基本事件的结构重要度,以便按轻重缓急分别采取对策。

（4）故障树定量分析。

根据各基本事件发生的概率,求顶事件发生的概率,计算基本事件的概率重要度和临界重要度。

（5）结果的总结与应用。

对故障树的分析结果进行评价总结,提出改进意见,为系统的安全性评价和安全性设计提供依据。

3. 答:（1）串联系统,用可靠性框图描述如图 7-46 所示。

用故障树等价描述如图 7-47 所示。

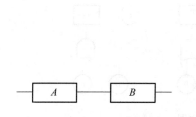

图 7-46　串联系统的可靠性框图

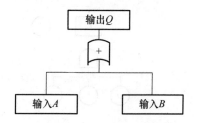

图 7-47　串联系统的故障树图

（2）并联系统,用可靠性框图描述如图 7-48 所示。

用故障树等价描述如图 7-49 所示。

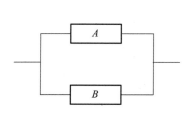

图 7-48　并联系统的可靠性框图

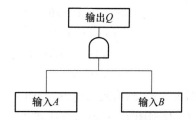

图 7-49　并联系统的故障树图

4. 答:图中阀门 $C$ 是阀门 $B$ 的备用阀,只有当阀门 $B$ 失败时,阀门 $C$ 才开始工作。简单并联系统的事故树如图 7-50 所示。

则系统成功的概率为 $A_1 \times B_1 + A_1 \times B_2 \times C_1 = 0.855 + 0.0855 = 0.9405$

系统失败的概率为 $A_2 + A_1 \times B_2 \times C_2 = 0.05 + 0.95 \times 0.1 \times 0.1 = 0.0595$

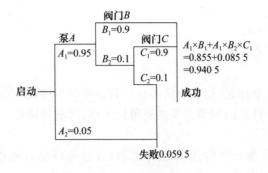

图 7-50    系统的事故树图

5. 答:(1) 根据表达式,画出故障树,如图 7-51 所示。

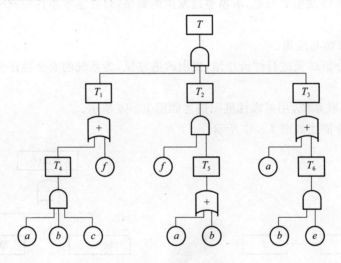

图 7-51    故障树图

(2) 化简表达式为

$$T = (abc+f)[(a+b)f](a+bc) = (abc+f)(af+bf)(a+be)$$
$$= (abcaf+abcbf+faf+fbf)(a+be)$$
$$= (abcf+abcf+af+bf)(a+be)$$
$$= (af+bf)(a+be)$$
$$= afa+afbe+bfa+bfbe$$
$$= af+bfe$$

根据表达式,画出故障树图,如图 7-52 所示。

6. 答:根据图示,其布尔表达式为

$$T = X_1 + M_1 + X_2$$
$$= X_1 + M_2 + M_3 + X_2$$
$$= X_1 + M_4 M_5 + X_3 + M_6 + X_2$$
$$= X_1 + (X_4+X_5)(X_6+X_7) + X_3 + X_6 + X_8 + X_2$$
$$= X_1 + X_4 X_6 + X_4 X_7 + X_5 X_6 + X_5 X_7 + X_3 + X_6 + X_8 + X_2$$
$$= X_1 + X_2 + X_3 + X_6 + X_8 + X_4 X_7 + X_5 X_7$$

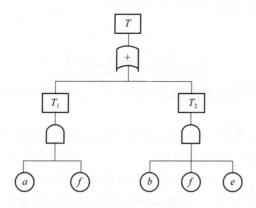

**图 7 - 52  简化的故障树图**

故最小割集为 $\{X_1\}$, $\{X_2\}$, $\{X_3\}$, $\{X_6\}$, $\{X_8\}$, $\{X_4, X_7\}$, $\{X_5, X_7\}$。

将故障树图中或门和与门逻辑符号互换,得出成功树,用布尔代数法求成功树的最小割集为

$$\overline{T} = \overline{X_1}\,\overline{M}\,\overline{X_2}$$
$$= \overline{X_1}\,\overline{M_2}\,\overline{M_3}X_2$$
$$= \overline{X_1}(\overline{M_4} + \overline{M_5})(\overline{X_3}\,\overline{M_6})\overline{X_2}$$
$$= \overline{X_1}(\overline{X_4}\,\overline{X_5} + \overline{X_6}\,\overline{X_7})(\overline{X_3}\,\overline{X_6}\,\overline{X_8})\overline{X_2}$$
$$= \overline{X_1}\,\overline{X_2}\,\overline{X_3}\,\overline{X_4}\,\overline{X_5}\,\overline{X_6}\,\overline{X_8} + \overline{X_1}\,\overline{X_2}\,\overline{X_3}\,\overline{X_6}\,\overline{X_7}\,\overline{X_8}$$

成功树的最小割集即为故障树的最小径集,即为 $\{X_1, X_2, X_3, X_4, X_5, X_6, X_8\}$, $\{X_1, X_2, X_3, X_6, X_7, X_8\}$

## 第 8 章

1. 答:

机器:按照预先安排的程序,对于精度、正确的操作数据处理而言,人不如机器;记忆准确,经久不忘;记忆不太多的时候,取出速度快。

人:认识、思维和判断;具有发现、归纳特征的本领,特性的认识、联想和发明创造等高级思维活动;丰富的记忆、高度的经验。

2. 答:①定义系统目标和参数阶段,包括确定使用者的需求,确定使用者的特性,确定群体的组织特性,确定作业方式,确定作业效能的测量参数及测试方法。②系统定义阶段,包括定义功能要求,定义操作(作业)要求。③初步设计阶段,包括功能分配、作业流程设计和作业反馈机制设计。④人机界面设计阶段,包括显示装置设计、控制装置设计和作业空间设计。⑤作业辅助设计阶段,包括制定使用者素质要求、设计操作手册、设计作业辅助手段和设计培训方案。⑥系统评价阶段,包括制定评价标准、实施评价和做出评价结论。

3. 答:由式(8 - 2 - 3)得

$$R(8) = e^{-\int_0^t \lambda(t)\,dt} = e^{-0.006 \times 8} = 0.953$$

4. 答:由题意可知该作业操作属于串联人机系统,由式(8 - 2 - 6)得

$$R = R_H R_M = 0.995\,0 \times 0.993\,6 = 0.988\,6$$

5. 答:①比较分配原则;②剩余分配原则;③经济分配原则;④宜人分配原则;⑤弹性分配

原则。

6. 答:由题意得

$$\lambda = \frac{1}{5\,000}\ \text{h}^{-1} = 2 \times 10^{-4}\ \text{h}^{-1}$$

7. 答:人的自身因素主要包括人的生理因素、心理因素和训练因素。这些因素直接影响着人的可靠性。

生理因素:疲劳、厌倦、患病、有伤、生理周期、性苦闷、酒精或药物滥用等。比如飞机驾驶员,在极度疲劳情况下,极易造成飞行事故。

心理因素:认识能力、情感、压力(或忧虑)、意志力、个性倾向等。认识能力是指人的感觉、知觉、记忆、想象、逻辑思维能力等。如果人的认识能力较强,就会具备良好的判断力,不易造成人为差错。比如家庭矛盾、亲人病故、升职、中奖等意外的打击或惊喜,都对人的可靠性有一定影响。

训练因素:熟练性、经验性、技巧性等。经过一定时间的训练,可以大幅提高人的可靠性。科学家曾做过这样的实验:一组未经训练的人员,完成一定数量的电话接线工作,第一个小时的平均差错率为 $2.3\%$,同一组人员经过第二个小时的培训之后,第三个小时的平均差错率降为 $1.2\‰$,降低了约 $95\%$。这是因为操作人员经过第一个小时的操作及第二个小时的培训,其熟练性、经验性及技巧性方面都有所提高,从而造成了人为差错的大幅减少。

8. 答:

提高机器设备可靠性的目的:一是延长机器设备的使用寿命,另一是保证人机系统的安全性。

可靠性高的产品,使用效率就高,使用寿命就长,甚至一个产品能顶几个用。在现代设计中,一个元件不可靠,影响的不是元件本身,而是一台设备、一条生产线以至整个生产系统。

机器设备可靠性高,就会使人操作起来感到安全,减少失误,避免伤亡事故的发生和经济损失,相应的人机系统的可靠性就会提高。

减少机器故障的方法。① 利用可靠性高的元件。②利用备用系统。③采用平行的并联配置系统。④对处于恶劣环境下的运行设备应采取一定的保护措施。⑤降低系统的复杂程度。⑥加强预防性维修。

提高机器设备使用安全性的方法,主要是加强安全装置的设计,即在机器设备上配以适当的安全装置,尽量减少事故的损失,避免对人体的伤害;同时,一旦机器设备发生故障,可以起到终止事故,加强防护的作用。① 设计安全开口。②设置防护屏。③加联锁装置。④设置双手控制按钮。⑤安装感应控制器。⑥设示警装置。⑦设应急制动开关,可在紧急状态下,停止机器设备的运转,以保证作业者的安全。

## 第 9 章

1. 答:公共安全问题几乎存在于任何时期的任何地方,有着各自的诱发原因,且呈现出各自的特点。

(1)自然灾害等客观原因与人为疏忽等主观原因相结合,以人为主观引发的公共安全事故为主。

（2）人为主观原因引发的公共安全问题发生的行业和场所具有一定的特定性，行业自律和部门监管的不足成主要原因。

（3）公共安全事故导致的损失不断扩大，自然灾害诱发的公共安全事故损失尤其难以估量，事前有效预防和事后及时抢救成为关键。

不管是自然灾害诱发的还是人为原因诱发的公共安全事故，每一次事故的发生都有其背后的原因。主要从以下几个方面对公共安全事故进行防控。

（1）加强公共安全教育，提高公众公共安全事故防范意识。

（2）加强行业自律和行业监管，将安全责任分配细化、安全责任主体具体化。

（3）完善公共安全法治保障，力推"安全法治"。

（4）加快完善适合我国国情的公共安全系统。

2. 答：为了提高矿井通风系统的可靠性，将矿井建成本质安全型矿井，可从以下几方面考虑。

（1）要有足够的通风能力，保证有效的通风。

矿井应该有足够的通风能力。满足各个用风地点的风量要求，且应有一定的富余能力。矿井风量的供需比 F（供风量/需风量）应该在 1.10～1.15 之间。

（2）要有稳定的矿井通风网络结构，保证风流稳定。

为了保证风流的稳定，减少相互干扰，在布置通风系统时，必须做到以下几点。

① 矿井及采区的通风系统应该实行分区通风，各分区的回风流应该形成各自独立的通风系统。

② 采用多台主要通风机联合通风时，各分系统的通风阻力应该尽量地接近；总进风道的断面不宜过小，尽可能地减小联合运行公共风路的风阻。

③ 每个分区（或者每个分支）应该保持一定的通风阻力（即主要通风机在该分区上作用的机械压力），以保持矿井大气或者风流参数有波动时分区风流的稳定。

④ 采煤工作面和掘进工作面都应该采用独立通风。

⑤ 在布置通风系统时要尽量减少角联风道，采煤工作面禁止布置在角联风道上，以保证风流的稳定。

（3）要有可靠的通风安全设施和装备。

通风安全设施的装备和设置，应该以保证正常通风时期控制风流和有一定的抗灾救灾能力为原则，包括以下几个方面。

① 根据矿井通风网络的布置与结构合理布置通风设施和通风构筑物。

② 矿井有完善的防风设施。这些设施必须在主要通风机安装时同时建成。

③ 有完善的通风检查制度和风流监测手段。

3. 答：可靠性模型建立时应注意的问题如下。

（1）可靠性模型框图的每个单元只表示一个功能单元。

（2）可靠性模型框图，应与电路连接图相区别。图 9-15 是一个 LC 并联振荡回路，不论线圈 L 或是电容器 C，任何一个失效，都导致回路失效。因而，虽在电路连接上二者并联，但就可靠性框图而言它应是串联模型，如图 9-16 所示。

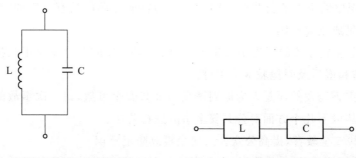

图 9-15　振荡电路的工程结构图　　　图 9-16　振荡电路的可靠性框图

（3）建立模型要根据失效模式决定。例如，两电容并联完成滤波功能，如果电容器开路失效为主要模式，其可靠性模型为并联结构模型，如果电容器短路失效为主要模式，其可靠性模型为串联结构模型。

（4）可靠性结构模型框图与数学模型应与系统框图、原理图、工程图等相协调，输入输出关系一致，并随其更改而变化。

（5）模型框图应在最低层次确定以后，自上而下逐级展开，并逐级确定数学模型关系式。

（6）建立可靠性框图时，应确定系统功能，同一工作原理图中的各单元，因为完成的任务功能不同，其可靠性框图也不一定相同。对多任务系统应针对各个功能建立可靠性结构模型，如果系统要求各任务功能都要保证，则系统的任务可靠性模型为各任务模型的串联结构。

4. 答：在确定可靠性指标时，要考虑并实现以下要求。

（1）要体现指标的先进性。

选定的可靠性指标，应能反映装备水平的提高和科学技术水平的发展。指标应当成为促进装备发展，提高装备质量的动力。

（2）要体现指标的可行性。

可靠性指标的可行性是指在一定的技术、经费、研制周期等约束条件下，实现预定指标的可能程度。在确定指标时，必须考虑经费、进度、技术、资源、国情等背景，在需要与可能之间进行权衡，以处理好指标先进性和可行性的关系。

（3）要体现指标的完整性。

指标的完整性是指要给指标明确的定义和说明，以分清其边界和条件；否则只有单独的名词和数据，是很难检验评估的，也是没有实际意义的。为了做到指标的完整性，必须明确下列问题。

① 给出参数的定义及其量值的计算方法。

② 明确给出装备的任务剖面和寿命剖面，指出该项指标适合于哪个（或几个）任务剖面。

③ 明确故障判断准则，哪些算故障应当统计，哪些不算故障可不统计。

④ 必须给出验证方法。

⑤ 明确是哪一阶段应达到的指标。

⑥ 明确是目标值（规定值）还是门限值（最低可接受值）。

⑦ 维修、保障条件及人员素质。它们是影响产品使用可靠性指标的重要因素。

⑧ 其他假设和约束条件。

（4）要体现指标的合理性。

指标的合理性在很大程度上取决于是否综合考虑其影响，是否与其他指标经权衡达到协调。例如应当注意以下方面。

① 要考虑故障的危害性。

② 要考虑综合影响。

③ 要考虑产品的复杂性。

④ 要注意与其他性能指标权衡。

5. 答：可靠性分析的主要方法和研究进展。

（1）事件树（Event Tree）技术。事件树是描述当一个初始事件发生后，采取的一系列安全措施的执行情况。

（2）故障树（Fault Tree）技术。故障树就是一种逻辑分析方法，它首先定义系统不希望发生的状态（顶事件），然后对系统进行分析，找到导致这个顶事件的所有可能原因，每一个原因或事件再往下分，直到不能找到更基本的造成事件发生的原因。

（3）模糊理论。由于对设备的可靠性很难单纯地用"是"或"否"来表示，这是因为设备在正常运行时，很可能存在着不可靠的因素，当到达一定临界点后系统失效，因此越来越多的学者尝试用模糊理论来描述设备的可靠性。

目前在设备可靠性分析中应用得比较广泛的是故障树技术和模糊理论，前者因其直观性以及通过布尔运算可以定量地得到系统可靠性概率。后者可以对设备各部分的可靠性进行状态性描述，以及可以在少量统计样本的情况下得到较为准确的可靠性概率。

但是在故障树技术中，最小割集的故障概率是由现场专家和统计数据得到的，因此存在数据主观性大和统计数据难以获得的缺点。而模糊算法则无法直观地找出影响系统可靠性的薄弱部分。因此现在许多专家将两种算法结合起来，各取所需，以便更好地计算设备的可靠性。

6. 答：故障树分析法的优缺点简单地归纳如下。

优点：

（1）系统分析者通过建树的过程可以全面了解系统的组成及工作情况，并且能研讨某些系统特殊的故障问题；

（2）一切外部环境影响及人为失误等故障事件可以都考虑在故障中；

（3）可以利用演绎法帮助人们寻找故障原因所在；

（4）故障树的图示模型可以给设计、使用和维修管理人员提供一种修改设计和故障诊断的有效工具；

（5）故障树便于人们对系统进行定性或定量评价，且有选择评价目标（如可靠度、重要度）和方法（定性或定量）的自由。

缺点：

（1）工作量大，这是一种既不经济又费时间的分析方法；

（2）容易疏忽或遗漏某些有用信息，另一方面，某些失效数据又不能充分利用；

（3）得到的结果不容易检查；

（4）由于这种方法一般只考虑系统和元部件的成功与故障两种状态，对于多种状态事件较难处理；

（5）处理故障的工作量大，对于从属和相依故障则难以处理；

（6）在一般条件下，对待机储备和可修系统难以分析。

7.答：液化石油气储罐在使用过程中应当注意以下几点。

（1）液化石油气储罐的安全操作。

为防止液化气储罐出现超温、超压现象，应控制其使用压力和使用温度。液化气储罐的超温和超压的原因是以下几种。

① 操作失误。

为了防止出现操作失误，应该在关键操作装置上挂牌，牌上用明显标记或文字注明阀门等的开闭方向，开闭状态、注意事项等。

② 液化气体充装过量。

防止充装过量的措施包括严格按规定的存储量充装，发现超装，应立即设法将超装量抽出；充装所用的全部仪表必须定期检验，液位计要定期冲洗；容器内如存有残液，应一并计入其充装量，不能将其重量忽略；周围温度升高时，应进行喷淋降温。

（2）液化气储罐的维护保养。

液化气储罐的维护保养主要包括以下几个方面：

① 保持完好的防腐层；

② 消除产生腐蚀的因素，防止容器出现"跑、冒、滴、漏"现象；

③ 加强容器停止运行期间的维护。

8.答：为了提高核容器和一般压力容器的安全可靠性，由英国原子能局（UKAEK）卫生与安全处会同联合部技术委员会（AOTC）工程检验机构组成联合小组，对使用年限在30年以内的，符合英国有关压力容器规范的一级压力容器进行调查，对总数为 12 700 台制造中的压力容器和 100 300 台运行中容器所记录的事故进行统计。以调查结果和统计数据为依据，建立如图 9-17 所示的在用压力容器事故故障树。通过故障模式和效应分析，最小割集有 $X_1$、$X_2$、$X_3$、$X_4$、$X_5$、$X_6$、$X_7$、$X_8$、$X_9$，顶事件发生概率 $P(T)$ 可采用各底事件的互不相交的布尔代数和表示。

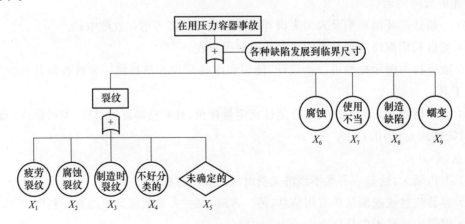

图 9-17　在用压力容器的事故故障树

各底事件发生概率分别为 $X_1 = 4.686 \times 10^{-4}$、$X_2 = 2.393 \times 10^{-4}$、$X_3 = 9.970 \times 10^{-5}$、$X_4 = 1.994 \times 10^{-5}$、$X_5 = 3.490 \times 10^{-4}$、$X_6 = 1.994 \times 10^{-5}$、$X_7 = 7.976 \times 10^{-5}$、$X_8 = 2.991 \times 10^{-5}$、$X_9 = 9.970 \times 10^{-6}$，可求出 $P(T) = 1.315\,4 \times 10^{-3}$。

各底事件概率重要度系数 $I_p$ 和相对概率重要度系数 $I_c$ 计算结果如下：$I_p(1) = 0.999\,15$、$I_p(2) = 0.998\,92$、$I_p(3) = 0.998\,78$、$I_p(4) = 0.998\,70$、$I_p(5) = 0.999\,03$、$I_p(6) = 0.998\,70$、$I_p(7) = 0.998\,76$、$I_p(8) = 0.998\,71$、$I_p(9) = 0.998\,69$；$I_c(1) = 0.355\,94$、$I_c(2) = 0.181\,71$、$I_c(3) = 0.075\,70$、$I_c(4) = 0.015\,14$、$I_c(5) = 0.265\,03$、$I_c(6) = 0.015\,14$、$I_c(7) = 0.060\,56$、$I_c(8) = 0.022\,71$、$I_c(9) = 0.007\,57$。

从上述的事故故障树分析，我们至少可得出如下结论：压力容器的设计和制造质量对其使用安全固然十分重要，但使用过程中对压力容器的检验也绝不可忽视；在压力容器的种种事故中，裂纹引起的事故较多，因此要提高压力容器的安全可靠性，很重要的方面是防止裂纹的产生；疲劳裂纹和腐蚀裂纹是压力容器事故中最突出的原因和最危险的因素。